国家职业技能等级认定培训教程

国家基本职业培训包教材资源

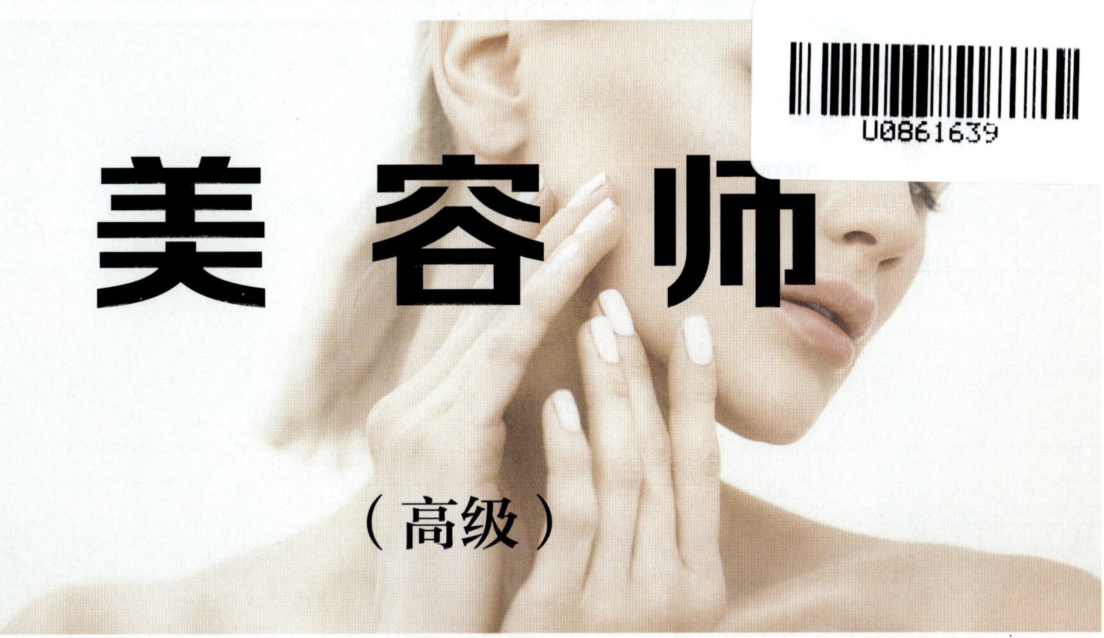

美容师

（高级）

本书编审人员

主　编　董元明　周　典　张文英

副主编　宋晓蕾

编　者　（姓名按编写项目顺序排列）
　　　　郑婷娴　周　典　王艳姣　宋晓蕾　何丽玲　肖桂萍　于　亮
　　　　钱志斌　高朝霞　张晓燕

主　审　程　敏　陈文香

中国人力资源和社会保障出版集团

中国劳动社会保障出版社　中国人事出版社

图书在版编目（CIP）数据

美容师：高级 / 中国就业培训技术指导中心组织编写 . -- 北京 : 中国劳动社会保障出版社：中国人事出版社，2020

国家职业技能等级认定培训教程

ISBN 978-7-5167-4640-0

Ⅰ.①美… Ⅱ.①中… Ⅲ.①美容－职业技能－鉴定－教材 Ⅳ.①TS974.1

中国版本图书馆 CIP 数据核字（2020）第 186578 号

中国劳动社会保障出版社
中 国 人 事 出 版 社 **出版发行**

（北京市惠新东街 1 号 邮政编码：100029）

*

北京市艺辉印刷有限公司印刷装订 新华书店经销

787 毫米 ×1092 毫米 16 开本 15.75 印张 257 千字

2020 年 11 月第 1 版 2023 年 7 月第 4 次印刷

定价：63.00 元

营销中心电话：400-606-6496

出版社网址：http://www.class.com.cn

前　言

为加快建立劳动者终身职业技能培训制度，大力实施职业技能提升行动，全面推行职业技能等级制度，推进技能人才评价制度改革，促进国家基本职业培训包制度与职业技能等级认定制度的有效衔接，进一步规范培训管理，提高培训质量，中国就业培训技术指导中心组织有关专家在《美容师国家职业技能标准（2018年版）》（以下简称《标准》）制定工作基础上，编写了美容师国家职业技能等级认定培训教程（以下简称等级教程）。

美容师等级教程紧贴《标准》要求编写，内容上突出职业能力优先的编写原则，结构上按照职业功能模块分级别编写。该等级教程共包括《美容师（基础知识）》《美容师（初级）》《美容师（中级）》《美容师（高级）》《美容师（技师 高级技师）》5本。《美容师（基础知识）》是各级别美容师均需掌握的基础知识，其他各级别教程内容分别包括各级别美容师应掌握的理论知识和操作技能。

本书是美容师等级教程中的一本，是职业技能等级认定推荐教程，也是职业技能等级认定题库开发的重要依据，已纳入国家基本职业培训包教材资源，适用于职业技能等级认定培训和中短期职业技能培训。

本书在编写过程中得到上海美发美容行业协会、上海紫苏文化传媒有限公司等单位，以及张晓妍、司献凤、金芯婵、田璐等人的大力支持与协助，在此一并表示衷心感谢。

中国就业培训技术指导中心

目　录 CONTENTS

职业模块 1
接待与咨询

内容结构图

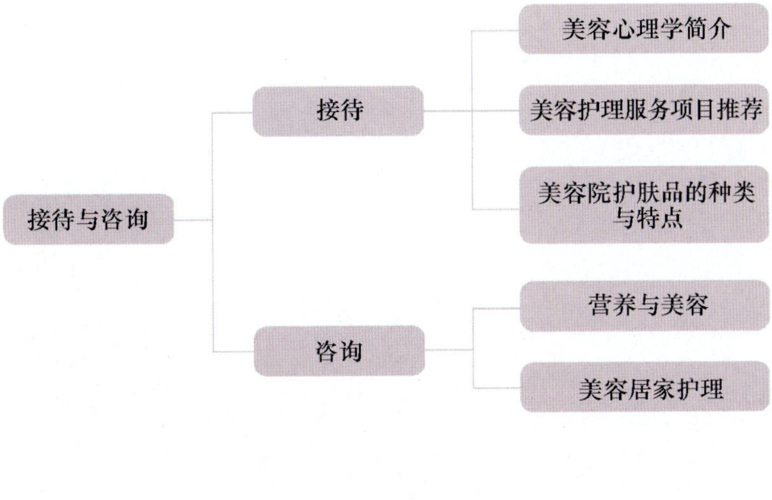

培训项目 1 接待

培训单元 1 美容心理学简介

培训重点

了解美容顾客消费类型及特点。

能够通过观察、交流来判断美容顾客消费类型。

知识要求

一、心理学基础知识

1. 心理学的概念

心理学是研究心理现象及其活动规律的科学。广义的心理学既研究人的心理，又研究动物的心理，但以人的心理现象为主要研究对象。人类从有文明史以来就开始了对心理的探索，但在较长时期内，心理学一直从属于哲学。直到 1879 年，德国哲学家兼生理学家冯特在莱比锡大学建立了世界上第一个心理学实验室，以此为标志，心理学才成为一门独立的学科。

2. 心理学的内容

普通心理学的主要研究内容可以归纳为积极活动着的心理认识过程、相对静止的心理状态和比较稳定的个性心理特征。人的心理现象复杂多样，为研究方便，心理学通常把心理现象分成两大类，即心理过程和人格。

（1）心理过程。心理过程是指在客观事物的作用下，心理活动在一定时间内发生、发展的过程，通常包括认知过程、情绪情感过程和意志过程三个方面。认知过程是最基本的心理过程，是一系列心理活动的基础，包括感觉、知觉、记忆、思维等反映客观事物的性质和联系的过程；情绪情感过程是人对客观事物的某种态度的体验；意志过程是人有意识地克服各种困难以达到一定目标的过程。

（2）人格。人格是个人带有倾向性的、比较稳定的本质心理特征的总和，包括能力、气质、需要、动机、理想、兴趣、性格、价值观等方面。心理学用人格这一概念表示每个人在人生舞台上同时扮演多种社会角色，每种角色都有一定的规范和要求，它们之间有共性，也有各自的独特性。一般来说，人格是在一定社会历史条件下，通过社会实践活动形成和发展起来的。人格的形成与人的生物遗传因素、人过去的整个生活历程、社会文化环境等有关。

心理过程和人格两者既有区别，又有联系。一方面，人格是通过心理过程形成的，没有对客观事物的认识，就没有对客观事物产生的情绪情感反应和对其积极改造的意志过程，也就无法形成个性心理；另一方面，已形成的人格又可以制约心理过程，对心理过程产生个性化的影响。

二、美容心理学

1. 美与心理

心理是人脑对客观现实的主观反应，美是一种心理感受。美的起源是美意识，而美意识的起源是美学家一直研究的重要课题。多数学者认为，美起源于人的感官愉悦。在所有感官愉悦中，“食”和“色”是美意识起源最重要的两大契机。前者有利于自身生命保护，后者有利于族类生命延续。

2. 美容心理学的概念和内容

美容心理学是以心理学为基础，以美容为实践领域的应用心理学分支学科，也是美容与美容医学的重要基础学科之一。美容与心理学有着天然的联系。学习美容心理学能帮助美容师了解顾客的心理状况，了解顾客对自身容貌、形体的要求，以及容貌、形体对顾客心理的影响，了解容貌装扮在社会人际交往活动中对人心理的作用，从而有助于满足顾客求美心理需求。美容师在为顾客提供服务的过程中，应充分了解顾客的需求，处理好与顾客的关系，为顾客提供优质的服务。

三、美容行为的基本动因

1. 心理需求与美欲

人的需求多种多样，可分为物质的需求、精神的需求和社会的需求。美国著名心理学家马斯洛将人的需求分为五个层次，见表 1–1。

表 1–1 马斯洛需求层次理论

层次	需求	内容
第一层	生理的需求	人的本能需求，包括对空气、水、食物、睡眠、排泄等的需求
第二层	安全的需求	生理的需求得到满足后，安全的需求成为激励因素，包括人身安全、财产安全、身体健康、社会保障等需求
第三层	爱的需求	安全的需求也得到满足后，爱的需求成为激励因素，包括爱情、亲情、友情，同事、领导的关心和爱护，性亲密等需求
第四层	尊重的需求	爱的需求也得到满足后，尊重的需求成为激励因素，包括自我尊重、渴望他人信任和尊重、渴望被社会承认和肯定等需求
第五层	自我实现的需求	尊重的需求也得到满足后，自我实现的需求成为激励因素，包括开发潜能、实现抱负、自我发展等需求。自我实现是人生追求的最高境界

在低层次需求得到满足后，人们就会提出更高层次的需求，审美需求就是其中之一。美欲就是人的审美需求，是求美行为的原动力。广义的美欲泛指人的一切审美需求，狭义的美欲专指自我审美需求。

美欲作为一种社会性、精神性需求，与其他社会性需求的关系密不可分。美的需求在很大程度上是伴随人的社会性需求而存在的，而且人的精神需求几乎都与美有一定的关系。

（1）美欲与被爱的关系。爱与被爱是一个人的心理需求，美是在寻求爱与被爱过程中的某种需求，古人所说的“女为悦己者容”正体现了求“爱”者对美的需求。

（2）美欲与尊重的关系。一个人在社会上受尊重的程度与其容貌有一定的关系，良好的形象往往使人更易获得他人的尊重。

（3）美欲与交往的关系。容貌对社会交往有重要的影响。好的形象令人赏心悦目，可以增加他人对自己的好感，增强他人主动进行沟通交流的欲望。同时，好的形象也会增强个人的自信心，从而对个人在社会交往中的表现起到正面作用。

（4）美欲与自我表现、赞许的关系。人有自我表现和获得赞许的需求。如果本身所拥有的特质或做的一件事情得到他人的赞许，那么人会感到满足。而容貌往往是人赞许的对象，且对自我表现有重要的影响。

（5）美欲与性的关系。美与性有内在关系，美的需求与性的需求有时会交织在一起。有些美容护理项目（如美胸）与性及婚姻有密切的关系，这是由乳房在人审美中的重要性决定的。

2. 动机与求美动机

动机是为实现一定目的而行动的原因。爱美或求美行为显然是一种有动机的行为，此种动机来自心理需求。单纯为了美丽而求美的动机为单纯性动机，为了满足其他心理需求如恋爱、保持婚姻、求职、适应环境等而求美的动机为从属性动机。

求美动机在心理活动中占有重要地位，具有根本性意义，它能反映一个人内在的心理状况和精神境界。

人的动机以自我需求为基础，不仅受到个人信念、人格特征等的影响，而且受到外界环境的影响。求美行为一方面来自美的需求，另一方面还来自外界环境的刺激或诱导。若顾客时常受到某种审美观的影响，则可能将某种形象需求转变为内在动机，从而进行求美活动。这种内在动机具有多样性和复杂性。

四、美容顾客消费类型与服务项目推荐

1. 美容顾客消费类型

（1）按顾客消费目标分类

1）已确定型顾客。已确定型顾客在来到美容院之前就已经对自己所要消费的美容服务项目有了足够的了解，包括美容服务项目的流程、价格、效果等，在进入美容院后能比较快速地做出决定，或主动说明自己所选定的美容服务项目并提出服务要求。对于此类型顾客，美容师应较快回应，同时应根据顾客的行为表现类型注意服务的态度。

2）半确定型顾客。半确定型顾客在来到美容院之前已经有了大致的消费目标，但对具体选择哪一种美容服务项目还不够明确，需要通过对同类美容服务项目的对比、咨询和评价才能做出决定。此类型顾客是美容师重点争取的对象，美容师应先根据顾客的具体情况介绍美容服务项目，适度地推荐效果好的美容服务项目，帮助顾客做决定。

3）不确定型顾客。不确定型顾客在来到美容院之前没有明确的消费目标，可能只是随便参观或陪同他人而来。此类型顾客虽然没有消费准备，但是在遇到足够吸引其的美容服务项目时可能会进行消费。此类型顾客是潜在顾客，美容师应用灵活的方式耐心地向其介绍美容院的特色和美容服务项目的优势，不可冷漠对待。

（2）按顾客行为表现分类

1）习惯型顾客。习惯型顾客喜欢根据消费经验、使用习惯等进行消费，会长期光顾一家美容院或长期使用某个美容品牌的美容产品，对信任的、效果较好的项目和产品会不加考虑地接受，决定迅速，不受时尚风气的影响。

2）理智型顾客。理智型顾客喜欢根据自己的经验和广泛收集的美容信息，经过周密分析和考虑后再决定是否消费，主观性强，不愿他人介入自己的消费决定过程，受广告和美容师的推荐介绍影响甚少。

3）感情型顾客。感情型顾客审美感觉比较灵敏，易受外界因素如广告、市场流行的影响，比较看重美容服务项目的时尚性，不太在意价格高低。

4）冲动型顾客。冲动型顾客易冲动，心境变化剧烈，易受广告宣传的影响，喜欢追求时尚，常凭个人兴趣消费，决定迅速，但不满意时常会产生懊悔情绪。

5）价格型顾客。价格型顾客多从经济性和价格角度考虑美容服务项目，特别注重服务质量，一般有两种倾向：一种是讲究经济合算、物美价廉，喜欢在美容院打折时购买优惠服务；一种是喜欢费用昂贵的项目，认为价格高的必然是好的，便宜无好货。这两种倾向与顾客的经济条件和心理需求有关。

6）从众型顾客。从众型顾客易受众人的影响，对美容服务项目本身不做分析，认为多数人选择的美容服务项目就一定是有效果的。

7）疑虑型顾客。疑虑型顾客行动谨慎、迟缓，体验深刻且顾虑多，不会贸然、仓促地做决定，消费行为可能因犹豫不决而中断，对美容师的介绍抱有戒心，即使决定了也会怕自己上当受骗。

8）随意型顾客。随意型顾客缺乏经验，大多听从他人介绍而来，缺乏主见，对美容服务项目没有固定的偏好，希望能得到美容师的帮助，乐于听从美容师的安排。

2. 服务项目推荐技巧

辨别顾客的消费类型和了解顾客的心理特点是服务的关键，细心观察、有效询问、耐心倾听是有效进行服务项目推荐的技巧。

（1）细心观察。顾客心理活动可以从其面部表情或肢体语言中反映出来。在与顾客沟通的过程中，美容师可以通过观察顾客的表情来判断其对自己话语的反应，并积极主动地采取相应措施，把握有利时机。

通过观察顾客表情来了解顾客心理活动特点及性情是美容师在沟通工作中取得成功的诀窍之一。例如，当向顾客推荐某个美容服务项目时，若顾客显露出不愉快的神色，美容师应主动询问了解原因，及时消除顾客对美容服务项目的疑虑。顾客对美容师的介绍一般会有一个"怀疑—半信半疑—有尝试意愿"的过程，美容师应留心观察顾客的手势和眼神，在详细介绍美容服务项目或美容产品的性能特点的同时，扩展对方感兴趣的话题，使谈话变得轻松、愉快、有效。

（2）有效询问。询问是有效沟通的前提，是美容师了解顾客想法和需求的方式。

1）开始提问方式。美容师一开始可以通过礼节性提问和开放性提问两种方式提出问题。美容师应首先向顾客问好，礼节性地询问顾客的基本信息，如"您好，欢迎光临，请问您贵姓？"等。开放性提问就是采用直接发问的方式，在还不太了解顾客的情况下提出范围比较广泛的问题，如"您喜欢使用什么美容产品？""您以前做过哪些美容项目？"等，一般是了解顾客的开始。

2）核心问题提问方式。在建立了基本的信任关系后，美容师就需要向顾客提出核心问题，如"您最想解决什么皮肤问题？"等，了解顾客的核心需求和关注点。提出核心问题也可以采用封闭性提问方式，如"您想进行面部皮肤护理还是身体皮肤护理？"等，这样可以较快地聚焦谈话重点。

3）确认问题提问方式。美容师可以通过三段式提问，即"重复顾客原话＋专业观点陈述＋反问"的句型来确认问题。重复顾客原话可以确认顾客的意思，专业观点陈述可以增强说服力。

4）询问忌讳。一方面，要避免同时提出几个问题，使顾客无所适从、无从谈起。另一方面，当顾客表示"不喜欢"或"再考虑"等时，要避免以质问的语气来提问，如"您为什么不喜欢？"等，或表现出不耐烦，甚至直白地批评顾客，这都容易引起顾客的反感。

（3）耐心倾听。倾听是美容师了解顾客的必要途径，是一个富有技巧的过程，是美容师必须学会的技术。在倾听的过程中，美容师应会换位思考，站在顾客的立场上，用心了解顾客所遇到的困难，关心顾客的需求，这样才可以拉近与顾客的距离，消除顾客的防备心理，使其敞开心扉，从而使美容师更了解顾客的需求。另外，美容师还应掌握以下倾听技巧。

1）保持谦恭的姿态。美容师在倾听过程中应保持身体自然前倾，自然地微笑，仔细地聆听，并保持眼神亲切。切忌双手交叉于胸前、高抬下巴或不正面面对顾客，表现出傲慢或漠视的态度。

2）适度回应。美容师对顾客的表述要做出适当的反应，如点头、微笑，或给予赞同。若得到的信息不够多或顾客突然停止表述，可适当地沉默并表现出思考的样子，以引导顾客继续谈下去。

3）倾听话外之音。所谓话外之音，就是顾客由于某种原因不愿直接表达，但在措辞和语气上有所流露的内容。例如，顾客勉强地说“好吧，我再考虑一下”，这说明顾客对美容师的建议不感兴趣，美容师可以在缓解气氛的基础上进一步了解顾客的需求，以便提出更合适的建议。

4）适当记录。对于顾客谈到的一些比较重要的信息，美容师应做记录或在方便的时候将这些信息输入美容院的客户服务系统。记录既可以帮助美容师记忆顾客信息，也可以给顾客留下耐心专业的印象，利于增强顾客的信任感。

3. 服务项目推荐要求

（1）做好推荐准备工作。一方面，美容师要充分了解服务项目的信息，并能够熟练讲解服务项目的功效和特点，明确销售目标。另一方面，美容师要对服务项目保持足够的热情和浓厚的兴趣，并将自己对服务项目的积极态度传递给顾客，这将在很大程度上影响顾客的决定。

（2）精心设计话题。与顾客进行一定的沟通后，话题应从“生活随意型”转向“专业型”，即根据具体的场景、顾客的基本信息和需求特点进行专业交流，引导顾客说出自己的需求、疑虑，了解顾客的消费动机，以便准确提供适当的服务项目。

（3）有的放矢地推荐。通过细心观察、有效询问和耐心倾听，美容师基本了解了顾客的相关情况，在此基础上，应对顾客的消费动机、消费心理和消费能力进行一定的分析判断，有的放矢地推荐服务项目。切忌一一罗列美容院的服务项目，没有重点地进行介绍，让顾客无从选择。

（4）掌握介绍服务项目的技巧。首先，美容师应以积极的态度告诉顾客美容院能够帮助其改善哪些问题，避免使用负面语言如“我不能”“我不会”“我不懂”“我不愿意”等，因为顾客一般只对能够解决的问题感兴趣。其次，美容师在介绍时应主动提出问题，使交流重点围绕在美容院的服务项目和顾客的美容问题上。最后，美容师在介绍服务项目时应尽量使用专业语言，并用心维护美容院和自身的正面形象，以在顾客心中建立信任，增强沟通效果。

培训单元 2　美容护理服务项目推荐

培训重点

了解美容护理服务项目。

能够根据顾客需求推荐美容护理服务项目。

知识要求

一、面部护理服务项目推荐

咨询和皮肤测试与诊断是选择面部护理服务项目的基础，也是美容师专业性的体现。只有明确诊断，才能有针对性地向顾客介绍面部护理服务项目，从而有针对性地改善顾客皮肤状况。通过咨询和皮肤测试与诊断，美容师可以了解顾客的身体状况，继而指导推荐护理方案，解决皮肤问题，改善顾客皮肤健康状况，达到以内养外、美容养身的目的。

面部护理服务项目的基本内容包括名称、功能、适合人群、操作时间、流程、价格等。针对顾客皮肤类型推荐护理服务项目是美容师的基本素养，下面分不同性质皮肤和损美性皮肤来进行讲述。

1. 不同性质皮肤的护理服务项目推荐

常见的皮肤性质类型为中性皮肤、干性皮肤、油性皮肤和混合性皮肤。美容师可通过肉眼观察、询问、仪器检测等方法对顾客皮肤性质进行综合分析判断，不同性质皮肤的分析方法和特点具体见《美容师（初级）》职业模块 1 培训项目 2 培训单元 4 中的相关内容。美容师应根据顾客的皮肤性质推荐合适的护理服务项目，见表 1–2。

表 1–2 不同性质皮肤的护理服务项目推荐

皮肤类型	诉求重点	推荐的护理服务项目
中性皮肤	保湿和预防	清洁、保湿护理
干性皮肤	保湿和滋润	保湿、滋润护理
油性皮肤	清洁和控油	清洁、控油护理
混合性皮肤	综合护理	清洁、控油与保湿相结合的护理

注：不同的美容院对护理服务项目的具体名称有不同的表述。

2. 损美性皮肤的护理服务项目推荐

常见的损美性皮肤有色斑皮肤、痤疮皮肤、衰老皮肤和敏感皮肤。美容师可通过肉眼观察、询问、仪器检测等方法对顾客皮肤问题进行综合分析判断，损美性皮肤的特点具体见《美容师（中级）》职业模块 2 培训项目 1 培训单元 1 中的相关内容。美容师应根据顾客的损美性皮肤问题推荐合适的护理服务项目，见表 1–3。

表 1–3 损美性皮肤的护理服务项目推荐

皮肤类型	诉求重点	推荐的护理服务项目
色斑皮肤	祛斑和美白	祛斑、美白、保湿护理
痤疮皮肤	清洁、控油和祛痘	清洁、控油和祛痘护理
衰老皮肤	保湿和抗衰老	保湿、滋养、祛皱、紧肤等护理
敏感皮肤	补水和抗敏	保湿、镇静、抗敏护理

注：不同的美容院对护理服务项目的具体名称有不同的表述。

二、身体护理服务项目推荐

近年来，人们在注意面部护理的同时也要求改善身材、保养身体皮肤，并意识到芳香疗法和传统养生护理可以起到调理身体的作用，使人更加健康美丽，因此在美容院进行身体护理的顾客越来越多。身体护理服务项目包括塑形类身体护理、身体皮肤护理、身体芳香按摩护理、养生美容护理等。

1. 塑形类身体护理服务项目推荐

越来越多的女性要求进行自身身材管理，希望拥有具有曲线美的体型，减肥、丰胸等塑形类身体护理服务项目在美容院越来越广泛地开展起来。塑形类身体护理一般按照身体部位可以分为上背部护理、腰腹部护理、胸部护理、臀部护理、手臂护理、腿部护理。塑形类身体护理服务项目的内容与特色见表 1–4，具体见本书职业模块 2 的培训项目 2 和培训项目 3。

表 1–4　塑形类身体护理服务项目的内容与特色

项目名称	内容与特色
减肥	以科学的方式减少身体脂肪含量，从而达到瘦体效果，改善身体曲线。可以通过对赘肉进行物理机械按摩，帮助分解脂肪、解除疲劳、增强新陈代谢、紧致肌肤来达到减肥效果；也可以通过各种减肥仪器促进脂肪分解，改善松弛，快速完成身体曲线塑造
丰胸	利用物理按摩或负压吸附促进乳房局部血液循环，使乳房丰满、挺拔。可以配合具有丰胸、健胸作用的精油进行按摩，改善皮肤肌理，使乳房保持坚挺、有弹性

2. 身体皮肤护理服务项目推荐

面部以外的身体部位大部分时间在衣物的保护和遮挡之下，皮肤容易干燥、缺乏营养。身体皮肤护理可以促进皮肤新陈代谢，增强血液循环，增加氧气和营养物质输送量，减缓机能衰退，减少皮肤假性皱纹，改善皮肤松弛现象，增强皮肤的弹性和光泽度，从而起到延缓皮肤衰老的作用。身体皮肤护理服务项目主要以全身或局部身体皮肤保养为主，通常包含身体皮肤的保湿、美白、紧致护理等。

3. 身体芳香按摩护理服务项目推荐

芳香护理利用从植物的花、叶、茎、根或果实中提炼萃取（用蒸馏法、挤压法、冷浸法、溶剂提取法等）的挥发性芳香物质，通过香熏、按摩、沐浴等方法，使有效成分经由皮肤和呼吸系统进入人体，影响人的生理和心理，消除抑郁、焦虑及疲惫感，使人身心舒畅。

（1）全身芳香按摩。进行全身芳香按摩时，取用适量精油，利用特定手法，循着淋巴液流动的方向，从足到头进行向心性按摩。全身芳香按摩可以改善亚健康，消除疲劳，润泽皮肤，达到净化体液、改善体质、促进循环、消除水肿的功效。

（2）局部芳香按摩。局部芳香按摩是指使用具有不同功效的精油进行身体局部芳香按摩，如头皮按摩、肩颈按摩、腹部按摩、臀部按摩、四肢按摩等，以达到缓解压力、促进循环、减少乳酸堆积等效果。

4. 养生美容护理服务项目推荐

养生美容是近年来在美容院开展的以传统养生理念、技术和方法为主的护理服务项目。养生体现人们对身心健康的追求，是一个以内养外、打造整体美形象的过程，也是美容院服务拓展的新趋势。主要的养生美容护理服务项目有悬灸保健、刮痧、拨筋等。

（1）悬灸保健。悬灸保健是一种用由蕲艾和其他多种草本原料制成的艾条在距离皮肤一定距离的地方对特定部位进行艾灸的方法。此方法运用经络腧穴等中医基本理论，由表及里，再由里透外地对人体进行补气、理气、泄邪气，从而达到使人健康、长寿、美丽的目的。

（2）刮痧。刮痧以中医经络腧穴理论为指导，先在皮肤表面涂抹适量的介质，再通过特制的刮痧器具和特定的手法，在体表进行反复刮动、摩擦，使皮肤局部出现红色粟粒状或暗红色出血点等“出痧”变化，从而达到活血透痧的作用。刮痧因其简、便、廉、效的特点广泛应用于美容行业。

（3）拨筋。拨筋是指利用拨筋板的形状特点，结合拨筋手法，根据经络循行，进行定点穴位刺激，以达到散瘀化结、改善肢体循环、排出体内废物，从而保证气血循行畅通的目的。

三、根据顾客需求推荐护理服务项目

1. 充分挖掘顾客需求

美容师在介绍护理服务项目时应思路开阔，充分挖掘顾客需求，为顾客设计综合护理方案。例如，顾客面部皮肤属于衰老皮肤，在介绍和推荐保湿、滋养护理服务项目的同时，美容师还可以从顾客的年龄、身体状况等方面进行分析，适当推荐全身芳香按摩等护理服务项目，以加速血液循环、舒缓身体疲劳，从而增强抗衰老效果。

2. 突出重点

美容师要根据顾客的实际情况和需求对护理服务项目进行介绍，介绍应细致、周到且突出重点，不能夸大其词、口若悬河。

3. 突出专业性和严谨性

美容师在介绍和推荐护理服务项目时，要突出专业性和严谨性。例如，在对顾客的皮肤、体型等状况进行分析时，可借助仪器检测等手段，结合专业知识和术语进行准确分析和讲解。

4. 保持热心、周到和耐心

美容师在介绍护理服务项目时要始终保持热心、周到和耐心，要向顾客提供生活护理建议，使顾客感到备受关心。美容师不能因为顾客问题多、有疑虑或不接受就冷落顾客。通常顾客问题越多，感兴趣程度越高，美容师推荐成功的概率越大。

培训单元 3　美容院护肤品的种类与特点

培训重点

了解护肤品的种类。

了解护肤品的特点。

知识要求

一、根据皮肤状况选择护肤品

正确选择护肤品是非常重要的，是美容院专业护理顺利进行的有效保证。美容师应根据顾客的皮肤状况为其提供专业建议。

不同性质皮肤的护肤品选择见表 1–5。

表 1–5　不同性质皮肤的护肤品选择

皮肤类型	护理原则	护肤品选择
中性皮肤	保湿	保湿系列的洁面乳、爽肤水、润肤乳等
干性皮肤	保湿、营养	保湿系列的洁面乳、爽肤水、精华霜、眼霜、润肤霜，也可适当使用有营养功效的精华霜和润肤霜
油性皮肤	控油、保湿	深层清洁洁面乳，控油系列的爽肤水、润肤乳等
混合性皮肤	保湿、控油	以保湿系列的洁面乳、爽肤水、眼霜、润肤乳为主，配合少量控油产品（在 T 区使用）

不同问题皮肤的护肤品选择见表 1–6。

表 1–6　不同问题皮肤的护肤品选择

皮肤类型	护理原则	护肤品选择
色斑皮肤	美白、祛斑	保湿美白系列的洁面乳、爽肤水、祛斑精华、眼霜、润肤霜
痤疮皮肤	控油、消炎	深层清洁洁面乳，控油系列的爽肤水、精华乳、润肤乳
衰老皮肤	紧致、营养	营养紧肤抗皱系列的洁面乳、爽肤水、精华霜、眼霜、润肤霜等
敏感皮肤	镇静、修复	抗敏系列的洁面乳、柔肤水、精华霜、润肤霜，产品不宜选择过多

二、不同护肤品的特点和适用范围

护肤品有不同的类型，不同类型的护肤品有不同的功能。每一种功能的护肤品还有多种剂型，如洁面产品有洁面乳、洁面皂等，滋润产品有润肤乳、润肤霜等，不同剂型的产品一般也具有不同的功效。美容师应根据护肤品的特点和适用范围为顾客提供护肤品选择建议。不同护肤品的特点和适用范围见表 1–7。

表 1–7 不同护肤品的特点和适用范围

产品类型	产品剂型	特点	适用范围
卸妆产品	卸妆油	主要由植物油、矿物油、合成酯等成分组成。植物油含量丰富，溶脂性好；矿物油虽不易被皮肤吸收，但却是良好的卸妆成分	适合中性皮肤、干性皮肤、油性皮肤、混合性皮肤等（但有痤疮、敏感等问题的皮肤慎用），并可卸除较浓的彩妆
	清洁霜	内含的矿物油呈中性或弱酸性，可溶解油溶性污垢，与皮肤的 pH 值接近，刺激性小	油包水型适用于干性皮肤，或在秋冬季天气干燥时使用；水包油型适用于中性皮肤和油性皮肤，或在夏季使用
	卸妆乳	含合成酯较多，为水包油型，卸妆效果略差于卸妆油	适合干性皮肤、中性皮肤，可卸除日常彩妆
	卸妆水	主要有效成分是表面活性剂及可溶解油脂的化学溶剂	适合卸除较浓的彩妆，不适合干性且敏感的皮肤
洁面产品	泡沫洁面乳	含有偏碱性的清洁成分，清洁力强	适合卸除油性皮肤、混合性皮肤和痤疮皮肤
	洁面皂	含有皂质成分，偏碱性，清洁力强	适合油性皮肤、混合性皮肤和痤疮皮肤
	弱酸性洁面乳	成分温和，在清洁的同时具有保湿作用	适合中性皮肤、干性皮肤、混合性皮肤，以及色斑皮肤、衰老皮肤、敏感皮肤等
化妆水类产品	保湿水	含有保湿剂，可以平衡皮肤的酸碱度，补充皮肤水分	适合中性皮肤、油性皮肤、干性皮肤、混合性皮肤等
	清洁水	含有表面活性剂、酒精等成分，具有清洁皮肤的作用	适合油性皮肤和痤疮皮肤
	收敛水	含有收敛剂、酒精等成分，具有收缩毛孔的作用	适合油性皮肤和痤疮皮肤
	营养水	含有透明质酸、维生素 C、胶原蛋白等多种营养成分	适合干性皮肤、色斑皮肤、衰老皮肤

续表

产品类型	产品剂型	特点	适用范围
滋润产品	润肤乳	水包油型，质地清爽、不油腻	适合中性皮肤、油性皮肤、混合性皮肤
	润肤霜	油包水型，较滋润，既能补充水分又能补充少量油脂	适合干性皮肤、衰老皮肤和色斑皮肤

三、综合多种因素提供护肤品选择建议

美容师除了应根据顾客皮肤状况、护肤品特点和适用范围提供护肤品选择建议外，还应根据季节、气候等因素推荐护肤品。每个人在不同季节可出现不同的皮肤问题，如春夏偏油、秋冬偏干。

此外，对于有损美性皮肤问题的顾客，美容师还应根据其皮损的性质、分布和严重程度，判断其是否可以通过美容院的专业护理和顾客的居家护理得以改善，如果情况较为严重，应建议顾客及时就医治疗。这样既不会耽误顾客的病情，又能够展现美容师的专业性。

思考题

1. 心理需求与美欲的关系是什么？
2. 美容顾客按消费目标如何分类？
3. 美容顾客按行为表现如何分类？
4. 美容师在推荐美容服务项目时如何进行有效询问？
5. 美容师如何根据顾客需求推荐护理服务项目？

培训项目 2 咨询

培训单元 1 营养与美容

培训重点

熟悉营养美容的主要内容及作用。

能够为顾客提供营养美容建议。

知识要求

一、营养基础知识

1. 基本概念

（1）营养和营养学。营养是人体消化、吸收、利用食物或营养物质的过程，也是人类从外界获取食物满足自身生理需要的过程，包括摄取、消化、吸收、体内利用等。膳食中有足够的糖类、蛋白质、维生素等营养素，可以维持生命、增强体质、减轻疲劳、提高免疫力、增进健康。

营养学是研究人体营养规律及其改善措施的一门学科。营养学不仅研究食物进入机体后的变化，如参与生化反应和结合到组织细胞中，还指导人们如何选择食物以保障机体正常生长、发育与繁殖。

（2）营养素和营养价值。营养素是指食物中能产生热量或提供组织细胞生长发育与修复的“材料”，是维持机体正常生理功能的物质。人体所需要的营养素可分为蛋白质、脂类、糖类、维生素、矿物质和水六大类。

营养价值通常是指食品中所含营养素和热能能满足人体营养需要的程度。营养价值的高低取决于食品中所含营养素的种类、数量及比例。

（3）营养摄入量

1）平均需要量。平均需要量（EAR）是指群体中各个体需要量的平均值，是可以满足某一特定性别、年龄和生理状况群体中50%个体需要量的摄入水平。EAR是根据个体需要量的研究资料制定的。

2）推荐摄入量。推荐摄入量（RNI）是指可以满足某一特定性别、年龄和生理状况群体中绝大多数（97%～98%）个体需要量的摄入水平。长期达到RNI可以满足机体对某营养素的需要，维持组织中适当的营养素储备，保持健康。

3）适宜摄入量。适宜摄入量（AI）是指通过观察或实验获得的健康人群对某种营养素的摄入量。

4）可耐受最高摄入量。可耐受最高摄入量（UL）是指以描述营养素的安全性或确定其安全界限为目的，几乎对所有个体健康都无任何副作用和危险的平均每日营养素最高摄入量。

5）推荐膳食供给量。推荐膳食供给量（RDA）是指营养学术权威机构向各国公众推荐的每日膳食中应含有的热能和营养素的量。RDA按科学水平制定，能满足所有健康人群对必需营养素的需要。

2. 中国居民膳食指南

《黄帝内经》中提出“五谷为养，五果为助，五畜为益，五菜为充”的饮食原则，在中国几千年的历史记载中也不乏饮食养生的思想，它们从多方面论述饮食平衡、维护健康的方法。为适应居民营养健康的需要，提高居民的健康意识，帮助居民合理选择食物，减少或预防慢性疾病发生，我国从1989年开始陆续发布了四版《中国居民膳食指南》。第四版《中国居民膳食指南（2016）》以科学为基础，从维护健康的角度，为我国居民提供食物营养和身体养生方法指导，在指导和教育人们平衡膳食、改善营养状况、增强健康素质等方面具有重要的价值和意义。

《中国居民膳食指南（2016）》中提出了六条核心推荐条目，具体内容如下。

（1）食物多样，谷类为主。平衡膳食模式是在最大程度上保障人体营养需要和健康的基础，食物多样是平衡膳食模式的基本原则。每天的膳食应包括谷薯类、蔬菜水果类、畜禽鱼蛋奶类、大豆坚果类等食物。建议平均每天摄入12种以上的食物，每周 25 种以上。谷类为主是平衡膳食模式的重要特征。膳食中糖类提供的能量应占总能量的 50% 以上。

（2）吃动平衡，健康体重。体重是评价人体营养和健康状况的重要指标，吃和动是保持健康体重的关键。各个年龄段的人群都应该坚持天天运动，维持能量平衡，保持健康体重。体重过低和体重过高均易增加患病风险。每周应至少进行 5 天中等强度的身体活动，累计 150 分钟以上，尽量减少久坐时间，每小时起来活动身体。

（3）多吃蔬果、奶类、大豆。蔬果、奶类和大豆及其制品是平衡膳食的重要组成部分，坚果是有益补充。蔬果是维生素、矿物质、膳食纤维等的重要来源，奶类和大豆及其制品富含钙、蛋白质和 B 族维生素，对降低慢性病的发病风险具有重要作用。提倡餐餐有蔬菜，且深色蔬菜应占 1/2；天天吃水果（注意果汁不能代替鲜果）。奶制品的摄入量应相当于每天 300 g 液态奶，豆制品的摄入量应相当于每天 25 ~ 35 g 大豆，应适量吃坚果。

（4）适量吃鱼、禽、蛋和瘦肉。鱼、禽、蛋和瘦肉可提供人体所需要的优质蛋白质、维生素 A、B 族维生素等，有些脂肪和胆固醇含量也较高。动物性食物优选鱼和禽类。鱼和禽类脂肪含量相对较低，鱼类含有较多的不饱和脂肪酸。畜肉应选择瘦肉，瘦肉脂肪含量较低。过多食用烟熏和腌制肉类会增加肿瘤的发生风险，应当少吃。蛋类营养成分齐全。建议平均每天摄入鱼、禽、蛋和瘦肉总共 120 ~ 200 g。

（5）少盐少油，控糖限酒。目前我国多数居民食盐、烹调油和脂肪摄入过多，这是高血压、肥胖、心脑血管疾病等慢性病发病率居高不下的重要因素，因此应当培养清淡饮食的习惯。过多摄入添加糖可增加龋齿和超重的发生风险，推荐每天摄入添加糖不超过 50 g，最好控制在 25 g 以下。提倡饮用白开水和茶水，不喝或少喝含糖饮料。儿童、孕妇、乳母不应饮酒。成人若饮酒，则男性一天饮用的酒精量不应超过 25 g，女性一天饮用的酒精量不应超过 15 g。

（6）杜绝浪费，兴新食尚。珍惜食物、杜绝浪费是中华民族的美德。应按需选购食物、按需备餐，提倡分餐、不浪费；选择新鲜卫生的食物和适宜的烹调方式，保障饮食卫生；学会阅读食品标签，合理选择食品。

3. 中国居民平衡膳食宝塔

中国居民平衡膳食宝塔是根据《中国居民膳食指南》，结合中国居民膳食结构特点设计的。它把平衡膳食原则转化为各类食物的重量，并以直观的宝塔形式表现出来，便于群众在日常生活中理解和应用。

中国居民平衡膳食宝塔（2016）共分五层，包含人们每天应吃的主要食物种类，如图 1–1 所示。宝塔各层位置和面积不同，这在一定程度上反映出各类食物在膳食中的地位和应占比重。每人每天各类食物摄入的总能量应为 1 600 ~ 2 400 千卡（1 卡为 4.186 J，1 千卡为 4.186 kJ）。

图 1–1 中国居民平衡膳食宝塔（2016）

（1）第一层：谷薯类。谷类是大米、小麦、高粱、玉米、面粉等的总和。它们是膳食中能量的主要来源。多种谷类掺着吃比单吃一种好，特别是以玉米或高粱为主要食物时，应当重视搭配一些其他的谷类或豆类食物。加工的谷类食品如面包、烙饼、切面等应折合成相应的面粉量来计算摄入量。薯类包括甘薯、马铃薯、山药等。

（2）第二层：蔬菜类、水果类。蔬菜、水果有许多共性，但它们终究是两类食物，各有优势，不能完全相互替代。一般来说，红、绿、黄色较深的蔬菜和深黄色水果含营养素比较丰富，因此应多选用深色蔬菜和水果。这类食物的重量按购买时的鲜重计算。

（3）第三层：畜禽肉、水产品和蛋类。畜禽肉、水产品和蛋类主要提供动物性蛋白质与一些重要的矿物质和维生素，但它们彼此间有明显的区别。鱼、虾及其他水产品的脂肪含量很低，有条件可以多吃一些，其重量按购买时的鲜重计算。肉类包含畜肉、禽肉及内脏，其重量按屠宰清洗后的重量计算。这类食物尤其是猪肉的脂肪含量较高，因此不应吃过多肉类。蛋类的胆固醇含量相当高，一般每天不超过一个为好，其重量按购买时的鲜重计算。

（4）第四层：奶类及奶制品、大豆类和坚果。奶类及奶制品主要包含鲜牛奶和奶粉。大豆类主要包含大豆及其制品。

（5）第五层：油和盐。成人每天食盐食用量应不超过 6 g，烹调油食用量应为 25 ~ 30 g。膳食宝塔没有提示食糖的摄入量，因为目前我国居民平均食糖摄入量还不高，对健康的影响还不大。

（6）水和身体活动。相较于前一版，2016 年发布的膳食宝塔版本增加了水和身体活动的相关内容，强调足量饮水和增加身体活动的重要性。

水在生命活动中发挥着重要的作用，应当足量饮水。建议成人每天饮水 7 ~ 8 杯（1 500 ~ 1 700 mL）。在温和气候条件下生活的从事轻体力劳动的成人每日至少饮水 1 200 mL；在高温气候条件下生活的或从事强体力劳动的成人应适当增加饮水量。饮水不足或过多都会给人体健康带来危害。饮水应少量多次，要主动，不要感到口渴时再喝水。

目前，我国大多数成人身体活动不足，应改变久坐少动的不良生活方式，养成天天运动的习惯，坚持每天多做一些消耗体力的活动。建议成人每天进行累计相当于步行 6 000 步以上的身体活动，如果身体条件允许，最好进行 30 分钟中等强度的运动。

4. 营养与美容的关系

随着人们生活水平提高和科学技术进步，人们对美的认识也有了深刻的变化。美不仅是皮肤与形体的美观，也是身体健康的外在表现。美容服务也从单纯的化妆修饰、护肤塑形，向外修、内养相结合的方向发展。

健康的身体受遗传、生活环境、营养状况、作息和运动习惯、工作状态等多种因素的影响，其中，营养与健康的关系非常密切。中医中就有“医食同源，药食同根”的思想，表明了饮食营养和医药对健康养生的作用有异曲同工之处。在此基础上，人们认识到营养不仅是健康的保障，也是皮肤保持柔美、形体保持健美的重要因素。

完整的皮肤结构和正常的皮肤生理功能有赖于丰富的营养。食物中的蛋白质、脂类、糖类、维生素、矿物质、水既是构成皮肤结构的基本元素，也是保证皮肤生理功能正常的重要元素。

皮肤问题和损美性疾病的发生与营养有着密切的关系。营养丰富，人会容光焕发，皮肤红润而有弹性，形体紧实而有曲线，展现出自然健康的美。营养不良，人会出现贫血、失眠、便秘等症状，反映在皮肤上就是面色无光、干燥粗糙、皱纹增加等。新鲜蔬菜和水果中富含的维生素和矿物质能调节皮脂腺和汗腺分泌，改善体液状况，使皮肤红润、有光泽。维生素对皮肤健康起着非常重要的作用，如：维生素 A 可促进皮肤细胞生长，保持皮肤水分，防止皮肤粗糙、产生皱纹；B 族维生素能使皮肤健康，防止肥胖；维生素 C 具有抗衰老和美白的作用，能防止色斑产生；维生素 E 既可滋润皮肤，又能抗衰老，并能减少皱纹的产生。

近年来，随着人们寻求健康美容的愿望越来越强烈，美容医学领域逐渐形成了新的研究方向——美容营养学，其以营养学和美容学为基础，通过合理营养和膳食调理来预防和治疗机体由于营养不良或过剩所产生的美容相关问题，使人的容貌、形体达到健康美，预防衰老从而延年益寿，并增强人的生命活力和美感。

二、基础营养素的美容作用

1. 蛋白质

蛋白质是一切生命现象的物质基础，没有蛋白质，就没有生命。人体内的蛋白质始终处于不断分解和合成的动态平衡之中，以使组织蛋白不断更新和修复。

（1）蛋白质的分类。蛋白质的组成元素主要有碳、氢、氮、硫，有些蛋白质还含有少量磷、碘，或金属元素铁、铜等。氨基酸是构成蛋白质的基本单位，组成人体的氨基酸有 20 种。营养学上将人体内不能合成或合成速度不能满足机体需要，必须从食物中直接获得的氨基酸称为必需氨基酸，其包括异亮氨酸、亮氨酸、赖氨酸、甲硫氨酸、苯丙氨酸、苏氨酸、色氨酸、缬氨酸 8 种。

营养学根据蛋白质中必需氨基酸的种类和含量差异，将其分为完全蛋白质、半完全蛋白质和不完全蛋白质。完全蛋白质又称优质蛋白质，其所含必需氨基酸种类齐全、营养价值高，既能维持生命，又能促进生长发育，如大多数动物性蛋白质、大豆蛋白质等；半完全蛋白质所含必需氨基酸种类虽齐全，但某些必需氨基酸含量较低，只能维持生命，不能促进生长发育，如大多数植物性蛋白质；不完全蛋白质所含必需氨基酸种类不全，既不能维持生命，也不能促进生长发育，如动物结缔组织中的胶原蛋白等。

（2）蛋白质的生理功能。蛋白质是机体的基本成分，人体的细胞、组织和器官都是由蛋白质构成的，如皮肤、肌肉、骨骼、毛发等。蛋白质是人体内重要的生物活性物质，如人体内的酶就是由蛋白质和辅酶构成，它们都有重要的生理调节功能。蛋白质是体内重要的运输载体，如血液中的血红蛋白可以在肺中与氧结合，将氧通过血液循环运送到机体的每个细胞，又如脂蛋白可以运输脂类。蛋白质能够提供能量，当体内糖类和脂类代谢不足以满足能量所需时，蛋白质进行分解供能，每克蛋白质能提供 4 千卡热量。蛋白质能维持毛细血管渗透压，并参与机体的免疫调节，且具有促进矿物质吸收、清除自由基、降低血压等功能。

（3）人体对蛋白质的需要量。蛋白质的需要量取决于蛋白质的质量。食物蛋白与人体蛋白组成越接近，则质量越好，可利用价值越大。食物蛋白在消化道中分解成氨基酸后被吸收，其所含必需氨基酸种类与数量越多，则生理价值越大。

成人蛋白质推荐摄入量为每日 1.16 g/kg。女性和男性有一定的差别，如果体重同为 60 kg，女性每日推荐摄入量约为 60 g，男性每日推荐摄入量约为 70 g。按照能量计算，我国成人蛋白质摄入能量占膳食总能量的 10% ~ 12%，儿童、青少年蛋白质摄入能量占膳食总能量的 12% ~ 14%。人体如果缺乏蛋白质，会出现消瘦、无力、肌肉萎缩、皮肤弹性下降、水肿、毛发干枯脱落等现象，严重者还可能出现肝肿大、肝功能减退、肝细胞萎缩和脂肪浸润，导致抵抗力低下。但过量摄入蛋白质也会对身体造成伤害，增加肾脏负担。

（4）蛋白质的食物来源及供给量。优质蛋白质的食物来源主要为蛋和奶类，其次为鱼、虾、肉和豆类。常见蛋白质含量丰富的食物如图 1–2 所示。成人饮食中 40% ~ 45% 的蛋白质应为优质蛋白质，儿童饮食中 45% ~ 50% 的蛋白质应为优质蛋白质。营养学上用生物学价值来反映食物中蛋白质消化吸收后被机体利用的程度，生物学价值越高，表明蛋白质被机体利用的程度越高。一般认为，动物性食物的蛋白质生物学价值比植物性食物的蛋白质生物学价值高。常见食物的蛋白质生物学价值见表 1–8。

图 1–2　常见蛋白质含量丰富的食物

表 1–8　常见食物的蛋白质生物学价值

食物类型		蛋白质生物学价值
动物性食物	鸡蛋黄	96
	牛奶	90
	鸡蛋白	83
	鱼	83
	牛肉	76
	猪肉	74
植物性食物	大米	77
	白菜	76
	豆腐	65
	玉米	60
	花生	59
	小米	57

（5）蛋白质与美容。蛋白质是构成皮肤组织不可缺少的物质，如胶原蛋白、弹性蛋白等。真皮层中的胶原蛋白是构成皮肤的主要成分，皮肤生长、修复等都离不开胶原蛋白。胶原蛋白除了可以支撑并保持皮肤的韧性，还对水有很强的亲和力，可以保持皮肤中的水分，使皮肤细腻并富有光泽。弹性蛋白则可以维持皮肤的弹性，减缓皮肤衰老。

此外，蛋白质还参与皮肤组织的新陈代谢活动。如果长期蛋白质摄入不足，机体会降低对各种致病因子的抵抗力，导致皮肤生理功能减退，肌肉萎缩，皮肤老化而失去弹性，变得干燥、粗糙，出现皱纹、黄褐斑等。

2. 脂类

脂类在产生和提供能量、组成人体成分等方面有重要的作用。

（1）脂类的分类。脂类包括脂肪和类脂。

脂肪由甘油和脂肪酸脱水合成，脂肪酸根据脂肪酸酯键数量分为饱和脂肪酸和不饱和脂肪酸，根据人体是否能合成又分为必需脂肪酸和非必需脂肪酸。必需脂肪酸是指机体生命活动必不可少，但机体自身又不能合成，必须由食物提供的多不饱和脂肪酸，如亚油酸、α–亚麻酸等。

类脂包括磷脂、糖脂、胆固醇等。磷脂是含有磷酸的脂类，包括甘油磷脂和鞘磷脂。糖脂是含有糖基的脂类。胆固醇常以胆固醇酯的形式存在，常见的胆固醇酯为胆固醇的油酸酯和亚油酸酯。

（2）脂类的生理功能

1）提供和储存能量。脂类由于其特殊的分子构成，氧化燃烧所释放的热量高于糖类和蛋白质，每克脂肪可提供 9 千卡热量。当人体摄入能量过多，不能被机体利用时，这些能量就会转变成脂肪储存起来。脂类中供能和贮能的基本物质是甘油三酯。

2）构成机体组织。脂类是构成机体的重要成分，它能保持身体不受外界温度迅速变化的影响。因此，尽管体脂较多会表现为肥胖，人们也不能过度减肥，因为适量的体脂是必需的。类脂是多种组织和细胞的组成成分，如细胞膜就是由磷脂、糖脂、胆固醇等组成的类脂层。

3）维持人体温度。人体的皮下脂肪具有隔热保温的作用，能够使体温维持正常、恒定。

4）保护机体。人体脂肪起到保护机体的作用，能缓冲、减轻外力对机体的冲击，避免身体内脏等受到外部打击等的伤害。

5）滋润皮肤和毛发。皮脂腺分泌的皮脂通过毛囊到达皮肤表面，与汗腺分泌的汗液合成皮脂膜，保护润滑皮肤。同时，皮脂还能润滑毛发。

（3）人体对脂类的需要量。中国营养学会推荐成人脂肪摄入能量应占摄入总能量的 20% ~ 30%，必需脂肪酸摄入能量不少于摄入总能量的 3%。

（4）脂类的食物来源及供给量。脂类主要来源于动物性脂肪和植物性脂肪。动物性脂肪是指动物体储存的脂肪，如猪油、牛油、羊油、鱼油、鱼肝油等，动物乳中也含有脂肪，如奶油等；植物性脂肪主要是从植物的果实内提取，如从芝麻、葵花子、核桃、松子仁、黄豆、花生等中提取的植物油。除食用油脂的脂类含量约为 100% 外，脂类含量丰富的食品还有动物性食物和坚果。

脂类的营养价值主要以消化率、必需脂肪酸和脂溶性维生素的含量来评价。消化率高，必需脂肪酸和脂溶性维生素含量高，则脂类营养价值高。动物性食物中，畜肉类脂肪含量最丰富，其脂肪酸多为饱和脂肪酸；植物性食物中，坚果类脂肪含量最高（可达 50%），且其脂肪酸多为亚油酸等必需脂肪酸，因此营养价值高。日常食用的植物油的必需脂肪酸含量差异见表 1–9。

表 1–9　不同植物油的必需脂肪酸含量差异

植物油	亚油酸	α– 亚麻酸
花生油	32%	—
大豆油	54%	7%
玉米油	50%	1%
葵花子油	68%	1%
橄榄油	10%	1%
亚麻籽油	16%	54%

（5）脂类与美容。适量的皮下脂肪可以起到支撑皮肤、增加皮肤弹性、滋润皮肤、减少细小皱纹产生、延缓衰老及使皮肤有光泽的作用。脂类摄入不足或过多都会对美容产生影响。

脂类摄入不足时，人体内会缺乏必需脂肪酸，皮肤会变得粗糙、干燥、无弹性，常出现鳞屑状皮炎，抵抗力减弱，严重的会导致生长发育迟缓、骨骼生长障碍、大脑反应迟缓、内分泌异常等。

脂肪摄入过多时会在体内堆积，引起肥胖，使人体态臃肿。过多摄入动物性脂肪还会使血脂增多，血液黏稠度增加，导致血管粥样硬化，增加心血管疾病的患病风险。

3. 糖类

糖类又称碳水化合物，是由碳、氢、氧等元素组成的化合物，广泛存在于动植物体内。

（1）糖类的分类。糖类根据化学结构分为单糖、双糖、寡糖和多糖。

1）单糖。单糖是不能够被水解的最简单的糖类。葡萄糖和果糖是最常见的单糖，果糖是糖类中最甜的糖，其甜度是蔗糖的 1.2 ~ 1.5 倍。

2）双糖。双糖是由两个单糖分子结合而成的糖类，如一分子葡萄糖和一分子果糖能结合成蔗糖。常见的双糖有蔗糖、乳糖、麦芽糖。

3）寡糖。寡糖又称低聚糖，是由 3 个以上、10 个以下的单糖分子通过糖苷键构成的聚合糖。常见的寡糖有低聚果糖、低聚木糖及大豆低聚糖。

4）多糖。多糖是 10 个以上的单糖分子通过糖苷键聚合而成的，包括淀粉和膳食纤维两大类。

（2）糖类的功能

1）提供能量。糖类是人体最主要的供能物质，是人体细胞生命活动的主要能量来源，也是最经济的能量来源。营养专家认为，糖类产热量占总产热量的 60% ~ 65%。人体内的糖类主要以葡萄糖、糖原和含糖复合物三种形式存在，糖原是储存形式，葡萄糖是供能物质。每克葡萄糖能提供 4 千卡热量。葡萄糖供能快。

2）构成细胞及重要生命物质。糖类以糖脂、糖蛋白、蛋白多糖等形式存在于每个细胞中，其含量为 2% ~ 10%，主要分布在细胞膜、细胞器膜、细胞质及细胞间质中。此外，糖类也是机体中抗体、酶、激素等具有重要生理功能的物质的组成部分。

3）避免蛋白质消耗。当糖类摄入充足时，可以减少用于供能的蛋白质消耗，从而避免影响新蛋白质合成和组织更新。

4）抗酮体作用。当糖类摄入不足时，机体可分解脂类进行供能，而脂类必须有糖类存在才能完全氧化而不产生酮体，缺少糖类参加的脂类代谢会产生酮体。酮体是酸性物质，在血液中浓度过高会造成酮症酸中毒。

5）保肝解毒作用。糖原储存于肝脏中。当肝脏糖原充足时，可保护肝脏，减少化学毒物（如酒精、铅等）对肝脏的损伤，加强对致病微生物产生的毒素的解毒能力。

6）血糖调节作用。当糖类摄入过多时，血糖浓度会升高；当糖类摄入过少时，血糖浓度会下降。葡萄糖是维持大脑正常功能的必需营养物质。当血糖浓度下降时，脑组织可因缺乏能源而受损，出现功能障碍，人体会出现头晕、心悸、出冷汗等症状，严重可导致昏迷。

（3）糖类的食物来源及供给量。谷类、薯类、豆类等的糖类含量丰富。白糖、红糖等食用糖的糖类含量几乎为 100%。蔬菜、水果和全谷类都含有膳食纤维，一般含量在 3% 以上。常见糖类含量丰富的食物如图 1–3 所示。

图 1–3　常见糖类含量丰富的食物

糖类的摄入量常以其可提供能量占总能量的百分比表示。研究表明，糖类供应能量占膳食总能量的比例大于 80% 和小于 40% 时都是不利于健康的。中国营养学会根据中国居民膳食实际情况建议，除 2 岁以下的婴幼儿，其他人群的糖类供应能量应占膳食总能量的 55%～65%，并且食物中应含不同种类的糖类。

（4）糖类与美容。当糖类摄入适当时，人体各项机能正常运作，脂类和蛋白质正常代谢。当糖类摄入不足时，机体利用脂类和蛋白质进行能量代谢，使蛋白质减少，肌肉变得松弛，皮肤弹性下降，产生干燥、老化等皮肤问题。当糖类摄入过多时，机体将过剩的糖类转变成脂肪储存于体内，使人体肥胖或代谢失调。

4. 维生素

维生素是维持机体生命活动所必需的一类微量低分子有机化合物。这类物质在体内既不是组织原料，也不是能量来源，而是一类调节物质，在物质代谢中起重要作用。大多数维生素不能在体内合成，也不能大量储存于机体中，必须由食物提供。

维生素根据溶解性可分为脂溶性维生素和水溶性维生素。脂溶性维生素是指不溶于水而溶于脂肪及有机溶剂的维生素，包括维生素 A、维生素 D、维生素 E、维生素 K。脂溶性维生素在食物中与脂类共存，在肠道吸收时也与脂类密切相关。水溶性维生素是指可溶于水的维生素，包括 B 族维生素和维生素 C。水溶性维生素易从尿液中排出。

（1）维生素 A。维生素 A 又称抗干眼病维生素，是一系列视黄醇的衍生物。

1）维生素 A 的作用。维生素 A 可促进视觉细胞内的感光色素形成，维持正常的视觉功能，增强眼睛适应外界光线强弱的能力，防止夜盲症和视力减退，有助于对抗多种眼疾。维生素 A 可促进生长发育，强壮骨骼，维护头发、牙齿和牙床的健康。维生素 A 参与蛋白质的合成，维持上皮组织的功能，在上皮组织的生长分化中起着重要作用。维生素 A 还可增强机体免疫力，具有抗氧化作用，并且具有预防肿瘤的作用。

2）维生素 A 的摄入量。维生素 A 的摄入量用视黄醇当量（RE）来表示，1 μg 视黄醇当量等于 1 μg 维生素 A，我国成人每日维生素 A 推荐摄入量为男性 800 μg RE、女性 700 μgRE。维生素 A 摄入不足会引起皮肤问题，还会导致食欲降低、免疫力下降等。维生素 A 摄入过量可引起中毒症状。

3）维生素 A 的食物来源。动物肝脏的维生素 A 含量较高，其次是蛋黄和奶油。植物性食物中的红、黄、绿色蔬菜，以及芒果、枇杷、杏等水果中含有丰富的胡萝卜素，其在人体内可转化为维生素 A。常见维生素 A 含量丰富的食物如图 1–4 所示。

4）维生素 A 与美容。维生素 A 摄入不足会影响上皮细胞组织正常发育，导致皮肤干燥、弹性降低、粗糙、皱纹增多，甚至出现毛囊角化过度症。

图 1–4 常见维生素 A 含量丰富的食物

（2）B 族维生素

1）维生素 B_1。维生素 B_1 又称硫胺素、抗脚气病因子、抗神经炎因子等。维生素 B_1 的生理功能是参与糖代谢，维持心血管系统、神经系统、消化系统的正常功能，抑制胆碱酯酶的活性，帮助消化，增进食欲。缺少维生素 B_1 会得脚气病、神经性皮炎等。我国成人每日维生素 B_1 推荐摄入量为男性 1.4 mg、女性 1.3 mg。维生素 B_1 广泛存在于天然食物中，在谷类的胚芽和外皮（糠、麦麸）中的含量丰富，在豆类、动物肝脏、瘦肉中的含量也较多。常见维生素 B_1 含量丰富的食物如图 1–5 所示。维生素 B_1 的吸收受食物种类、加工和烹饪方法等影响。在清洗食物时，维生素 B_1 可随水大量流失；在加工和烹饪过程中，若谷物碾磨得太精细、菜类烹调不当或制成罐头食品，则都会造成维生素 B_1 大量丢失或破坏。

图 1–5 常见维生素 B_1 含量丰富的食物

2）维生素 B_2。维生素 B_2 又称核黄素，味微苦，在酸性环境中稳定，在碱性环境或光照条件下极易分解。维生素 B_2 参与体内能量代谢，能提高机体对蛋白质的利用率，促进生长发育，维护皮肤和细胞膜的完整性。维生素 B_2 还具有增强机体抗氧化活性、保护皮肤毛囊和皮脂腺的美容功效。我国成人每日维生素 B_2 推荐摄入量为男性 1.4 mg、女性 1.2 mg，婴幼儿、孕妇和乳母适当增加摄入量。维生素 B_2 大量存在于动物肝脏、动物肾脏、牛乳、鱼、谷物、蔬菜、豆类等食物中，其在动物性食物中的含量高于在植物性食物中的含量。常见维生素 B_2 含量丰富的食物如图 1–6 所示。摄入量不足、感染、酗酒等原因可导致维生素 B_2 缺乏，使人体出现唇炎、口角炎、口腔溃疡、湿疹、脂溢性皮炎等疾病。

图 1–6　常见维生素 B_2 含量丰富的食物

3）烟酸。烟酸又称维生素 B_3、维生素 PP，溶于水和酒精。烟酸在机体内转化成烟酰胺，参与糖和脂质代谢，有助于维持消化系统、神经系统和皮肤的正常功能，并可降低血液中胆固醇和甘油三酯的含量。烟酸可由机体内色氨酸转化而来，膳食中参考摄入量用烟酸当量（NE）来表示。我国成人每日烟酸参考摄入量为男性 14 mgNE、女性 13 mgNE。烟酸摄入量不足可引起癞皮病，皮肤对太阳光线特别敏感常常是烟酸不足的早期症状，后可出现皮炎、脱皮、皮肤粗糙等问题。此外，体重减轻、疲劳乏力、记忆力差、失眠、精神紧张等也可由烟酸缺乏引起。烟酸在动物肝脏、瘦肉、鱼、坚果和谷物种皮中的含量比较丰富，乳类、蛋类中的色氨酸含量较高。

（3）维生素 C。维生素 C 又称抗坏血酸，是一种酸性多羟基化合物。

1）维生素 C 的作用。维生素 C 具有很强的抗氧化作用，参与体内氧化还原反应，促进钙、铁、叶酸的吸收和利用。维生素 C 参与体内羟化反应，促进胶原蛋白、神经递质的合成，促进类固醇羟化。维生素 C 能保护巯基，使其与铅、汞、镉等重金属离子结合，排出体外，具有增强机体解毒功能的作用。维生素 C 还能抑制多巴胺氧化，减少黑色素生成。

2）维生素 C 的摄入量。维生素 C 的 RNI 为每日 100 mg，UL 为每日 1 000 mg，孕妇、乳母及在寒冷、高温、缺氧环境中生活工作或经常接触重金属有毒物质的人应适当增加摄入量。长期缺乏维生素 C 会导致坏血病。维生素 C 摄入过量可引起腹泻、皮疹、胃酸增多、胃液反流，还可导致泌尿系统结石、尿内草酸盐与尿酸盐排出增多、深静脉血栓形成、血管内溶血或凝血问题等。

3）维生素 C 的食物来源。维生素 C 主要存在于新鲜的蔬菜、水果中。酸枣、橘子、山楂、柠檬、猕猴桃、沙棘和刺梨中含有丰富的维生素 C，绿叶蔬菜、青椒、番茄、大白菜等中的维生素 C 含量也较高。常见维生素 C 含量丰富的食物如图 1–7 所示。

图 1–7　常见维生素 C 含量丰富的食物

4）维生素 C 与美容。维生素 C 具有美白、润肤、护肤等美容功效。维生素 C 可抑制酪氨酸酶活性，减少黑色素生成，预防色素沉着和色斑生成。维生素 C 参与核酸合成，将 Fe^{3+} 还原成 Fe^{2+}，促进铁吸收，加强造血功能，可使皮肤红润而有光泽。维生素 C 还有抗炎作用，对日晒伤有一定的修复作用。

（4）维生素 D。维生素 D 是一种类固醇衍生物，是唯一可由人体少量合成的维生素。天然维生素 D 有两种，即麦角钙化醇（维生素 D_2）和胆钙化醇（维生素 D_3）。

1）维生素 D 的作用。维生素 D 有助于人体吸收钙和磷，并具有调节钙的作用，具体包括：促进小肠的钙吸收；帮助新骨钙化，促进钙由老骨髓质中游离出来，使骨质不断更新；维持血钙平衡。

2）维生素 D 的摄入量。由于日光照射可促进机体合成维生素 D，因此维生素 D 的供给量受日光照射影响。中国营养学会推荐成人每日摄入 5 μg 维生素 D，儿童、少年、孕妇、乳母及老人每日摄入 10 μg 维生素 D。若维生素 D 不足，则血中钙与磷含量低于正常值，会导致骨骼变软及畸形，使儿童患佝偻病，孕妇患骨质软化症。若长期每日摄入 0.025 mg 以上的维生素 D 则对人体有害，可能造成恶心、头痛、肾结石、肌肉萎缩、关节炎、动脉硬化、腹泻、口渴、体重减轻、多尿及夜尿等。

3）维生素 D 的食物来源。维生素 D 多存在于鱼肝油、蛋黄、乳制品、酵母中。常见维生素 D 含量丰富的食物如图 1–8 所示。植物油或酵母中所含的麦角固醇经紫外线照射后可转化为维生素 D_2，动物皮下的 7– 脱氢胆固醇经紫外线照射后可转化为维生素 D_3，因此多晒太阳可促进维生素 D 生成。

图 1–8　常见维生素 D 含量丰富的食物

4）维生素 D 与美容。维生素 D 缺乏时，成人会出现骨质疏松或软化，初时表现为腰部、腿部疼痛，并逐渐加重，严重时骨盆、胸骨及四肢骨骼易弯曲，发生骨折，严重影响健康和形体美。

（5）维生素 E。维生素 E 又称生育酚，主要有 α、β、γ、δ 四种类型。

1）维生素 E 的作用。维生素 E 具有抗氧化作用，与谷胱甘肽过氧化物酶、超氧化物歧化酶等一起构成机体内的抗氧化成分，保护生物膜免受过氧化物和自由基损害。维生素 E 的抗氧化作用还可以保护蛋白质的功能基团，促进蛋白质合成，提升蛋白质的功能，维护骨骼肌、心肌、平滑肌和心血管系统的正常结构与功能。维生素 E 还可以减少游离自由基，使脂褐素生成减少，具有抗衰老作用。

2）维生素 E 的摄入量。缺少维生素 E 会影响成人生育，严重者会患肌肉萎缩症、神经麻木症等。但由于食品中维生素 E 含量较充足，且较易被吸收，因此一般不易发生维生素 E 缺乏症，仅见于肠道吸收脂类不全时。

3）维生素 E 的食物来源。维生素 E 在自然界中广泛分布，动物油、植物油及鱼、肉、蛋、豆中的维生素 E 含量较高，粗粮和蔬菜中也含有一定量的维生素 E。常见维生素 E 含量丰富的食物如图 1–9 所示。

图 1–9　常见维生素 E 含量丰富的食物

4）维生素 E 与美容。维生素 E 是人体优良的抗氧化剂，可预防和改善皮肤干燥缺水、弹性下降、松弛、暗沉、皱纹和色斑增加等衰老现象。维生素 E 为淡黄色油状物，易被皮肤吸收，除可饮食摄入和口服补充（维生素 E 补充剂）外，还可外用涂抹或用于化妆品中，是抗衰老制剂的理想成分。

5. 矿物质

矿物质是人体中除碳、氧、氢、氮以外各种元素的总称，其中，体内含量少于 0.01% 的称为微量元素。矿物质虽在人体内的含量较少，却是维持人体正常生理功能不可或缺的物质。

（1）钙。钙（Ca）是人体必需的元素，占体重的 1.5% ~ 2%，其中，99% 的钙以骨盐形式存在于骨骼、牙齿、肌肉、神经和体液中。钙是人类骨骼、牙齿的主要无机成分，也是肌肉收缩、神经冲动传递、血液凝结、激素释放、乳汁分泌等必需的元素。

1）钙的功能。机体内的钙一方面构成骨骼和牙齿，另一方面参与调节各种生理功能和代谢过程，影响各个器官组织的活动。钙与镁、钾、钠等离子保持一定的比例，使神经、肌肉保持正常反应。钙能调节心脏搏动，保持心脏连续交替地收缩和舒张。钙能维持肌肉收缩和神经冲动传递。钙能刺激血小板，促使伤口处血液凝结。在机体中，许多种酶需要钙的激活才能显示活性。

2）钙的来源和需要量。20 岁以上的女性尤其需要补充钙，这是因为自 20 岁起，骨密度就开始缓慢降低，30 岁以后下降速度逐渐加快，为骨质疏松等骨病埋下祸根。此外，缺钙也是导致女性衰老的一大因素，因此补钙对女性来说非常重要。钙的最佳食物来源是乳制品、海产品、豆类、绿色蔬菜等。常见钙含量丰富的食物如图 1–10 所示。专家建议，成年女性每日至少摄取 1 000 mg 钙，若在怀孕期、哺乳期或绝经期，则应至少摄入 1 500 mg。

图 1–10　常见钙含量丰富的食物

（2）铁。铁（Fe）是人体必需的微量元素，在人体内的总量为 4 ~ 5 g，其中 72% 以血红蛋白的形式存在，3% 以肌红蛋白的形式存在，0.2% 以其他化合物的形式存在，剩余约 25% 则为储备铁，以铁蛋白的形式储存于肝脏、脾脏和骨髓的网状内皮系统中。

1）铁的功能。铁参与氧的运输和储存。红细胞中的血红蛋白是运输氧气的载体，而铁是血红蛋白的重要成分，其与氧气结合，将氧气运输到身体的各个部分，供人们呼吸氧化，以提供能量、消化食物、获得营养。人体内的肌红蛋白存在于肌肉之中，含有亚铁血红素，也结合着氧，是肌肉中的“氧库”，运动时，肌红蛋白中的氧便释放出来，随时供肌肉活动使用。心脏、肝脏、肾脏具有高度的生理活动能力和生化功能，其细胞的线粒体内储存的铁特别多，线粒体是细胞的能量工厂，铁直接参与能量的释放。铁还可以促进发育，增强人体对疾病的抵抗力，调节组织呼吸，防止疲劳，构成血红素，预防和治疗因缺铁而引起的贫血，使皮肤呈现良好的血色。

2）铁的来源和需要量。铁平衡是一种稳定的状态，即从膳食中吸收的铁既可补充机体实际丢失的铁，又可满足机体生长的需要。铁平衡依赖于铁吸收、铁转运和铁储存的共同协调。人体会因营养不均衡、外伤而缺铁。女性还会由于每个月的生理期而流失大量血铁质，因此女性对铁的需要量远比男性高。含铁量丰富的食物有蛋黄、猪肝、猪血、豆类等。常见铁含量丰富的食物如图 1–11 所示。世界卫生组织建议成人每日摄入铁 10 ~ 15 mg，妊娠期妇女每日摄入铁 30 mg。若患有缺铁性贫血，应少喝咖啡、浓茶等抑制铁吸收的食物，多食蔬菜、水果等有利于铁吸收的食物。

图 1–11　常见铁含量丰富的食物

（3）锌。锌（Zn）是人体必需的微量元素，其不能在体内合成，只能依靠外来食物提供。

1）锌的功能。锌能够维持人正常的食欲，缺锌会导致人味觉功能下降，出现厌食、偏食甚至异食。锌具有增强人体免疫力的作用，是免疫器官胸腺发育所需的元素，只有锌量充足，才能保证胸腺发育，正常分化T淋巴细胞，促进免疫功能。锌可以保证上皮黏膜组织的正常黏合，促进伤口愈合。锌是人体许多重要酶的组成成分，也是合成胰岛素所必需的元素。此外，锌有帮助生长发育、智力发育的作用。

2）锌的来源和需要量。锌的食物来源广泛，因此正常饮食就可以满足人体对锌的基本需求。贝壳类海产品、红肉、动物内脏都是锌含量丰富的食物，白肉、蛋类次之，干果类、麦麸、奶酪、燕麦等也含有比较丰富的锌。常见锌含量丰富的食物如图1–12所示。成年女性每日锌推荐摄入量约为11.5 mg。皮肤有较深的伤口或手术过后，应通过外涂、饮食等方式补充锌元素。

图1–12　常见锌含量丰富的食物

（4）铜。铜（Cu）是人体必需的微量元素。

1）铜的功能。铜对血液、中枢神经和免疫系统，头发、皮肤和骨骼组织，以及脑、肝、心等内脏的发育和功能有重要影响。人体缺乏铜会引起贫血、毛发异常、骨和动脉异常，甚至脑障碍。人体铜过剩会引起肝硬化、腹泻、呕吐、运动障碍和知觉障碍。

2）铜的来源和需要量。中国营养学会制定了不同年龄阶段的人群每日铜“安全和适宜的摄入量”，其中，成人每日为2～3 mg。一般来说，牛肉、葵花子、可可、黑椒、羊肝等都含有丰富的铜。常见铜含量丰富的食物如图1–13所示。值得注意的是，铜作为重金属，摄入过量会有危害。

图 1–13 常见铜含量丰富的食物

（5）碘。碘（I）是维持人体甲状腺正常功能所必需的微量元素。健康成人体内的碘总量约为 30 mg（20 ~ 50 mg），其中 70% ~ 80% 存在于甲状腺中。

1）碘的功能。碘能够调节蛋白质合成和分解。当蛋白质摄入不足时，甲状腺素可促进蛋白质合成；当蛋白质摄入充足时，甲状腺素可促进蛋白质分解。碘能够促进糖和脂肪代谢。甲状腺素能加速糖的吸收利用，促进糖原和脂肪分解氧化，调节血清胆固醇和磷脂浓度等。碘还具有调节水盐代谢、促进维生素吸收、促进生长发育的作用。

2）碘的来源和需要量。人们主要从饮水、粮食、蔬菜中获取碘。如果长期生活在内陆、山区、地高坡陡及地下水位高的缺碘地区，人体可能会因碘摄入不足而产生碘缺乏病，此时可通过在食盐中加碘的方式保证摄入量。值得注意的是，人体摄入过多的碘是有害的，会引起甲亢。是否应在正常膳食之外补充碘要在体检的基础上听取医生的建议，切不可盲目补充。

6. 水

水是人体的必要物质，也是构成人体的主要物质，占体重的 60% ~ 65%。水和溶解其中的电解质构成体液。体液分为细胞内液和细胞外液两部分。细胞外液约占体重的 20%，包括流动于血管及淋巴管内的血浆和淋巴液，以及细胞间液；细胞内液约占体重的 40%，细胞内的各种化学反应和代谢活动都是在细胞内液中进行的。

（1）水的功能

1）溶解和转运。水是人体内良好的溶解剂，可以溶解很多物质，如氨基酸、葡萄糖、维生素，以及各种激素、酶、氧气等。水可以转运各种生命所必需的物质，也可以帮助将体内不需要的代谢废物排出体外，如尿素、肌酐、二氧化碳等。

2）维持体液渗透压。水不仅是人体一切反应的基础，而且可以调节蛋白质及电解质浓度，从而维持人体稳定的体液渗透压。

3）调节体温。水能吸收较多的热量，使人体体温不发生明显的波动。水通过血液流动、血管扩张及汗液蒸发来调节体温。

4）润滑。水具有良好的润滑作用。泪液可以防止眼球干燥，唾液有利于吞咽和保持咽部湿润，汗液可以滋润皮肤，呼吸道、胃肠道的黏液也有良好的润滑作用。

（2）水的来源和需要量。成人每日需水量为 2 000 ~ 2 500 mL，主要通过饮用水和食物水两个途径获得。人体水的出入量是平衡的。人体通过尿液、皮肤蒸发、粪便、呼吸等途径排出水分，总量为 2 000 ~ 2 500 mL。因此，每日应保证摄入等量的水。

（3）水与美容。水是维持人体正常生理功能的重要物质，也是维护人体皮肤美的主要成分。正常人体皮肤的含水量占人体总含水量的 18% ~ 20%，且主要存在于真皮层中。汗液过度蒸发、尿液排泄增多、水分摄入不足等因素会导致皮肤缺水，从而使皮肤干燥、粗糙、暗沉、弹性下降、皱纹增加。

三、常见美容问题的营养调理

1. 衰老皮肤的营养调理

衰老是指随着时间的推移，身体所发生的功能性和器质性的渐进衰退过程。皮肤衰老是人体自然衰老的一部分。衰老的皮肤会变薄、松弛、下垂、出现皱纹、变干燥等，表皮、真皮及皮肤附属器在结构和功能上都会发生变化。衰老虽不可避免，但可以通过皮肤护理、饮食营养等方式来延缓。

（1）皮肤衰老的原因。自由基学说和内分泌学说是在解释人体衰老方面比较权威的理论。现代自由基学说认为，人体的衰老过程其实是一个氧化过程，即由于受光、热、空气中的有害成分、紫外线等各种因素的影响，原本处于稳定状态的人体健康细胞分子失去电子而形成活性氧及游离基氧，游离基氧即自由基，在机体中一旦形成就会立即与邻近的生物细胞分子发生连锁反应，细胞膜首当其冲。除受自由基影响外，皮肤衰老还与内分泌因素，尤其是雌激素有关。

光老化是皮肤衰老的重要因素，是皮肤衰老过程中紫外线损害的累积，是自然老化和紫外线辐射共同作用的结果，一般表现为皮肤发红、肿胀、色素沉着、粗糙、干燥、出现皱纹，表皮角化不良、异常增生，真皮弹性纤维变性等。

（2）具有延缓衰老作用的营养成分。根据衰老产生的原因，一般认为可以通过内服或外用能够清除过量自由基、减少过氧化过程的抗氧化剂的方法来延缓衰老。常见的抗氧化成分有维生素 E、维生素 C、超氧化物歧化酶、部分微量元素（如锌、硒）等。此外，很多中草药中提取的成分如黄精多糖、葛根素、黄芩茎叶总黄酮、茶多酚、丹参多酚酸盐、人参皂苷等，都具有良好的抗氧化效果。

（3）抗衰老饮食。多食富含维生素 E 和维生素 C 的食物，多食富含胶原蛋白的食物，如猪蹄、猪皮、鱼皮等，同时保持营养丰富、均衡是延缓衰老的重要饮食方式。

（4）中医对衰老的认识及食疗方法。中医认为衰老与肾精虚衰、脾胃虚损、气虚血瘀等因素有关，可多食乌鸡、黑木耳、芝麻、核桃、栗子、山药、五谷等具有补肾健脾功效的食材，也可用阿胶、熟地黄、紫河车、枸杞、人参、黄芪、生姜、黄精、白术、茯苓、当归、肉苁蓉、杜仲等中药做成养生茶或食疗方服用。

2. 色斑皮肤的营养调理

色斑是指由于皮肤中黑色素增加而出现的色素沉着，呈黄褐色或黑色，好发于面部。常见的色斑有黄褐斑、雀斑等。

（1）色斑形成的原因。色斑形成的原因比较复杂，日光照射、内分泌失调、遗传等都是导致色斑产生的因素。在此基础上，皮肤内的酪氨酸酶活性增加，皮肤细胞过氧化，使黑色素增多，形成色斑。

黄褐斑是最常见的色素沉着斑，又称“肝斑”“蝴蝶斑”等，是发生于面部的对称性的褐色或黄褐色斑片，多发生于颧部、颊部、额部，多见于中年女性。黄褐斑的发生与内分泌失调有关，如妊娠期女性孕激素和雌激素分泌量增加、更年期女性雌激素分泌量变化都会导致内分泌紊乱，从而可能使黑色素分泌量增加而形成黄褐斑。长期服用口服避孕药、苯妥英钠等药物，或者患有慢性肝肾疾病、胃肠疾病等，都可能导致黄褐斑发生。

雀斑是好发于面部的一种针尖至米粒大小的棕褐色点状色素沉着斑，多见于鼻部、两颊，可首发于3～5岁，并可随着年龄增加而逐渐加重。雀斑的发生与遗传因素有关，并与日光照射关系密切，一般夏季日晒后加重，冬季可变浅。

（2）具有美白祛斑作用的营养成分。维生素C既可抑制酪氨酸酶活性，又具有强效抗氧化作用，是美白祛斑的重要成分。维生素E具有抗氧化作用，可以与维生素C发挥协同作用，减少色斑形成。维生素A可维持皮肤细胞正常新陈代谢，保持皮肤光滑、白皙，具有抑制色斑产生、保持黑色素正常代谢的作用。谷胱甘肽是人体内重要的抗氧化成分，具有清除自由基的作用，并能与重金属结合，是重要的祛斑成分。蛋白质是构成机体组织细胞的最基本物质，可以影响细胞的形成和皮肤的再生。铁元素可与蛋白质结合形成血红蛋白，具有改善血液循环、增强皮肤养分输送、加速皮肤代谢废物排出的作用，也能减少色斑生成。

（3）美白祛斑饮食。色斑人群应多食富含维生素A、维生素C、维生素E的食物，多食富含谷胱甘肽的食物，如西瓜、番茄、大蒜、鱼、羊肉等。此外，既含有丰富的蛋白质又含有铁的动物肝脏、瘦肉、蛋黄等，是美白祛斑的重要食物。色斑人群应少吃富含酪氨酸的食物，如动物肝脏、乳酪、核桃等；少吃感光食物，如芹菜、香菜、莴苣、茴香、芒果、菠萝、虾类、螺类等。

（4）中医对色斑的认识及食疗方法。中医认为，肝郁气滞、肾阴亏虚、瘀血阻滞等是导致色斑发生的主要因素，营养调理时应多食具有疏肝理气、滋补肾阴和活血化瘀作用的食物。如有情志不畅、胁痛、胸闷、嗳气等表现，可选用莲藕、萝卜、玫瑰花、佛手花、合欢皮等具有疏肝理气作用的食物；如有腰酸腿软、失眠多梦、潮热盗汗、手足心热、面红咽干等表现，可选用山药、莲子、肉桂、龙眼肉、桑葚、酸枣仁、核桃等具有滋补肾阴作用的食物；如有痛经、烦闷胀满等表现，可选用红花、桃仁、当归、白芍等具有活血化瘀作用的食物泡茶饮或煲汤食疗。

3. 敏感皮肤的营养调理

敏感皮肤是指感受力强、抵抗力弱，受到外界刺激后会产生明显反应的脆弱皮肤。敏感皮肤易受外界刺激，产生潮红、丘疹、瘙痒等症状。

（1）敏感皮肤形成的原因。敏感皮肤有先天性和后天性之分，前者主要跟遗传及体质有关；后者主要与保养不当、滥用化妆品和药物、太阳暴晒、风吹雨打、换肤等因素有关，也与生活状态和精神压力有关。敏感皮肤受多种因素影响，比一般皮肤干燥、缺水、粗糙，皮脂分泌较少，保湿能力较弱，角质层较薄且多由未完全角化的角质细胞组成，防御机能衰退，容易受外界因素影响而产生症状。

皮肤敏感与皮肤过敏是两个不同的概念，敏感是指皮肤脆弱的状态，过敏是指皮肤的异常反应，两者的主要差异见表 1–10。敏感皮肤与过敏性皮肤也有一定的关系，敏感皮肤如果呵护不当，经常出现红、热、痒等症状，或较长时间使用含激素类的外用药，则会转变为过敏性皮肤。大多数过敏性皮肤前期有敏感症状，敏感皮肤也有可能是偶尔过敏引起。

表 1–10　皮肤敏感与皮肤过敏的主要差异

类型 比较项	敏感	过敏
定义	对外界刺激反应的敏锐程度	对特定物质的异常反应
来源	刺激物	变应原
性质	角质层比较薄且高度不耐受，皮肤状态不稳定，易受到各种因素的激惹而产生刺痛、烧灼、紧绷、瘙痒等自觉症状的多因子综合征	是一种变态反应，当变应原进入机体后，促使机体产生相应的抗体，引发抗原 - 抗体反应
特征及表现	皮肤较薄、脆弱，毛细血管显露，容易发红，且呈不均匀潮红，时有痒感及小红疹出现	出现红斑、丘疹、风团等，还可能有血管性水肿、皮炎、湿疹、多形性红斑、剥脱性皮炎等临床症状，伴有瘙痒、疼痛、紧绷、烧灼等自觉症状，部分患者可累及胃肠道，严重者可出现过敏性休克，甚至有生命危险
致死性	无	有

（2）适合敏感皮肤人群的营养成分。敏感皮肤人群应补充维生素。维生素 C 具有抗氧化、抗自由基的作用，可以提高皮肤免疫力；维生素 E 是人体抗氧化剂，可改善干燥、脱屑等皮肤脆弱现象；维生素 A 可促进表皮细胞新陈代谢，保持皮肤滋润而有弹性；维生素 B_2 能维护皮肤和细胞膜的完整性，保护皮肤毛囊和皮脂腺的功能，保持皮肤滋润。敏感皮肤人群还应适当补充蛋白质，增强体质和皮肤免疫力。

（3）敏感皮肤人群饮食。敏感皮肤人群应增加蔬菜和水果的摄入量，如白菜、西蓝花、胡萝卜、番茄、青椒、柠檬、柑橘、梨等，每日可搭配绿色、红色、黄色、橘色的蔬菜和水果，丰富维生素摄入种类。

（4）中医对敏感皮肤的认识及食疗方法。中医认为，敏感皮肤人群多气血亏虚，脾胃不和，营养物质不能“上荣于面部”，皮肤较薄且干燥，导致皮肤脆弱敏感，可多食山药、枸杞、粳米、红枣等平补气血的食物。此外，敏感皮肤人群应戒烟、限酒，减少油炸、辛辣等高热量和刺激性食物，以及海鲜等食物的摄入量，如出现皮肤红、肿、热、痛等过敏症状，应去医院就诊。

4. 痤疮皮肤的营养调理

痤疮是发生于毛囊皮脂腺的一种慢性炎症性疾病，好发于面部、胸部、背部等处皮肤，形成粉刺、丘疹、脓疱、结节、囊肿、瘢痕等多种损害。痤疮多发生于 15 ~ 30 岁的青年男女中，近年来发病年龄范围呈扩大趋势。

（1）痤疮形成的原因。痤疮的形成与雄激素水平升高、皮脂分泌异常增加、毛囊皮脂腺导管角化异常、皮肤局部微生物感染等多种因素有关。遗传因素也会影响痤疮的类型、损害分布和严重程度。此外，不恰当使用化妆品，过食辛辣、高脂、高糖食物，习惯性熬夜等均可诱发痤疮或加重痤疮症状。

（2）适合痤疮皮肤人群的营养成分。痤疮皮肤人群应增加膳食纤维的摄入量，膳食纤维可减少食物中脂肪的吸收，并有利于食物消化和排泄；应增加锌的摄入量，锌缺乏可影响维生素 A 的代谢和利用，而维生素 A 可有效调节上皮组织分化，若发生维生素 A 利用障碍，会引起和加重皮肤异常角化，尤其是皮脂腺导管口，使皮脂无法顺利排出，痤疮丙酸杆菌增多，诱发丘疹或脓疱；应保持充足的蛋白质摄入量，以维持正常的表皮细胞代谢，保持毛囊皮脂腺导管通畅；应适当补充维生素 A 和 B 族维生素，维生素 A 可调节上皮细胞角化，改善毛囊皮脂腺导管和毛孔的堵塞情况，B 族维生素可促进脂肪代谢，尤其是维生素 B_2 可减少皮脂分泌。

（3）痤疮皮肤人群饮食。痤疮皮肤人群应减少高油、高糖及辛辣食物摄入量，脂肪摄入过多可增加皮脂分泌量，使皮肤油腻，痤疮加重；应减少海鲜和热性食物的摄入量，少饮酒。痤疮皮肤人群应多食禽类、瘦猪肉、牛肉、蛋类、牛奶等含有丰富蛋白质和锌元素的食物，多食芹菜、菠菜、南瓜、油菜、豌豆、苋菜等富含膳食纤维的食物，在此基础上，增加苹果、梨、番茄、胡萝卜、粗杂粮、酵母等富含维生素 A 和 B 族维生素的食物，同时应多喝水。

（4）中医对痤疮的认识及食疗方法。中医认为痤疮多由阳热偏胜，肺经蕴热，复受风邪，熏蒸面部；或过食辛辣肥甘厚味，湿热互结，上蒸颜面；或脾气不足，湿浊内停，郁久化热，湿热痰瘀，凝滞皮肤等导致。因此，为预防痤疮发生或加重，应忌食辛辣及羊肉等热性食物，多食薏仁、绿豆、红豆等能清热化湿的食物，用野菊花、蒲公英、金银花等泡茶饮也具有清热解毒、祛痘消疮的功效。

5. 常见毛发问题的营养调理

头发作为身体的一部分，不仅可以保护头皮，还可以起到改善容貌和气质的作用。头发的荣枯不仅受养护方法的影响，还在一定程度上受人体生理状态和营养状况的影响。

（1）健康发质的表现。头发的颜色、粗细、性质因人而异，但健康发质确有一定的标准。一般认为，若头发有自然的光泽，不粗不硬，不分叉，不打结，不干燥，疏密适中，色泽统一，油分适中，没有头屑、头垢，触摸起来润滑、松散，富有弹性，易于梳理，不易断裂，则发质健康。头发会由于自然衰老、保养疏忽或过度、营养缺乏或不当等因素而出现问题，如头发干枯、发黄、分叉、油腻，继而导致头发早白或早脱、秃顶等。

（2）具有美发、护发作用的营养成分。蛋白质可促进头发生长。维生素 A 及 B 族维生素能促进头发生长，具有防脱发作用；维生素 C 可促进血液循环，使头发柔顺；维生素 D 可促进头发正常发育，使发质强健。适量的钙、铁能使头发滋润；碘能促进甲状腺素分泌，使头发有光泽；铜、钴、氨基酸可防止头发发黄、早白，使头发乌黑发亮。

（3）常见毛发问题人群的饮食。拥有干燥、缺油、没有光泽、脆弱易断的干性发质的人应多食富含油脂的肉类、鱼类、植物油、奶制品等，并可适量服用鱼肝油和维生素 E。拥有油腻、易产生头皮屑、易瘙痒的油性发质的人应少吃肥肉、奶油、黄油等含油脂较多的食物，少吃含防腐剂、添加剂较多的食物，少吃油炸、辛辣和腌制食物，多吃谷类、新鲜绿色蔬菜和水果、低脂肪的鸡肉和河鱼，多喝水。

（4）中医对毛发问题的认识及食疗方法。中医认为，头发早白或出现“少白头”可能与精神紧张和营养不良有关，此时应补充动物内脏、瘦肉、豆类、柿子、苹果、番茄等富含铜和铁的食物，还应多食胡萝卜、圆白菜、核桃、芝麻、植物油等富含维生素 A 和维生素 E 的食物；头发早脱，尤其是年轻男性先从前额两侧开始脱发并逐渐向头顶延伸，可能与遗传、雄激素过多、用脑过度等因素有关，应多食富含植物蛋白的黑豆、玉米等，以及卷心菜、莴苣、黑芝麻等维生素 E 含量丰富的食物，少吃多糖、多脂食物。

培训单元 2　美容居家护理

培训重点

熟悉居家护理的主要内容及作用。

能够为顾客提供居家护理指导。

知识要求

一、居家护理的作用

很多人认为在美容院做了专业的皮肤护理后，皮肤就可以达到理想的状态了，不用特别注重居家护理，其实不然，居家护理是非常重要的。

首先，居家护理是美容院专业护理的延续，只有做好细致、精心的居家护理才能保持美容院专业护理的效果，并为后续的专业护理做准备；其次，规律的居家护理有助于顾客养成良好的美容护理习惯，对保持理想的皮肤状态非常有益；再次，掌握正确的居家护理方法可以避免顾客由于使用不合适的化妆品或护理方法不当而导致皮肤问题；最后，居家护理的内容不仅包括化妆品使用，还包括适当的饮食方法、规律的作息习惯等健康生活方式养成，是顾客全方位美容护理的重要一环。

因此，美容师在美容院为顾客进行专业皮肤护理后，还应该指导顾客进行居家护理，帮助顾客树立长期保养的意识，巩固专业美容护理的效果。

二、居家护理产品选择

1. 清洁类

居家清洁类产品包括卸妆类和洁面类，如图 1–14 所示。

居家卸妆类产品主要包括卸妆油、卸妆水和卸妆乳，可根据皮肤性质和卸妆目的进行选择。根据皮肤性质的不同，油性皮肤者可选择卸妆油和卸妆水，中性皮肤者、干性皮肤者可选择卸妆乳，混合性皮肤者可选择卸妆油和卸妆水。根据

图 1–14 居家清洁类产品

妆容类型和卸妆目的的不同，淡妆时可选择卸妆乳，浓妆时可选择卸妆油和卸妆水，眼唇卸妆时可选择专用的卸妆水。

居家洁面类产品的品类比较多，常用的有洁面乳、洁面皂等，一般根据皮肤性质进行选择。油性皮肤者可选择洁面皂、泡沫洁面乳，干性皮肤者可选择偏弱酸性且比较温和的洁面乳，混合性皮肤者可根据皮肤的油性和干性程度选择合适的产品。

2. 营养补充类

居家护理的营养补充类产品主要包括化妆水、精华液、眼霜、润肤乳 / 霜等，如图 1–15 所示。

图 1–15 居家营养补充类产品

（1）化妆水。化妆水按照功效可以分为保湿化妆水、清洁化妆水、控油化妆水、美白化妆水、营养化妆水等。保湿化妆水是基本的居家护理产品，不仅具有滋润皮肤的作用，还可以调节皮肤的 pH 值，使洁面后的皮肤快速恢复到弱酸性状态。清洁化妆水具有清洁油脂和洁面后残留的作用，适合油性皮肤。控油化妆水一般适用于出油比较明显的皮肤和痤疮皮肤，可以减少油脂分泌，但使用这类化妆水应注意使用后的感受，如出现皮肤干燥、紧绷、瘙痒、发热、灼痛等状况，应停止使用。美白化妆水及营养化妆水一般都含有相应的营养成分，具有美白、保湿、抗衰老的作用，美容师可建议顾客根据自己的护理需求进行选择。

（2）精华液。精华液是具有充足的营养成分和良好的透皮吸收性的一类产品。

此类产品包括含有维生素 E 等油性成分的胶囊类产品，质地轻薄、易于吸收的精华产品等。美容师可根据顾客的护肤需求如美白、祛斑、祛皱、紧致等推荐相关产品。

（3）眼霜。眼周皮肤与面颊等部位的皮肤有一定的差别，具有皮肤薄、皮脂腺少、易干燥、易产生皱纹和黑眼圈等特点，因此使用眼霜是非常必要的。眼霜类产品根据不同的质地可分为眼霜、眼部啫喱、眼膜等多种类型。眼霜是眼部护肤品的主要类型，包括质地轻薄的乳类产品和比较滋润的霜类产品，美容师可建议顾客根据不同品牌眼霜的功效成分及使用感受来进行选择。眼部啫喱的主要成分是水，适合油性皮肤。眼膜质地稠厚，可作为每周护理的强化产品。

（4）润肤乳 / 霜。润肤乳或润肤霜具有滋润皮肤、防止水分流失和保护皮肤的作用，是每日居家护肤的必备品。美容师应主要根据顾客皮肤的性质来建议顾客选择润肤乳或润肤霜。油性皮肤者、混合性皮肤者建议使用润肤乳类产品，因为这类产品主要属于水包油型护肤品，质地比较轻薄，涂抹于面部不油腻，感觉比较清爽；干性皮肤者或衰老皮肤者则建议使用润肤霜类产品，因为这类产品主要属于油包水型护肤品，比较滋润，在补充水分的同时还可以适当补充油脂，适合皮脂腺分泌较少的皮肤。除了根据顾客的皮肤性质进行推荐外，美容师也应考虑季节和气候的影响、顾客的日常护肤习惯及其购买能力等多种因素后再提出建议。

3. 特殊功效类

特殊功效类产品主要有防晒类、祛斑类、脱毛类、染发类、育发类等产品。除防晒类产品为顾客居家日用产品外，其余产品均建议顾客在美容院专业美容师或医院医师指导下使用。防晒类产品可分为化学防晒产品与物理防晒产品，具体内容在《美容师（基础知识）》职业模块 2 培训项目 5 中进行了阐述。

三、居家护理流程

居家护理的主要内容有自身皮肤特点辨识、基本护肤、强化护肤等。顾客可通过观察和自身感受，了解自身皮肤在干燥、湿润、油腻、粗糙等方面的情况，判断其属于哪种性质。基本护肤主要包括卸妆、洁面、爽肤、涂抹精华素、涂抹眼霜、涂抹润肤乳 / 霜等基本步骤。如果日常的基本护肤方法难以解决皮肤问题，那么顾客可采取去角质、按摩、敷面膜等强化护肤方法。

技能要求

日常护肤

操作步骤

步骤 1　卸妆

（1）用蘸有卸妆水的棉片在眉毛上轻轻擦拭，如图 1–16 所示。

（2）用棉片蘸专用的眼部卸妆品，将其覆盖在眼睑上约 15 秒后，沿从内而外的方向轻轻擦拭 3 次，如图 1–17 所示。

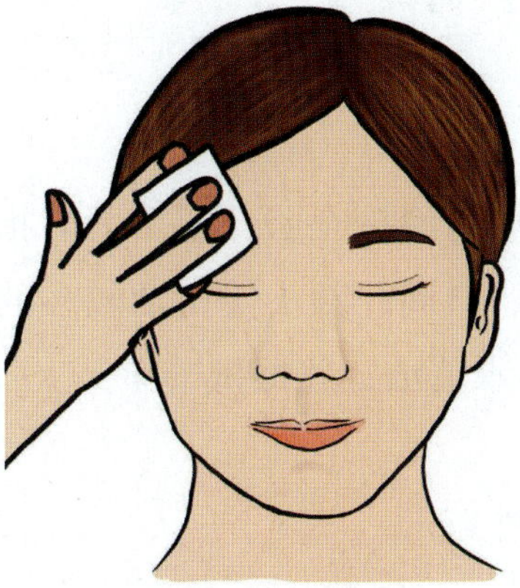

图 1–16　卸眉妆

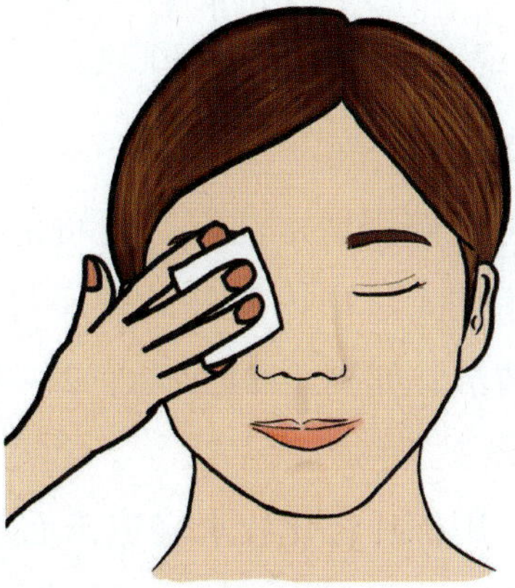

图 1–17　卸眼影

（3）将棉片放在下眼睑上，使上、下睫毛分别落在棉片上，用蘸有卸妆液的棉棒仔细清理残留彩妆，尤其睫毛根部的缝隙要清理干净，如图 1–18 所示。

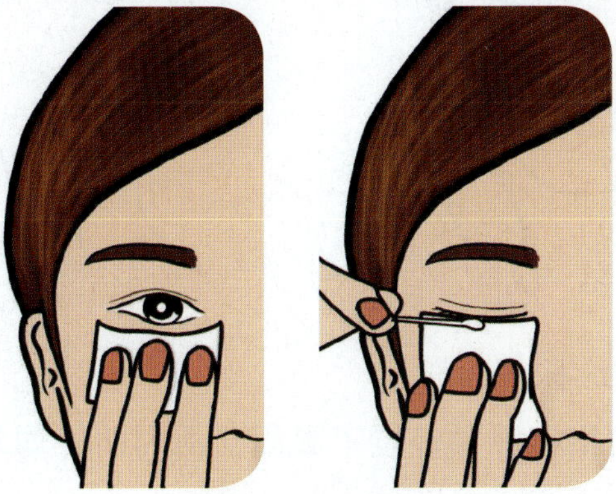

图 1–18　卸睫毛膏

（4）用棉片蘸卸唇液轻轻擦拭口红，如图 1–19 所示。

（5）将卸妆油（或乳 / 水）均匀涂抹全脸，由内向外打圈按摩，如图 1–20 所示，再用棉片从中间向两侧擦拭干净。

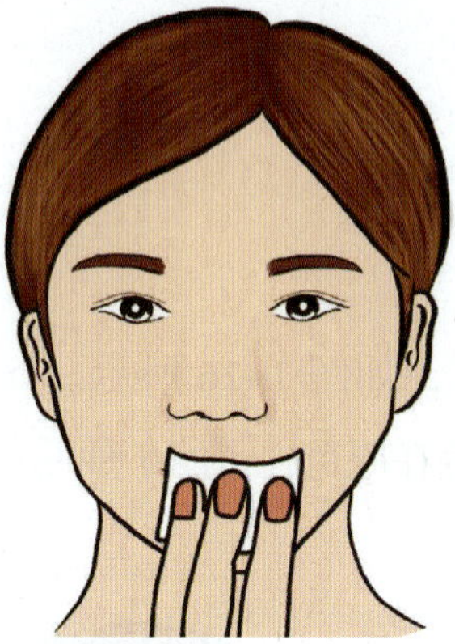

图 1–19　卸口红

图 1–20　全脸卸妆

步骤 2　洁面

先将面部用清水沾湿，再将洁面乳等产品均匀涂抹全脸，双手无名指、中指按照由下向上、由内向外的顺序打圈，对鼻部、口周、额头等出油较多的部位进行重点清洁，如图 1–21 所示，2 ~ 3 分钟后用清水清洁，并擦拭干净。

步骤 3　涂护肤品

（1）用棉片将化妆水轻擦于面部，如图 1–22 所示。

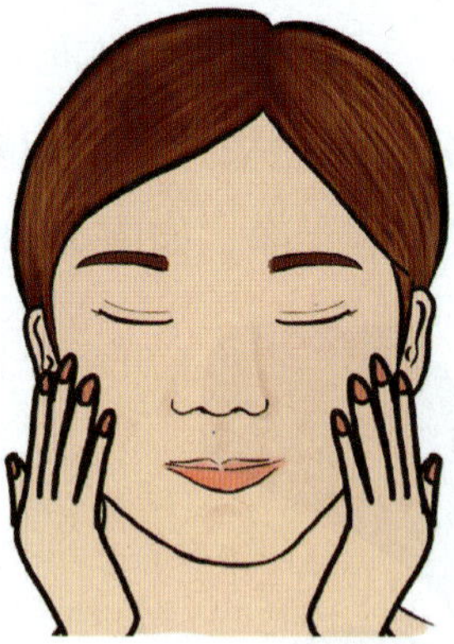

图 1–21　洁面

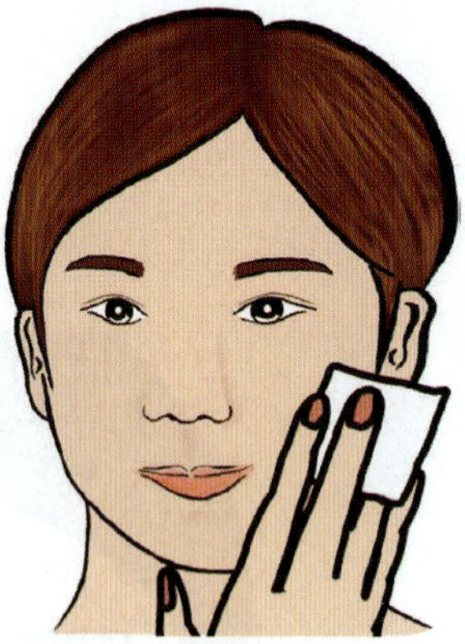

图 1–22　拍化妆水

（2）将精华素均匀涂抹于面部。

（3）用中指、无名指将眼霜轻点于眼周，由内向外均匀涂抹并适度按摩，如图 1–23 所示。

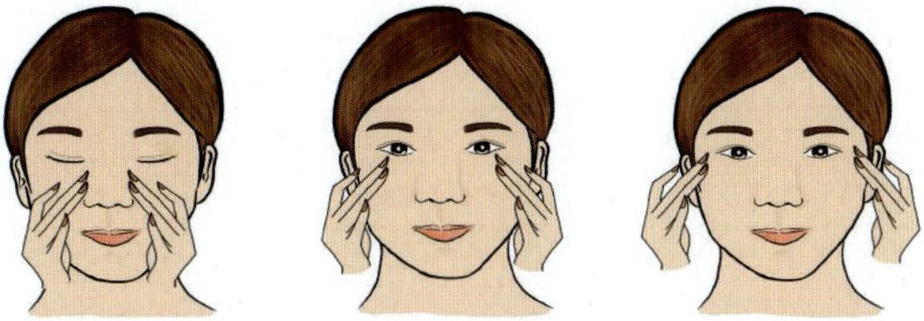

图 1-23 涂眼霜

（4）将润肤乳 / 霜均匀涂抹于面部。

注意事项

1. 选择适合自己肤质的卸妆产品，卸妆时动作轻柔。
2. 选择适合自己肤质的洁面产品，洁面后用温水清洁。
3. 选择适合自己肤质的护肤产品，按照护肤顺序涂抹相关产品。

思考题

1. 中国居民平衡膳食宝塔对人们的基本饮食选择和比例是如何建议的？
2. 蛋白质与美容的关系是什么？
3. 维生素 C 与美容的关系是什么？富含维生素 C 的食物有哪些？
4. 维生素 E 与美容的关系是什么？富含维生素 E 的食物有哪些？
5. 居家护理的作用体现在哪些方面？

职业模块 2 护理美容

内容结构图

- 护理美容
  - 疑难皮肤问题处理
    - 疑难皮肤问题分析与检测
    - 常见疑难皮肤问题的护理
  - 减肥与塑形
    - 塑形
    - 减脂
    - 增肌
    - 调姿
    - 美容行业减肥与塑形
  - 美胸
    - 乳房生理知识
    - 中医对乳房生理功能的认识
    - 美胸护理操作
    - 美胸用品、仪器
  - 水疗与SPA
    - 水疗
    - SPA

培训项目 1 疑难皮肤问题处理

培训单元 1 疑难皮肤问题分析与检测

培训重点

了解疑难皮肤问题的症状表现。

了解疑难皮肤问题的检测方法。

知识要求

一、疑难皮肤问题的症状表现

1. 自觉症状

自觉症状是指患者的主观感觉症状，如瘙痒、疼痛、灼热、麻木等，有的皮肤病伴有全身自觉症状，如畏寒、发热、乏力、关节痛、食欲不振等。自觉症状可因病因、病情、个体敏感性不同而有一定的差异。

（1）瘙痒。瘙痒是常见的自觉症状，是一种引人搔抓或摩擦的不愉快感觉。瘙痒的轻重程度不一，有阵发性和持续性、局限性和广泛性之分。机械性刺激，生物性刺激（如植物的细刺、动物纤毛及毒刺引起的刺激），变态反应及机体代谢异常均可引起瘙痒。由于瘙痒而反复抓挠，皮肤可发红、隆起，变得粗糙，严重者可流血甚至导致继发感染。

（2）疼痛。疼痛是指身体内部的伤害性感觉。现代医学所谓的疼痛是一种复杂的生理心理活动，是临床上常见的症状之一。疼痛是疾病的信号，也是常见的自觉症状。疼痛根据性质可分为刺痛、割痛、跳痛、剧痛、钝痛、灼痛或电击般阵痛。

（3）灼热。灼热是指皮肤烫热的主观感觉，又称灼烧感，可单独出现，也可与瘙痒、疼痛同时出现，如灼痒、灼痛。灼热根据范围可分为局部灼热和全身灼热。

（4）麻木。麻木是指身体某部分感觉发麻甚至失去冷、热、触、压、痛等知觉的表现，症状轻者仅有痛觉、触觉、温度觉减弱，即感觉减退，部分人还会伴有蚁行感或麻刺感。

（5）其他。蚁行感、麻刺感等也属于自觉症状。

2. 他觉症状

他觉症状是指可看到或摸到的皮肤黏膜损害，又称皮肤损害，简称皮损或皮疹。他觉症状是诊断和鉴别皮肤病的主要依据，分为原发性损害和继发性损害。

（1）原发性损害

1）斑疹。斑疹为皮肤表面的变色小点，皮肤局部色素改变，不凸起也不凹陷，其直径在 1 ~ 2 cm 之间，病理改变多在表皮和真皮浅层。

2）丘疹。丘疹为高出皮肤、可以触摸到的实质性损害，一般直径不超过 1 cm，如丘形的小粒疹子，触之碍手，仔细观察还会发现丘疹顶部是尖的、圆的、扁平的，或中间凹陷如脐窝等。丘疹可转化为水疱、脓疱，也可完全吸收而消失。

3）结节。结节为可触及的、圆形或椭圆形的局限性实质性损害，其位置较丘疹深，位于真皮或皮下组织，大小、形态、颜色不一。它与丘疹的主要区别是其病变范围比丘疹深而大，小者如绿豆，大者如桂圆，或渐长出皮面。

4）风团。风团为局限性的、水肿性圆顶隆起的皮肤损害，直径大小不一，小的为 3 ~ 4 cm，大的为 10 ~ 12 cm，数目和形态也不相同。风团具有暂时性，一般可在数小时后自行消退，且不留痕迹。

5）水疱与大疱。水疱与大疱为高出皮肤表面、含有液体的疱。水疱小如针头，直径一般不大于 1 cm；超过 1 cm 者称为大疱。水疱可以变成脓疱或大疱，疱内可含血液、血清或淋巴液，其颜色随疱内所含液体而异。水疱和大疱的形状可以呈半圆形、圆锥形、扁平状或不规则形，有的中央呈脐窝状。疱壁薄而易破，破后呈糜烂面。疱可自行吸收。

6）脓疱。脓疱为高出皮肤表面、含有脓液的疱，周围常有红晕。脓疱大小不一，可呈圆形、球形、圆锥形，或中央呈脐窝状。位于表皮的脓疱愈后不留瘢痕，若进入真皮，可形成溃疡，愈后有瘢痕。脓疱既可是原发疹，又可从丘疹或水疱演变而来。

7）肿瘤。肿瘤为皮肤或皮下组织的新生物，小者如黄豆，大者如鸡蛋（或更大），可呈圆形、蒂形或不规则形，或软或硬，或高出皮肤表面或仅能触及。肿瘤一般呈肤色，如有炎症则呈红色，有的是良性的，有的是恶性的，可持续存在，或逐渐扩大，或破溃而形成溃疡，自行消退者罕见。

8）囊肿。囊肿为含有液体或黏稠分泌物及细胞成分的囊状损害，多发于真皮或皮下组织，大小不一，呈球形或卵圆形，触之有弹性。

对照以上八种皮损特征，可以初步分辨皮损类型，轻者如蚊子叮咬产生的风团、青春期脸上出现的少量丘疹等可自行消退，但若症状不能控制，则必须及时到医院皮肤科就诊，采取合适的治疗方案。

（2）继发性损害。继发性损害由原发性损害转变而来，或由治疗及机械性损伤（如搔抓）所引起。

1）鳞屑。鳞屑主要是角质层大量脱落的上皮碎屑，其大小、厚薄、形态不一。有的干燥，呈灰白色；有的油腻，呈黄褐色。表皮角质细胞经常在不知不觉中脱落，但在病理情况下，角化过度、角化不全就会产生鳞屑。

2）痂。痂是指皮损处的浆液、血液、脓液干涸后形成的浆痂、血痂及脓痂。痂可薄可厚，质地柔软或脆硬，附着于创面。根据成分的不同，痂可呈淡黄色、黄绿色、暗红色或黑褐色。

3）糜烂。糜烂是由水疱、脓疱破裂或浸渍处表皮脱落所致，表面潮红、湿润并有渗液，愈后不留瘢痕。

4）溃疡。溃疡是皮肤或黏膜的深达真皮以下的缺损，其大小、形态不一，一般留有瘢痕。

5）瘢痕。瘢痕是由于真皮以下的组织缺损被新生的结缔组织修复所形成的。高于皮肤表面者为增生性瘢痕，低于皮肤表面者为萎缩性瘢痕，与皮肤表面齐平者为平滑瘢痕。

6）萎缩。皮肤萎缩多见于表皮、真皮或皮下组织，是由皮肤组织的一种退行性病变所引起的皮肤变薄症状。

7）苔藓样变。苔藓样变又称苔藓化，是由角质形成细胞增殖引起的皮肤增厚，表现为皮肤局限性浸润肥厚，皮沟加深，皮脊突起，呈多个多角形的丘疹，群集或融合成片，表面粗糙，似皮革样，边缘清楚。

二、疑难皮肤问题的检测方法

1. 观察

在充足的自然光线下最适宜进行观察。先观察顾客皮肤的颜色、湿润度、毛孔状态、皱纹、红血丝、皮脂分泌情况、敏感情况等一般情况；如有皮损，再观察其部位与分布（面部还是身体其他部位、局限性还是全身性等），明确皮损属性（单发性还是多发性、原发性还是继发性等），皮损颜色（正常肤色还是呈红色、紫色、青色、黑色、棕色等），皮损大小及数目，皮损界限（清楚还是模糊）等。

2. 询问

询问是美容师进行疑难皮肤问题检测的重要方法。美容师应询问顾客以下几个方面的问题：

（1）皮疹的初发情况，包括发病时间、诱因及伴随症状，皮损的主要特点，初发时的部位、形态、大小、数目，以及发生顺序、进展速度和病情演变过程；

（2）全身或局部的自觉症状及其程度；

（3）是否在出现皮肤问题后到美容院进行过相关皮肤护理或到医院进行过皮肤病检查和治疗，是否有明确的诊断；

（4）可能的诱因，如季节、气候、饮食、睡眠、生活环境、职业、精神状态等。

3. 触摸检查

触摸检查是用手触摸或轻压顾客皮肤可被触及的部位，通过手的感觉进行判断的一种方法。触摸检查前，美容师应向顾客讲清楚检查目的和配合方式，检查时手要温暖，动作要轻柔，避免引起顾客精神和肌肉紧张，致使不能很好地配合而影响检查效果。触摸检查时，先触摸感受顾客皮肤的湿润程度、皮脂分泌情况、弹性等一般特征，如有皮损，再触摸感受其深浅、硬度、弹性、波动感等。通过触摸，美容师还可检查顾客有无触压痛等。

4. 仪器检测

美容师可利用美容放大镜、美容透视灯、美容光纤显微检测仪等进一步检测顾客的皮肤状态。

（1）美容放大镜。美容放大镜是最常用的美容检测仪器。当肉眼无法看清楚时，可用美容放大镜观察皮损。

（2）美容透视灯。美容透视灯应用长波紫外线，通过含氧化镍的石英玻璃在暗室中对皮肤进行照射，有助于疑难皮肤问题检测。不同的皮损在美容透视灯下呈现不同的颜色，如粉刺皮脂部位呈橙黄色，粉刺化脓部位呈淡黄色，色素沉着部位呈褐色或暗褐色等。

（3）美容光纤显微检测仪。美容光纤显微检测仪利用光纤技术，采用冷光设计，可在清晰、高效的彩色或黑白计算机显示屏上将图像放大 50 倍甚至 200 倍以上。美容师可通过美容光纤显微检测仪观察顾客皮肤的基底层，进行微观放大，即时成像。同时，计算机可根据收集到的皮肤各方面信息进行综合分析判断，得出较为准确的结论。不同的皮肤问题在美容光纤显微检测仪下有不同的表现，如日晒伤后的皮肤可见表皮发炎、红肿，真皮受到伤害的部位毛细血管扩张。

通过以上四种检测方法，美容师可对顾客疑难皮肤问题进行综合分析判断，以便于制订护理方案。

三、疑难皮肤问题检测的相关事项

1. 基本原则

很多疑难皮肤问题属于皮肤病，皮肤病类型多样，特征复杂，美容师不是专业的皮肤科医生，也没有医疗用的检查设备，因此往往难以判断。美容师应积累一定的常见疑难皮肤问题和皮肤病相关知识，在进行皮肤护理之前，对顾客皮肤问题是否属于美容院能够解决的范畴和是否具有传染性做出相对客观的判断，不盲目开展超出自己专业范围的工作，在保护顾客健康的同时保障自己的安全。

2. 注意事项

（1）如果通过观察和询问不能确定顾客皮损的性质，不要盲目地进行触摸检查，尤其不要碰破皮损，以免引起感染。如果顾客患有传染性皮肤病，患处破损后可能出现自体播散，也可能传染给进行检查和皮肤护理的美容师。

（2）如果顾客皮损面积较大，或出现身体多部位皮损，应注意观察和询问顾客是否有发热、瘙痒、烦躁等身体症状和情绪变化。若超出美容院护理范围，应建议顾客及时就医检查，以免延误病情。

（3）在询问顾客皮肤问题时，应保持耐心、关切的态度，循序渐进地提问，对于顾客不愿回答的问题，不要继续深入问下去。若发现顾客有皮肤病，不要大惊小怪，也不宜流露出不愿服务的态度。

（4）要根据顾客当时的状态和情况分析皮肤状况，避免因为天气、季节、气候的影响干扰分析。

3. 检测表格

姓名：________ 性别：________ 年龄：________岁 生育情况：__________ 体重：______kg 血型：______型
住址： 电话： 职业： 文化程度：
皮肤类型
□中性皮肤 □油性皮肤 □混合性皮肤 □缺乏水分的干性皮肤 □缺乏油脂的干性皮肤
皮肤吸收状况
冬天 □差 □一般 □良好 □相当好
夏天 □差 □一般 □良好 □相当好
皮肤状况
皮肤湿润度 □不足 □一般 □较好
皮脂分泌 □不足 □正常 □较多
皮肤厚度 □较薄 □适中 □较厚
皮肤质地 □光滑 □一般 □较粗糙 □粗糙
毛孔大小 □很小 □一般 □比较明显 □很明显
皮肤弹性 □差 □一般 □良好
肤色 □红润 □一般 □偏黑 □偏黄 □苍白，无血色
皮肤问题及皮损表现
□色素沉着 □粉刺 □丘疹 □斑疹 □脓疱 □囊肿 □皱纹 □松弛、下垂 □鳞屑 □风团 □红斑 □瘀斑 □水疱 □结节 □毛细血管扩张 □肿瘤 □萎缩 □溃疡 □糜烂 □痂 □瘢痕
自觉症状
□瘙痒 □疼痛 □灼热 □麻木 □蚁行感 □麻刺感
具体情况
色斑分布区域 □额头 □两颊 □鼻翼 □下巴 □眼眶下
色斑类型 □黄褐斑 □雀斑 □晒伤斑 □瑞尔黑变病 □炎症后色素沉着
皱纹分布区域 □眼角 □唇角 □额头 □眉心
皱纹深浅 □浅 □较浅 □较深 □深
皮肤敏感症状 □发痒 □发红 □灼热 □起红疹
痤疮表现 □白头粉刺 □黑头粉刺 □丘疹 □脓疱 □结节 □囊肿 □瘢痕
痤疮分布区域 □额头 □鼻翼 □唇周 □下颌 □两颊 □全脸

续表

皮肤疾病			
□无	□太田痣	□疖	□癣
□扁平疣	□寻常疣	□单纯疱疹	□带状疱疹
□毛囊炎	□接触性皮炎	□化妆品皮肤病	
饮食爱好			
□肉类 □蔬菜 □水果 □茶 □咖啡 □油炸食物 □辛辣食物			
其他			
● 是否怀孕 □是 □否			
● 是否生育 □是 □否			
● 是否服用避孕药 □是 □否			
● 是否进行过手术治疗 □是 □否 手术内容________________			
● 是否有以下病史 □心脏病 □高血压 □妇科疾病 □哮喘 □肝炎 □湿疹 □癫痫 □肝肾疾病 □免疫系统疾病			
顾客签字		**美容师签字**	

培训单元 2　常见疑难皮肤问题的护理

培训重点

能够针对疑难皮肤问题制订护理方案。

掌握疑难皮肤问题的护理流程。

知识要求

一、扁平疣

扁平疣往往表现为数目较多的顶部扁平的小丘疹，如图 2-1 所示，影响美观，给患者身心健康带来一定的影响。由于此病在青少年时期尤为高发，因此又称青少年扁平疣。

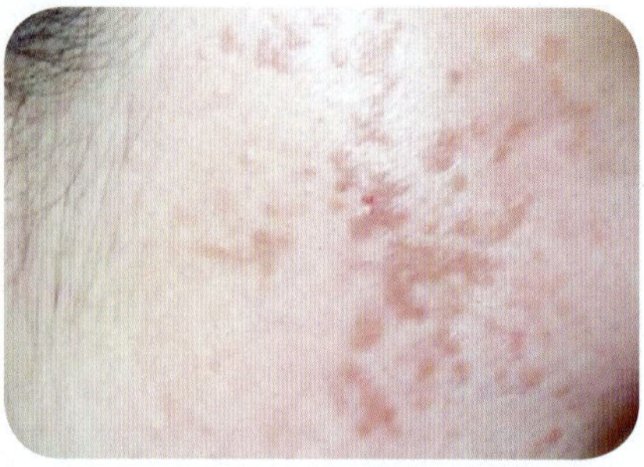
图 2–1　扁平疣皮肤表现

1. 成因

扁平疣是由人乳头瘤病毒（HPV）感染皮肤所引起的，因直接接触或间接接触患者使用过的用品而传播。一般认为，在皮肤出现外伤或机体免疫力低下时更易患病。

HPV 有 100 多种，其中近 80 种与人类疾病相关，HPV–3 型是导致扁平疣的主要类型。当皮肤出现破损时，HPV 会通过破损处侵入，感染皮肤表皮细胞，并在其内增殖，引起细胞异常分化和增生，从而导致皮肤良性增生物形成。值得注意的是，病毒并不进入血液循环，只停留在皮肤表皮细胞内增殖。

2. 表现

扁平疣属于疣的一种，多发生于面部、手背、前臂等部位，临床表现常为淡褐色或皮肤颜色的扁平丘疹，呈圆形或椭圆形，大小从米粒到黄豆不等，表面光滑，有突起并伴有明显异物感，数目多时可密集成群。

本病一般无自觉症状，但有时会伴有不同程度的瘙痒，病程延绵，可在数周或数月后突然消失，但可复发，或持续多年不愈。

3. 基本护理流程

扁平疣顾客基本护理流程见表 2–1。

表 2–1　扁平疣顾客基本护理流程

步骤	具体方法	产品选择	注意事项
洁面	使用清水或温和洁面乳清洁面部及其皮损部位	尽量选择不含防腐剂、香料等成分的洁面乳，可选择弱酸性洁面乳	不能选择碱性强的洁面皂或磨砂洁面膏，建议使用一次性棉片擦拭
蒸面	冷喷 10～15 分钟	可选用纯净水、矿泉水或含有镇静成分的药水进行冷喷	不可热喷
去角质	一般不建议扁平疣患者进行去角质护理，避免自身接种		
按摩	根据皮损情况进行点穴护理（避免摩擦）	可选择温和、无刺激的保湿乳液作为按摩介质	不宜进行力度比较大的按摩，以免增加对皮肤的刺激
仪器护理	使用冷敷镇静类美容仪器	根据仪器选择合适的产品	不宜使用真空吸啜仪、高频电疗仪、超声波美容仪、阴阳电离子仪等
敷面	对面部及其皮损部位敷面 15 分钟左右	选择含有芦荟等镇静成分的面膜	敷面期间注意顾客的反应，如顾客不适，应立即停止
基本保养	涂敷保湿化妆水和乳液	选择无防腐剂、香料的护肤品	如顾客有医生处方，需要涂抹药物，请顾客首先遵照医嘱

4. 综合护理注意事项

（1）注意隔离护理，对顾客穿过的衣服及接触过的枕巾、浴巾、毛巾等进行消毒，以防间接传染。

（2）用温水清洁皮损部位，动作轻柔，以免使皮损破溃，导致感染。

（3）可建议通过有针对性的激光美容治疗、冷冻美容治疗、高频电美容治疗等医疗美容方法去除皮损。

（4）叮嘱顾客保持心情愉快，减轻心理压力，保证睡眠充足。

二、银屑病

银屑病是一种皮肤状如牛领之皮、厚且坚的慢性瘙痒性疾病，又称牛皮癣，如图 2–2 所示。银屑病是一种慢性炎症性皮肤病，病程较长且有易复发倾向，有的病例几乎终生不愈。该病发病人群以青壮年为主，对患者的身体健康和精神状况影响较大。

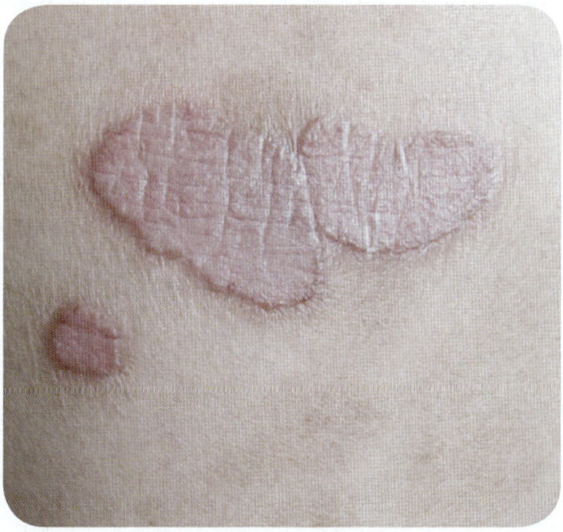

图 2–2　银屑病皮肤表现

1. 成因

银屑病病因尚不明确，目前认为银屑病是遗传因素与环境因素、免疫因素、感染因素、内分泌因素等多种因素相互作用的多基因遗传病，通过免疫介导的共同通路引起表皮细胞过度增殖、角化过度伴角化不全及炎症反应而发病。另外，精神因素在本病的发病因素中占有重要地位，患者的个性、情感、情绪等与银屑病的发生和病情发展有密切关系，因此也有人提出银屑病是身心失调性疾病。

（1）遗传因素。相当一部分银屑病患者有家族性发病史，有的家族有明显的遗传倾向。银屑病发病率在不同人种中的差异也很大。

（2）感染因素。艾滋病病毒感染者比健康人更容易患银屑病。许多学者从体液免疫（抗链球菌组）、细胞免疫（外周血及皮肤 T 细胞）、细菌培养和治疗等方面证实链球菌感染与银屑病发病和病程迁延有关。反复感染各类病毒或细菌的儿童和年轻人，尤其是患有链球菌性喉炎的，可能面临更高的患病风险。

（3）免疫因素。大量研究证明，银屑病是免疫介导的炎症性皮肤病，其发病与炎症细胞浸润和炎症因子有关。

（4）内分泌因素。部分女性患者妊娠后皮损减轻甚至消失，分娩后加重，说明银屑病与内分泌有一定的关系。

（5）其他因素。精神、神经因素与银屑病发病有一定的关系。酒精、肥胖、药物和外伤手术可能会诱发银屑病。

2. 表现

银屑病的临床表现以红斑或白色鳞屑为主，全身均可发病，以头皮、四肢最常见，常伴有瘙痒。皮肤基本损害为表面有白色鳞屑的丘疹或斑丘疹，轻轻搔刮，可出现成层鳞屑，刮去鳞屑后见半透明薄膜，称为薄膜现象，再刮去此薄膜则出现小的出血点，称为点状出血现象。多数银屑病患者的病情冬季加重或复发，夏季可缓解。银屑病根据临床特征分为寻常型银屑病、脓疱型银屑病、红皮病型银屑病与关节病型银屑病。

3. 基本护理流程

银屑病顾客基本护理流程见表 2–2。

表 2–2　银屑病顾客基本护理流程

步骤	具体方法	产品选择	注意事项
洁面	使用温水或温和洁面乳清洁面部及其皮损部位	尽量选择不含防腐剂、香料等成分的洁面乳，可选择弱酸性洁面乳	避免使用过冷或过热的水清洁皮损部位，动作要轻缓，并轻轻擦拭
蒸面	冷喷 10 ~ 15 分钟	可选用纯净水、矿泉水或含有镇静成分的药水进行冷喷	不可热喷
去角质	根据患者情况，避开皮损部位进行去角质		
按摩	根据皮损情况进行点穴按摩	可选择温和、无刺激的保湿乳液作为按摩介质	不宜进行力度比较大的按摩，以免增加对皮肤的刺激

续表

步骤	具体方法	产品选择	注意事项
仪器护理	使用冷敷镇静类美容仪器	根据仪器选择合适的产品	不宜使用真空吸啜仪、高频电疗仪、超声波美容仪、阴阳电离子仪等
敷面	对面部及其皮损部位敷面 15 分钟左右	根据皮肤状态选择具有保湿、美白等作用的面膜	敷面期间注意顾客的反应，如顾客不适，应立即停止
基本保养	涂敷保湿化妆水和乳液	选择无防腐剂、香料的护肤品	如顾客有医生处方，需要涂抹药物，请顾客首先遵照医嘱

4. 综合护理注意事项

（1）减少按摩、去角质等皮肤护理服务，可选择矿泉泳浴和米糠浴。矿泉泳浴水温设定为 30 ~ 34 ℃，开始时以 10 ~ 15 分钟为宜，之后频率和时间可因人而异。进行米糠浴时，可将 1 000 ~ 1 500 g 麦糠或稻糠加水煮沸 15 分钟，过滤后倒入浴盆洗用，也可用布袋包着麦糠或稻糠擦洗。米糠浴起到缓和、止痒、消炎、去屑、脱痂的作用。

（2）叮嘱顾客保持日常皮肤清洁；洗澡时水温不宜过热，以免刺激皮肤；避免使用碱性强的肥皂及刺激性化妆品；皮损部位以涂覆医生的外用处方药为主；如果皮肤干燥，可以使用无营养美容作用、单纯保湿且较轻薄的乳 / 霜类护肤品。

（3）建议头皮部位有皮损的顾客保持适度的洗发频率，不宜过于频繁。如果身体皮屑较多，应穿着棉质贴身衣物，保护皮肤。

（4）帮助顾客树立战胜疾病的信心，保持乐观情绪，避免精神刺激，身心并治会取得良好效果。

（5）叮嘱顾客注意饮食清淡，多食新鲜蔬菜、水果等，避免刺激性食物、烟酒及腥发食物。

（6）叮嘱顾客注意休息，劳逸结合，适度加强体育锻炼，保证睡眠。

三、脂溢性皮炎

脂溢性皮炎是患者皮脂腺分泌功能亢进，皮脂溢出量较大部位的皮肤发生的慢性炎症性皮肤病，如图 2–3 所示。

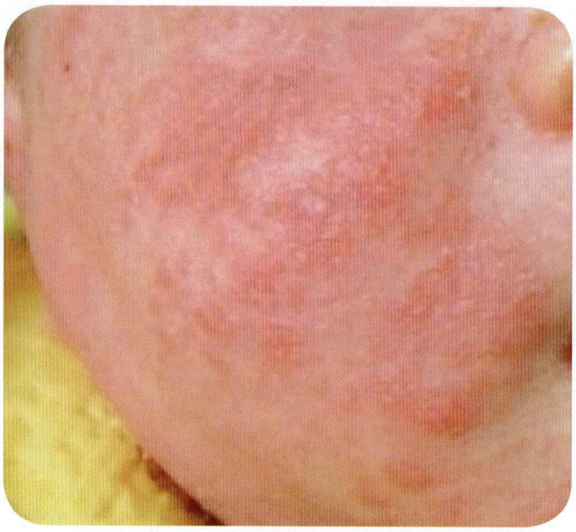

图 2–3　脂溢性皮炎皮肤表现

1. 成因

脂溢性皮炎的发病原因尚不完全清楚，目前医学界认为主要是皮脂分泌增多和皮脂成分改变使皮肤表面菌群发生变化，刺激皮肤引起炎症。此外，遗传因素、精神因素、饮食习惯、睡眠、免疫功能均可能对本病有影响。中医称脂溢性皮炎为“白屑风”“面游风”。

（1）遗传因素。大多数脂溢性皮炎病例都显示出遗传倾向。

（2）精神因素。在皮脂溢出过多的基础上，由于过度劳累、精神紧张，脂溢性皮炎可继发真菌或细菌感染，并引发痤疮，还会继发湿疹样病变和播散性脂溢性皮炎。

（3）饮食习惯。饮食太过肥甘油腻、酗酒、饮食失调、过食辛辣的食物都可促发脂溢性皮炎。

（4）睡眠。不良的睡眠习惯、熬夜、休息不规律在一定程度上可造成内分泌失调，从而引发脂溢性皮炎。

（5）免疫功能。免疫功能紊乱及低下的人群（如艾滋病患者及进行过器官移植手术的人）易感染细菌或病毒，引发脂溢性皮炎。

2. 表现

脂溢性皮炎常见于皮脂腺分泌比较旺盛的青年人及成年人中，常发于皮脂分泌旺盛的部位，如头皮、面部、胸部、背部等。其典型的皮肤损害症状为黄红色斑片，表面附着油腻性鳞屑或痂皮，边界清晰，并伴有一定程度的瘙痒。脂溢性皮炎根据发病部位可分为头皮脂溢性皮炎、面部脂溢性皮炎和躯干部脂溢性皮炎。

（1）头皮脂溢性皮炎。头皮脂溢性皮炎的皮损症状为糠样脱屑或油腻性脱屑，伴有轻度瘙痒，严重者出现油腻性黄色痂或棕色痂，伴有渗出液及一定程度的糜烂。

（2）面部脂溢性皮炎。面部脂溢性皮炎发生于面、耳、颈部，常由头皮蔓延而来，尤以眉弓、眼睑、鼻唇沟及下颚区域为甚，伴有弥漫性红斑、脱屑，严重者出现糜烂性溃疡，愈后留有瘢痕。

（3）躯干部脂溢性皮炎。躯干部脂溢性皮炎好发于前胸和肩胛骨间，常表现为大小不等的圆形或椭圆形红斑，表面有油腻性鳞屑。

3. 基本护理流程

脂溢性皮炎顾客基本护理流程见表 2–3。

表 2–3　脂溢性皮炎顾客基本护理流程

步骤	具体方法	产品选择	注意事项
消毒	用生理盐水擦拭面部及其皮损部位	生理盐水	动作轻柔
洁面	使用温水或温和洁面乳清洁面部及其皮损部位	尽量选择不含防腐剂、香料等成分的洁面乳，可选择弱酸性洁面乳	清洁炎症部位时使用一次性消毒棉片，动作轻柔，避免反复摩擦
蒸面	冷喷 15～30 分钟	可选用纯净水、矿泉水或含有镇静成分的药水进行冷喷	不可热喷
去角质	一般不建议脂溢性皮炎患者进行去角质护理		
按摩	根据皮损情况进行点穴按摩	使用具有镇静消炎作用的按摩膏	避开有脓液渗出的皮损部位
仪器护理	使用冷敷镇静类美容仪器	根据仪器选择合适的产品	不宜使用真空吸啜仪、高频电疗仪、超声波美容仪、阴阳电离子仪等
敷面	可对面部及其皮损部位敷面 15 分钟左右	选择含有芦荟、茶树等镇静消炎成分的面膜	敷面期间注意顾客的反应，如顾客不适，应立即停止
基本保养	涂抹具有消炎保湿功能的爽肤水和乳液	选择含有茶树、金银花等消炎成分的护肤品	在涂抹过程中，如果顾客感到刺激，应立即停止

4. 综合护理注意事项

（1）居家护理时，宜用温水洗脸，避免过冷、过热及不洁净物品的刺激，避免用力挤压和搔抓。

（2）避免使用含油脂和粉质过多的化妆品，但也不要频繁使用去油脂的养护用品，以免造成皮肤代偿性油脂分泌过多，从而加重皮肤症状。

（3）饮食宜清淡，少食多糖、多脂及辛辣刺激的食物，多食新鲜蔬菜、水果，避免饮酒，多喝水，保持大便通畅。

（4）保证睡眠时间，提高睡眠质量，使皮肤代谢得到充分调整。

（5）日常生活规律，及时排解压力，保持心情舒畅，避免过于激烈的情绪波动。

（6）正确对待皮肤问题的损美现象，建立自信心，积极进行护理调整，保持平衡的心理状态。

（7）若顾客皮损严重，应建议其及时到医院皮肤科进行综合治疗。

四、日光性皮炎

日光性皮炎又称晒斑或晒伤，是由于日光中的中波紫外线（UVB）过度照射后引起的一种急性炎症反应，如图 2–4 所示。日光性皮炎在春末夏初多见，好发于儿童、妇女、滑雪者及水面工作者，其反应的强度与光线强弱、照射时间、个体肤色、个人体质、种族等有关。日光性皮炎的临床表现为多形性皮疹，可有红斑、丘疹、水疱、糜烂、鳞屑、苔藓样变等，常以某种皮疹为主。日光性皮炎主要分为斑块型、红斑型、湿疹型、痒疹型和荨麻疹型。

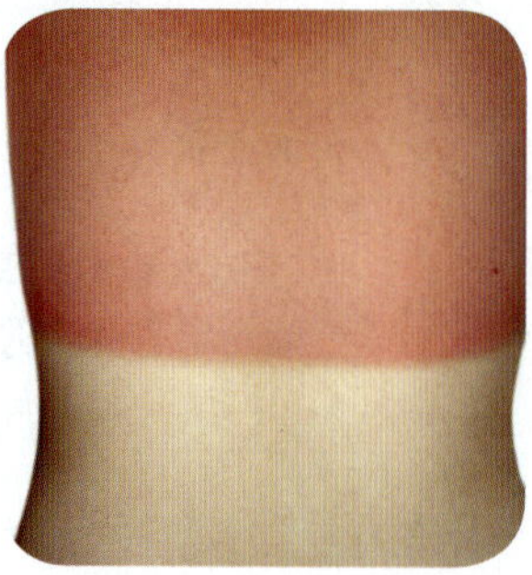

图 2–4　日光性皮炎皮肤表现

1. 成因

日光中的中波紫外线过度照射皮肤，会使人体局部发生急性光毒性反应，造成角质形成细胞坏死，黑素细胞加速合成黑色素。其炎症程度与照射时间、照射范围、体质、肤色等因素有关。正常皮肤经紫外线辐射后，真皮内多种细胞释放组胺、5– 羟色胺、激肽等炎症介质，使真皮内小血管扩张，渗透性增强，最终导致红斑、水疱产生。

相关链接

紫外线与光毒性反应

紫外线根据波长可分为 UVA、UVB、UVC 三种。

UVA（长波紫外线）也称晒黑段紫外线，可使真皮层细胞功能发生改变，对衣物、玻璃、水等物质的穿透力非常强，虽不会引起皮肤急性炎症，但对皮肤会产生缓慢而累积性的作用，可导致皮肤晒黑、老化甚至癌变。

UVB（中波紫外线）也称晒伤（红）段紫外线，主要引起表皮细胞功能改变，对皮肤可产生强烈的光损伤，长久照射会导致红斑、炎症、皮肤老化，严重者可引发皮肤癌。

UVC（短波紫外线）也称杀菌段紫外线，对生命细胞的杀伤能力最强，可用于环境消毒，但一般情况下会被大气层吸收，穿透力差，不能到达地球表面，因而对皮肤不会造成太大损害。因此，UVA 和 UVB 是引起皮肤损害的主要原因。

光毒性反应是非免疫反应，因光能产生的毒性物质、炎症介质直接作用于皮肤而出现，多数人均可发病。急性光毒性反应主要由 UVB 引起，发病急、病程短、消退快，表现为表皮层的晒斑、红斑、水肿、水疱等；慢性光毒性反应主要由 UVA 和 UVB 长期反复照射引起，表现为真皮及血管的光老化，能致癌。

2. 表现

春夏季节日晒数小时至十余小时后，人体曝晒部位会出现边界清楚的红斑，呈鲜红色，严重者可出现水疱、糜烂。随后，红斑颜色变暗，皮肤脱屑，色素沉着或减退。患者自觉灼烧感或刺痛感，常影响睡眠。个别患者可伴发眼结膜充血、眼睑水肿。日晒面积大者可出现全身症状，如发热、畏寒、头痛、乏力、恶心等，甚至心悸、谵妄或休克。

3. 基本护理流程

日光性皮炎顾客基本护理流程见表 2–4。

表 2–4 日光性皮炎顾客基本护理流程

步骤	具体方法	产品选择	注意事项
洁面	先消毒皮损部位，使用温水或温和洁面乳清洁面部及其皮损部位	尽量选择不含防腐剂、香料等成分的洁面乳，可选择弱酸性洁面乳	清洁皮损部位时避免使用过冷或过热的水，动作应轻缓，并轻轻擦拭
蒸面	冷喷 10 ~ 15 分钟	可选用纯净水、矿泉水或含有镇静成分的药水进行冷喷	不可热喷
去角质	一般不建议日光性皮炎患者进行去角质护理		
按摩	不做按摩		

续表

步骤	具体方法	产品选择	注意事项
仪器护理	使用冷敷镇静类美容仪器	根据仪器选择合适的产品	不宜使用真空吸啜仪、高频电疗仪、超声波美容仪、阴阳电离子仪等
敷面	可对面部及其皮损部位敷面 15 分钟左右	选择含有芦荟等镇静成分的面膜	敷面期间注意顾客的反应，如顾客不适，应立即停止
基本保养	涂敷保湿化妆水和乳液	选择无防腐剂、香料的护肤品	如顾客有医生处方，需要涂抹药物，请顾客首先遵照医嘱

4. 综合护理注意事项

（1）在日光性皮炎的急性期以保湿、镇静、修复、舒缓护理为主，症状缓解后再进行美白护理。

（2）居家护理时，在用棉片小心清洁皮肤后，可用冰袋或冰球等对皮肤进行镇静处理。

（3）镇静处理后，可按以下方法进行护理：

1）日间护理时，先用温水洁面，再涂抹保湿水、眼霜、保湿日霜或晒后修复霜；

2）晚间护理时，先用保湿洁面乳洁面，再涂抹保湿水、眼霜、修复精华液、晚霜。

（4）避免日晒，日光照射强烈时要注意防晒，可采取各种防晒措施，如涂防晒霜、打遮阳伞、穿长袖衣服等，夏季尽量避免在上午 10 点至下午 3 点之间外出。

（5）应根据皮肤性质、环境、季节等选择合适的防晒产品。涂抹防晒产品数小时后，应及时重新涂抹，以免汗水稀释而降低防晒效果。

（6）避免外涂和服用光敏药物，避免食用光敏食物。有皮损后，可多食用富含维生素 A、维生素 C、维生素 E 的蔬菜、水果及有清热解暑作用的食物，如绿豆、西瓜、苦瓜、海带等，避免食用辛辣刺激性食物，多饮水，加快皮肤修复和再生。

（7）对于对光线极度敏感的患者，其病房或居室照明可用白炽灯，用深色窗帘，尽量减少光刺激。

（8）注意自我心理调适，保持心情舒畅，避免因皮损而产生焦虑情绪。

（9）恢复后，建议增加户外锻炼，增强皮肤对日光的耐受性。

五、汗管瘤

汗管瘤是一种附属器肿瘤，实质为一种向小汗腺末端导管分化的错构瘤，属于良性肿瘤，如图 2–5 所示。汗管瘤呈慢性经过，很少自行消退，基本上不会对患者产生危害，一般不需要治疗。

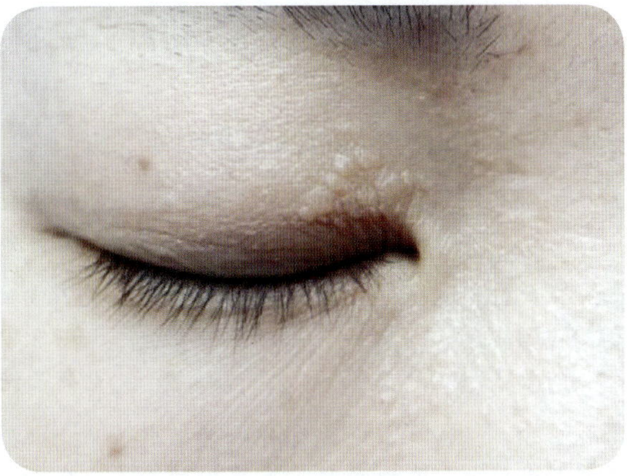

图 2–5 汗管瘤皮肤表现

1. 成因

汗管瘤的成因并不明确，但在临床观察中发现，本病常见于女性，病情于青春期、妊娠期及月经期加重，因此认为其与内分泌有一定的关系。下列因素会增加汗管瘤的患病风险。

（1）性别因素。女性，尤其是青年女性及妊娠期女性的患病风险较高。

（2）遗传因素。若有家族病史，则患病风险较高。

（3）精神因素。精神异常者的患病概率高于精神正常者。

（4）内分泌因素。妊娠期、月经前期或使用性激素时，患病风险增大。

（5）药物相关因素。发疹型汗管瘤可能与服用抗癫痫药有关。

2. 表现

汗管瘤一般在青春期发病或加重，常对称分布，严重者可广泛分布。皮损常见于眼睑（尤其是下眼睑）及额部皮肤。皮损部位的颜色和正常的皮肤颜色相同，呈淡黄色或褐黄色，表现为似粟粒大小的、多发性的淡褐色丘疹，稍高于皮肤表面。少数患者的汗管瘤为发疹性汗管瘤，除面部外，还可见于胸部、腹部、四肢及阴部。

3. 基本护理流程

汗管瘤顾客基本护理流程见表 2–5。

表 2-5　汗管瘤顾客基本护理流程

步骤	具体方法	产品选择	注意事项
洁面	先使用清水或温和洁面乳清洁面部及其皮损部位，再使用 75% 酒精对皮损部位进行消毒	尽量选择不含防腐剂、香料等成分的洁面乳，可选择弱酸性洁面乳	不能选择碱性强的洁面皂或磨砂洁面膏
蒸面	冷喷 10～15 分钟	可选用纯净水、矿泉水或含有镇静成分的药水进行冷喷	不建议热喷
去角质	根据患者需要进行去角质护理，避开皮损部位		
按摩	根据皮损情况进行点穴按摩	可选择温和、无刺激的保湿乳液作为按摩介质	不宜进行力度比较大的按摩，以免增加对皮肤的刺激
仪器护理	使用冷敷镇静类美容仪器	根据仪器选择合适的产品	不宜使用真空吸啜仪、高频电疗仪、超声波美容仪、阴阳电离子仪等
敷面	对面部及其皮损部位敷面 15 分钟左右	选择具有补水舒缓作用的面膜，不要选用含有刺激成分或营养成分含量较高的面膜	敷面期间注意顾客的反应，如顾客不适，应立即停止
基本保养	涂敷保湿化妆水和乳液	选择无防腐剂、香料的护肤品	如顾客有医生处方，需要涂抹药物，请顾客首先遵照医嘱

4. 综合护理注意事项

（1）汗管瘤属良性肿瘤，非传染性疾病，不影响整个面部的日常保养，但应注意平时不要过分摩擦、搔抓、挤压汗管瘤，或用针刺汗管瘤，以免造成继发感染，形成瘢痕。

（2）避免使用油脂类护肤品和皮质类固醇激素涂抹患处。

（3）少吃甜食、海鲜、动物性脂肪含量高的食物和刺激性食物，多食蔬菜、水果，多饮水，保持良好的肠胃功能。

（4）放松心情，保持愉快，减轻精神压力。

（5）保证睡眠，加强锻炼，提高自身免疫力。

六、糖皮质激素依赖性皮炎

糖皮质激素依赖性皮炎又称糖皮质激素瘾性皮炎，简称激素性皮炎，如图 2-6 所示。糖皮质激素依赖性皮炎是由于长期外用糖皮质激素制剂导致皮肤屏障受损，造成皮肤敏感或原有皮肤病复发、加重的一种皮肤炎症性疾病。该病具有多形态损害、对糖皮质激素依赖、反复发作等特点，影响患者的容貌及身心健康。

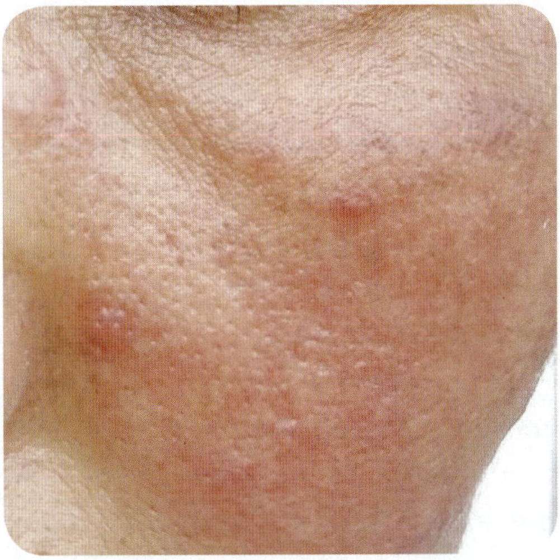

图 2–6　糖皮质激素依赖性皮炎皮肤表现

1. 成因

糖皮质激素依赖性皮炎是由于长期反复外用糖皮质激素制剂，抑制表皮细胞增殖与分化，导致角质层细胞减少及功能异常，破坏了表皮通透性屏障，降低了角质层含水量，从而出现的一连串皮肤炎症性反应。同时，皮肤屏障功能受损导致一些炎性细胞因子活化，进一步诱发并加重皮肤的炎性反应。此外，糖皮质激素依赖性皮炎与微生物感染也有一定的关系。

糖皮质激素依赖性皮炎的常见致病因素如下：

（1）外用糖皮质激素制剂时间过长；

（2）使用含糖皮质激素的化妆品，如使用一些特效美白或嫩肤的、含有糖皮质激素的护肤品；

（3）糖皮质激素使用不当，如在面部涂抹强效糖皮质激素制剂；

（4）适应证选择不当，如对有酒渣鼻或黄褐斑的患者使用糖皮质激素；

（5）用药部位或人群选择不当，如在面部敏感部位或对婴幼儿使用糖皮质激素。

2. 表现

糖皮质激素依赖性皮炎多发生在面部或患有皮炎、湿疹的部位，具体症状表现为：皮肤变薄，伴潮红、毛细血管扩张；出现丘疹和粉刺，严重者出现脓疱；大部分伴有皮肤干燥和脱屑；色素沉着或色素减退；自觉灼热、肿胀、瘙痒、疼痛、紧绷等。

3. 基本护理流程

糖皮质激素依赖性皮炎顾客基本护理流程见表 2–6。

表 2–6 糖皮质激素依赖性皮炎顾客基本护理流程

步骤	具体方法	产品选择	注意事项
洁面	使用清水或温和洁面乳清洁面部及其皮损部位	尽量选择不含防腐剂、香料等成分的洁面乳，可选择弱酸性洁面乳	不能选择碱性强的洁面皂或磨砂洁面膏；皮损部位如有水疱或瘙痒剧烈，可用生理盐水轻拭
蒸面	冷喷 10～15 分钟	可选用纯净水、矿泉水或含有镇静成分的药水进行冷喷	不可热喷
去角质	一般不建议糖皮质激素依赖性皮炎患者进行去角质护理		
按摩	根据皮损情况进行点穴按摩	可选择温和、无刺激的保湿乳液作为按摩介质	不宜进行力度比较大的按摩，以免增加对皮肤的刺激；一般不超过 10 分钟
仪器护理	使用冷敷镇静类美容仪器	根据仪器选择合适的产品	不宜使用真空吸啜仪、高频电疗仪、超声波美容仪、阴阳电离子仪等
敷面	对面部及其皮损部位敷面 15 分钟左右	选择含有芦荟等镇静成分的面膜	敷面期间注意顾客的反应，如顾客不适，应立即停止
基本保养	涂敷保湿化妆水和乳液	选择无防腐剂、香料的护肤品	如顾客有医生处方，需要涂抹药物，请顾客首先遵照医嘱；不选择具有营养成分、美白成分的护肤品

4. 综合护理注意事项

（1）若顾客患糖皮质激素依赖性皮炎时间较长，仍在外用激素制剂，则建议顾客就医治疗。

（2）若顾客出现毛细血管扩张，则用冷、热毛巾交替敷面，先热后冷，如此可锻炼皮肤，使皮肤恢复对温度的快速反应能力，并可兼敷面膜，改善微循环。

（3）选用的护肤品成分宜简单，以减少对皮肤的刺激。可选择含有抗敏成分（如甘草、芦荟、洋甘菊等的提取物）的护肤品，避免使用含有果酸类成分和酒精成分的护肤品。使用前应在耳后进行皮肤敏感测试，确认安全后再使用。

（4）避免日晒、风吹、温度剧变对皮肤的刺激。

（5）应多食富含维生素 C 的蔬菜和水果及钙制品、乳制品，降低皮肤毛细血管的脆性，增加皮肤的弹性。避免过量摄入糖类、蛋白质、脂肪，避免吃辛辣刺激性食物，禁饮烈性酒类饮品，避免对皮肤的刺激。

（6）注重心理调护，对患者讲明此类皮肤病的特点，使其增强信心，配合治疗。

思考题

1. 银屑病患者在日常生活中应注意什么？
2. 如何区分脂溢性皮炎与扁平疣？
3. 为何在护理操作过程中禁止对日光性皮炎顾客使用热喷？
4. 日光性皮炎的护理流程是什么？
5. 汗管瘤的特点是什么？在日常生活中应如何护理？
6. 如何区分糖皮质激素依赖性皮炎与脂溢性皮炎？

培训项目 2 减肥与塑形

培训单元 1 塑　　形

培训重点

熟悉人体形态的概念。

熟悉人体形态美的标准。

熟悉人体形态的影响因素。

了解塑形与减脂、增肌、调姿的关系。

知识要求

一、人体形态

虽然完美的人体形态在现实中几乎不存在，且具有主观性，但是人们仍能以一些形态美的标准为目标来尽力获得美丽的形态。

人体形态即可见的外部轮廓。决定人体形态的因素包括骨骼架构、肌肉体积大小和肌张力、皮下脂肪的分布和含量，不良姿势、缺乏锻炼、疾病等都会影响人体形态。

对于女性而言，形态美表现为曲线美，具体表现为腰部纤细、胸部丰满、臀部圆润挺翘、小腿肌肉轮廓清晰等。对于男性而言，强壮的肌肉也可以呈现曲线，但该曲线更倾向于有棱角而非圆滑。当肌肉萎缩、肥胖、衰老时，上述曲线会变得不再优美。

二、人体形态美

1. 标准体重

世界卫生组织推荐的标准体重计算方法为：

男性标准体重 =（身高 − 80）× 0.7

女性标准体重 =（身高 − 70）× 0.6

其中，身高单位是 cm，体重单位是 kg。标准体重的 90% ~ 110% 为正常；标准体重的 80% ~ 90% 为过轻，110% ~ 120% 为过重；标准体重的 80% 以下为体重不足，120% 以上为肥胖。

2. 形体美学标准

综合中外形体美学家对人体形态美的见解，形体美学标准可归纳为以下几点。

（1）躯干骨骼发育正常。

（2）四肢长而直，关节不粗大突出。

（3）腰细而结实。

（4）五官端正。

（5）两肩平正对称，男宽女圆。

（6）胸廓饱满。

（7）臀部圆翘，呈球形上收。

（8）腿修长而线条柔和。

（9）踝细，足弓正常。

3. 女性形体美的三项参数

与女性形体美相关的三项主要参数是腰臀比（WHR）、身体质量指数（BMI）和曲线度。

（1）腰臀比。腰臀比如图 2–7 所示，是指腰围和臀围的比值，即：

腰臀比 = 腰围 / 臀围

一些研究认为，最佳的腰臀比是 0.7。因为雌激素具有促进脂肪在臀部堆积而避免脂肪在腹部堆积的作用，所以雌激素水平正常的正处于绝经期的女性的 WHR 要低于已经绝经的女性。脂肪整形术就是去除腰部多余的脂肪并将其移植到臀部，目的是降低腰臀比，提高形体吸引力。

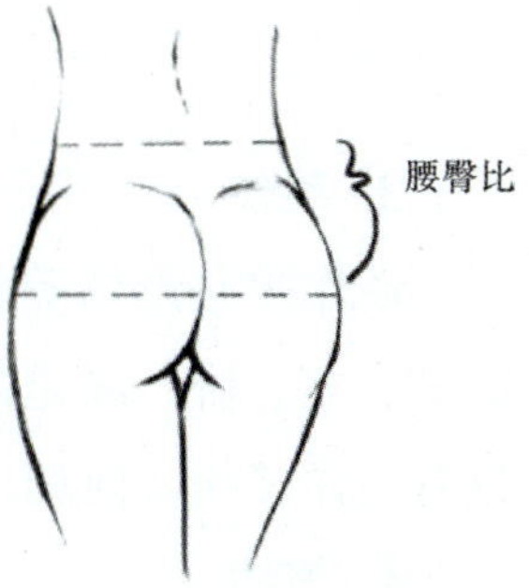

图 2–7 腰臀比

（2）身体质量指数。身体质量指数又称体重指数，其计算公式如下：

$$身体质量指数 = 体重 / 身高^2$$

其中，体重的单位是 kg，身高的单位是 m。身体质量指数是目前国际上常用的一个衡量人体胖瘦程度及健康情况的标准。虽然女性 BMI 为 20 ~ 25 时皆被视为正常，但多数研究表明 BMI 为 20 的女性形体更具吸引力。

（3）曲线度。理想的女性曲线度表现为沙漏般的身体曲线，即乳房和臀部相对丰满，而腰部相对纤细。

三、人体形态的影响因素

1. 身高与体重

形体是否美主要取决于身高与体重的比例是否协调。身高主要依赖于遗传，体重则受后天的影响较大。

2. 姿态

姿态美与形体美关系密切。在日常生活中，形体美需要通过优美的姿态来展现。站立时，正确姿态与错误姿态如图 2–8 所示。

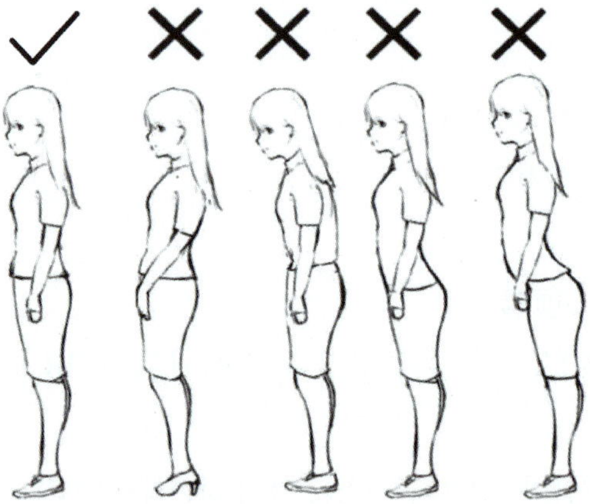

图 2–8　正确姿态与错误姿态

3. 动作

动作美是形体美的一种表现形式，动作美之中蕴含着姿态美。姿态有动有静，如坐、立、卧、蹲是静态的，而走、跑、跳是动态的。无论是静态的还是动态的，只有动作轻松、协调、准确、敏捷，才能显示动作美。

4. 气质

气质通常是指人典型而稳定的个体特点、风格和气度。

气质的形成主要受后天环境（自然环境、社会环境）、家庭条件、文化教育等影响。只有在加强形体锻炼，提高体形美、姿态美、动作美的同时，全面提升文化素养、道德修养、美学素养等，才能具有气质美。

5. 营养

营养是影响形体美的重要因素。没有科学合理的营养，就不能保证人正常生长发育。训练后如果不及时补充营养，就无法补充由于训练造成的能量损耗，形体训练的效果也就无从谈起。因此，只有科学合理地补充营养，才能获得美的形体。

四、人体形态美的塑造

塑形要从减脂、增肌和调姿三个方面综合考量，美容师要以科学测评为切入点，提升专业服务品质。

1. 减脂

减脂是以减少人体过多的脂肪为目的的塑形方式，是由于体内脂肪超过正常范围，影响自身形体健康，因此通过各种手段减掉身上多余脂肪的行为。减脂的最终目的是达到正常 BMI。中国人的理想 BMI 为 18.5~23.9，过高或过低都存在健康风险。

2. 增肌

增肌是指通过锻炼增加肌肉，加强胸、背、腰、臀及腿部的大肌群，并促进其他部位的肌肉生长，从而拥有健康强壮的身体。

3. 调姿

调姿是指针对身体形态的不良状况做出调整，如调整脊柱生理曲线变直、脊柱侧弯、脊柱前倾、腰椎后凸、含胸等。

培训单元 2　减　　脂

培训重点

熟悉肥胖的概念。

熟悉肥胖的影响因素。

熟悉肥胖的标准。

知识要求

一、身体成分

1. 身体成分简介

身体成分是指身体脂肪和非脂肪组织分别占体重的百分比。在身体成分评价中，使用最多的指标是瘦体量和体脂率。

（1）脂肪。脂肪分为白色脂肪、褐色脂肪及米色脂肪。这三种脂肪在体内的分布、形态和功能都存在明显差异。

人体中白色脂肪的量明显高于褐色脂肪。白色脂肪广泛分布在皮下组织和内脏周围，主要功能是将体内过剩的能量以中性脂肪（即甘油三酯）的形式储存起来，供机体需要时使用。白色脂肪是体内脂肪的主要形式，也是形成肥胖的“罪魁祸首”。

褐色脂肪具有充足的血液供应，能将脂肪转化为热量，类似一个“产热器”。褐色脂肪量在人的生长发育过程中是不断变化的，婴幼儿期所占比例较高，随着年龄的增长而逐渐减少。成年人体内褐色脂肪的重量一般都低于体内脂肪总重量的 2%。目前，研究人员对褐色脂肪在肥胖过程中所起的作用尚不清楚。

米色脂肪与褐色脂肪类似，但也有一定的区别。这两种类型的脂肪细胞都含有能燃烧能量的细胞器，即线粒体，线粒体中含有铁，这也是褐色脂肪和米色脂肪有颜色的原因。

目前，研究人员正在寻找将白色脂肪转变为新陈代谢更活跃的米色脂肪的方法，使身体能量得到更好的燃烧。初步证据显示，运动激发的一些激素可以将白色脂肪转化为米色脂肪，另外，褐藻、甘草、辣椒等食物可能具有同样的功效。

（2）非脂肪组织。非脂肪组织包含除液体以外的所有身体组织的非脂肪部分。

体重分为两部分：一是脂肪体重，二是瘦体重（又称去脂体重）。体内脂肪的重量称为脂肪体重，骨骼、肌肉及其他非脂肪组织的重量称为瘦体重。两者的计算公式如下：

$$脂肪体重 = 体重 \times 体脂率$$

$$瘦体重 = 体重 - 脂肪体重$$

脂肪体重和瘦体重的比例能科学地反映骨骼、肌肉和内脏的真实发育水平。

肥胖症患者由于体内脂肪含量过多，脂肪体重与瘦体重比例失衡，身体机能出现不同程度的下降。

人的运动能力在一定程度上取决于骨骼肌的类型和骨骼肌的收缩能力，因此以骨骼肌为主要成分的瘦体重占总体重的比例越大，运动能力一般也越强。经常参加体育锻炼是增加瘦体重比例的重要手段。瘦体重大的人一般身体素质好、肌肉强健，虽然体重大，但不能视为肥胖。

值得注意的是，瘦体重比例并不是越高越好。在人体的生命活动中，脂肪也有其重要的生理作用。盲目地控制体重会对健康产生不利影响，脂肪体重和瘦体重应保持平衡。

2. 身体成分测量的基本方法

很多技术手段可以用来测量身体成分。对这些技术手段进行较深入的了解有助于熟练地进行身体成分测量，并准确、恰当地评价测量结果。在众多被成功用于身体成分测量的技术手段中，目前尚无一项是能够直接测量体脂率的，都是通过间接方法估算体脂率，即通过一些与体脂率密切相关、可以进行精确测量的指标，如瘦体重、脂肪厚度、身体密度等，来间接计算体脂率。

二、肥胖

1. 肥胖的概念

肥胖是一种热能物质摄入超过热能物质消耗，从而引起体内脂肪过度堆积的热能代谢障碍疾病。它并不单纯指体重增加，而是一种体内脂肪积聚过剩的状态。世界卫生组织把肥胖定义为脂肪过度堆积，以至于影响健康和正常生活的状态。

脂肪容易堆积的部位有头颈、脊背、乳房、腹部、臀部和大腿。男性肥胖时，脂肪多堆积在头颈、脊背和腹部，尤其是下腹部。女性肥胖时，脂肪多堆积在乳房、臀部、腹部和大腿，身体外形多表现为胸高、腹大、臀部宽圆。

2. 肥胖的分类

根据发病原因，肥胖可分为单纯性肥胖和继发性肥胖。

（1）单纯性肥胖。单纯性肥胖又称原发性肥胖，与生活方式密切相关，主要是由于活动量减少及饮食结构变化导致能量摄入远大于消耗造成的。单纯性肥胖属于非病理性肥胖，是最常见的一种肥胖。单纯性肥胖人数占肥胖总人数的 95% 以上。单纯性肥胖又分为体质性肥胖和获得性肥胖。体质性肥胖患者自幼因体内合成代谢超过分解代谢，从而导致脂肪细胞增生肥大。获得性肥胖又称营养性肥胖，多是由于患者饮食过多或体力活动减少而引起的。单纯性肥胖具有遗传倾向。

（2）继发性肥胖。继发性肥胖是以某种疾病为原发病而引起的肥胖。继发性肥胖人数较少，仅占肥胖总人数的5%以下。此类肥胖多由神经、内分泌、代谢疾病及药物等原因所致。原发病得到控制或治愈时，继发性肥胖或可缓解。

3. 肥胖的现状与趋势

改革开放以来，随着生活水平提高、膳食方式改变及身体活动强度普遍下降，肥胖率在我国各类人群中迅速上升，肥胖成为一种不可忽视的流行病。

在历年的中国居民营养与健康状况调查中，各年龄、性别、地区的居民平均体重都不同程度地增加，腰围逐渐增大，中心性肥胖率呈现显著增加的趋势。

4. 肥胖的影响因素

（1）遗传。大量实验证明，遗传是影响肥胖的主要因素之一，对肥胖的影响率为40%～70%。遗传因素对肥胖的影响是多方面的，主要表现为以下几点。

1）遗传因素不仅影响肥胖程度，还影响脂肪分布。遗传因素影响皮下脂肪厚度及内脏脂肪组织，对内脏脂肪组织的影响尤为显著。

2）过度喂养后，体重增加的敏感性是由遗传因素决定的。

3）遗传因素影响个体的基础代谢率、食物的热效应和运动的热效应，即能量消耗受遗传因素的影响，个体间能量消耗的差别可达40%以上。

4）人们摄入蛋白质、糖类及脂肪的比例可能受遗传因素的影响。

5）习惯性的体力活动水平也受遗传因素的影响。

（2）生活方式。肥胖发生的根本原因是机体的能量摄入大于能量消耗，从而导致多余的能量以脂肪的形式储存。因此，改善饮食习惯、增加出行步数、增加家务时间、增强运动有利于减肥。

（3）心理。一方面，心理因素对摄食活动有显著的影响，许多研究证明，心理应激和各种消极的情绪反应，如焦虑、恐惧、愤怒、忧郁等，均能促使人多进食。另一方面，肥胖患者本身可能由于体型原因产生各种消极心理，由此而导致自身行为退缩、体力活动减少和多食，反过来又会加重肥胖程度。

运动心理也直接影响肥胖的发生和发展。运动心理直接影响运动行为，主观意识到体育运动的重要性、喜欢体育运动、看到他人运动也想积极参与等运动心理能促进运动行为，从而避免脂肪在体内蓄积，预防肥胖发生。

（4）社会。国内外研究显示，社会经济状况与受教育程度、民族和宗教信仰、大众传媒宣传等都会影响肥胖率。

（5）政策。国际上制定了很多预防肥胖的政策，这些政策有助于降低肥胖率，如：通过立法禁止餐饮业使用某些导致肥胖的制品（如反式脂肪酸制品）；通过对不健康食品征收脂肪税，提高不健康食品价格，降低消费者支付意愿。

我国也出台了与肥胖密切相关的政策，如《“健康中国 2030”规划纲要》等，同时为推动居民运动风潮，提倡全民运动，大力修建公园，提倡骑车上班，建设健康步道等，这些都是有效改善肥胖现状的重要举措。

5. 肥胖对成年人健康的影响

（1）肥胖对心血管系统的影响。研究显示，体重正常、超重和肥胖对象的血流量、血流速度依次降低，血管弹性依次变差，高血压、心脏病、糖尿病（尤其是 2 型糖尿病）等相关疾病的患病率依次升高。同时，肥胖也是引起血脂异常的重要原因之一。

（2）肥胖对代谢的影响。肥胖所导致的代谢异常会引起多种疾病。糖代谢异常可引起糖尿病，脂肪代谢异常可引起高脂血症，核酸代谢异常可引起高尿酸血症等。

（3）肥胖对呼吸系统的影响。肥胖造成面部、颈部、咽部、肺部及胸壁的生理变化，增加了上呼吸道阻力，影响患者呼吸系统的功能。肥胖者因体重增加需要更多的氧，易发生低氧血症，而腹部脂肪堆积又限制了肺的呼吸运动，从而可能造成呼吸困难，最终导致心肺功能衰竭。

（4）肥胖对肝胆的影响。肥胖患者由于长期摄入量超过机体需要，导致脂肪含量过多，超过肝的负荷能力，脂肪的分解利用存在障碍，使脂肪在肝细胞内堆积，形成脂肪肝。

（5）肥胖对运动系统的影响。肥胖人群骨关节病发生率高出非肥胖人群 12%～43%。肥胖者因 BMI 过大，往往行动不便、反应迟钝、自我保护能力差，极易发生交通事故，也极易发生髋部骨折、腰部脊柱和肌肉损伤及关节脱位。

（6）肥胖对生殖系统的影响。肥胖对生殖系统有显著的负面影响。对男性而言，肥胖可增加患前列腺癌的风险，并可引起生殖器官的形态改变、功能下降、以及精液质量下降；对女性而言，肥胖可增加患多囊卵巢综合征的风险，并可引起生育力和卵细胞质量下降，导致不同类型的月经紊乱、不育及习惯性流产。

（7）肥胖对心理、行为的影响。肥胖对心理产生多方面影响，且其影响随年龄的增长而增大。肥胖者容易产生自信心不足、缺乏自尊、情绪障碍等问题。

（8）肥胖与癌症的关系。肥胖与食管腺癌、胰腺癌、子宫内膜癌、结肠 / 直肠癌、乳腺癌（绝经后）和肾癌有关，是这些癌症发病的主要影响因素。

三、科学减脂

脂肪虽然是影响形体美的重要因素，但是在维持正常体温、支持和保护人体器官、储存能量、调节人体生理活动、创伤修复、调节内分泌等方面有重要的作用。因此，减脂并非脂肪减少得越多越好，而是要科学进行。

1. 成年人肥胖的标准

（1）国际标准。世界卫生组织（WHO）根据体重指数定义的成人体重国际标准见表 2–7。WHO 自 1995 年以来一直推荐使用 BMI 临界点 25 和 30 作为成人超重和肥胖的诊断标准，但有证据显示，从 BMI 为 21 开始，人体发生慢性疾病的风险就逐渐上升，且亚太地区人群的肥胖及其相关疾病有自身的特点，各国应根据本国居民肥胖及其相关疾病的数据确定本国居民肥胖标准。

表 2–7 世界卫生组织根据体重指数定义的成人体重国际标准

分类	主要临界点	附加临界点
低体重（消瘦）	＜ 18.50	＜ 18.50
严重消瘦	＜ 16.00	＜ 16.00
中度消瘦	16.00 ~ 16.99	16.00 ~ 16.99
轻度消瘦	17.00 ~ 18.49	17.00 ~ 18.49
正常范围	18.50 ~ 24.99	18.50 ~ 22.99
		23.00 ~ 24.99
超重和肥胖	≥ 25.00	≥ 25.00
（1）超重	25.00 ~ 29.99	25.00 ~ 27.49
		27.50 ~ 29.99
（2）肥胖	≥ 30.00	≥ 30.00
Ⅰ级肥胖（轻度肥胖）	30.00 ~ 34.99	30.00 ~ 32.49
		32.50 ~ 34.99
Ⅱ级肥胖	35.00 ~ 39.99	35.00 ~ 37.49
		37.50 ~ 39.99
Ⅲ级肥胖	≥ 40.00	≥ 40.00

关于腹部脂肪分布的测定指标，WHO 建议采用腰围（WC）和腰臀比（WHR），并规定将男性 WC ≥ 102 cm、女性 WC ≥ 88 cm 作为中心性肥胖的标准，将男性 WHR ≥ 0.9、女性 WHR ≥ 0.8 作为上身性肥胖的标准。

（2）中国标准。中国成人体重指数和腰围临界点与相关疾病发生风险见表 2–8。关于腹部脂肪分布的测定指标，我国采用腰围，并提出男性 WC ≥ 90 cm、女性 WC ≥ 85 cm 为成人中心性肥胖的标准。我国用体脂率评估体重正常、超重和肥胖的标准见表 2–9。

表 2–8　中国成人体重指数和腰围临界点与相关疾病发生风险

分类	体重指数（BMI）/（kg/m^2）	腰围（WC）/cm		
		男：< 85 女：< 80	男：85 ~ 95 女：80 ~ 90	男：> 95 女：> 90
体重过低	< 18.5	—	—	—
体重正常	18.5 ~ 23.9	—	增加	高
超重	24.0 ~ 27.9	增加	高	极高
肥胖	≥ 28	高	极高	极高

注：相关疾病包括 2 型糖尿病、高血压、心血管疾病等。

表 2–9　用体脂率评估体重正常、超重和肥胖的标准

肥胖程度	体脂率	
	男性	女性
正常	10% ~ 19.9%	15% ~ 24.9%
超重	20% ~ 24.9%	25% ~ 29.9%
轻度肥胖	25% ~ 29.9%	30% ~ 34.9%
中度肥胖	30% ~ 34.9%	35% ~ 39.9%
重度肥胖	35% ~ 39.9%	40% ~ 44.9%
极重度肥胖	≥ 40%	≥ 45%

注：体脂率 = 脂肪体重 / 体重。

2. 成年人肥胖的规范化干预流程

建立规范化干预流程的主要目的是保证体重管理各环节操作的科学性和可行性，从而使体重管理达到理想效果。实施过程中，每 3 ~ 6 个月应对干预效果进行评估，并根据最新情况调整干预手段。

（1）评估。首先对肥胖者的肥胖类型和病因、身体状态、能量平衡、运动能力进行测评，为制定适宜的管理手段提供依据。

（2）措施。根据评估结果，为肥胖者制定营养、运动、药物或手术等不同的独立或联合方法管理措施。

（3）监测。定期监测干预管理状态下肥胖者的体重、身体成分、机体功能，

以及与肥胖相关的生化指标（如血糖、血脂）和营养相关指标等的变化，以便调整方案，达到预期效果。

（4）随访。结合个体情况，制订随访计划，定期对肥胖者进行各项指标评估，并根据其最新状态调整综合管理方案。

3. 成年人肥胖的干预手段

（1）生活方式调整

1）饮食调整。对肥胖者可实施营养治疗，营养治疗的核心原则是使患者的能量代谢处于负平衡状态，即一方面降低能量摄入，另一方面增加能量消耗。在制订和实施营养治疗方案时，应遵循平衡膳食原则，保证蛋白质、必需脂肪酸、矿物质、维生素、膳食纤维等营养素的合理摄入量与摄入比，同时兼顾个体化原则，纠正患者的不良饮食习惯。

如果想瘦身，需减少脂肪的摄入量，脂肪摄入的热量占一天摄入的总热量的比例不应超过 20%。在一般的减肥计划中，每天的热量摄入必须维持在 1 500 千卡左右，1 500 千卡的 20% 就是 300 千卡，将 300 千卡除以每克脂肪的热量（9 千卡）就得到一天脂肪的摄入量（33.3 g）。需要注意的是，不吃含脂肪的食物、不吃早饭是错误的减肥行为，不但达不到减肥效果，还可能引发健康问题。

2）增加运动。运动减肥是目前公认的最健康有效的减肥方法，其基本要求是在保障人体所需基本能量和必需物质的前提下，通过运动的方式促使体内脂肪燃烧，从而达到防止体内脂肪堆积甚至减少体内脂肪堆积的目的。

3）增加日常生活动作能量消耗。日常生活动作能量消耗见表 2–10。

表 2–10　日常生活动作能量消耗　　kJ/（m^2 · min）

动作名称	能量消耗	动作名称	能量消耗
睡眠	2.736	看报	3.481
午睡	3.192	上、下楼	18.518
坐位休息	3.628	洗衣服	26.967
站位休息	3.690	洗手	5.777
走路	11.234	上、下坡	26.966
跑步	28.602	乘公共汽车	4.820
整理床铺	8.841	室内上课	3.770
穿脱衣服	7.012	拖地板	11.698

注：kJ/（m^2 · min）代表身体每分钟每平方米的能量消耗。

（2）减肥塑形护理。减肥塑形护理详见本培训项目的培训单元 5。

（3）医学治疗。大多数肥胖者通过改变生活方式可以使体重得到有效控制，但少数肥胖者需要医学治疗手段。医学治疗包括药物治疗、手术治疗、中医针灸治疗等，肥胖症患者应在正规医院的医生指导下进行医学治疗。

培训单元 3 增　　肌

培训重点

了解增肌的干预手段。

知识要求

人体只要运动就伴随着肌肉收缩。肌肉大体分为骨骼肌、平滑肌、心肌三种。一般所说的肌肉指骨骼肌，增肌也主要是增骨骼肌。骨骼肌遍布人体各处。人体能通过复杂的生理过程将食物中的能量转化为肌肉运动所需的能量。对于减肥与塑形而言，增肌有提高基础代谢率（人体在清醒而又尽量安静的状态下，不受肌肉活动、环境温度、食物、精神紧张等因素影响时的能量代谢率）、塑造完美曲线等积极意义。

增肌的干预手段有营养监控、运动、心理疏导。

一、营养监控

增肌指的是肌肉组织的增长和皮下脂肪层的必要堆积，为此，营养分配必须科学。人体摄入的热量主要来自糖类、脂肪和蛋白质。若糖类摄入过多而脂肪摄入过少，则会加重肠胃的负担；若脂肪摄入过多而糖类摄入过少，则可能引起肥胖症或心脑血管疾病；若蛋白质摄入过少，则会使生长发育受抑制，机体抵抗力降低。

增肌一般需要补糖，因为补糖能使身体承载更多的运动训练。除了补糖之外，还要补充优质蛋白质，以合成肌肉的结构物质，让肌肉生长。需要注意的是，不进行肌力锻炼而一味补充蛋白质只会增加肝、肾负担，无法达到增肌效果。

二、运动

运动是很好的增肌手段，其中，负重训练的增肌效果最好。在负重训练的开始阶段，要采用较低的运动负荷，从而保证能很好地完成整个训练，并防止肌肉酸痛，但随着训练进行，要逐渐增加运动负荷。

三、心理疏导

美容师鼓励顾客实施健身计划时，应进行有效的心理疏导，这能对减肥与塑形起到积极的作用。

培训单元 4　调　　姿

培训重点

掌握美容领域常用人体测量点。

掌握体格测量方法。

知识要求

一、身体形态测量

1. 美容领域常用人体测量点

人体测量点主要是通过人体骨结节、隆凸和骨骺的边缘等骨性标志确定的，也有一些是通过皮肤皱褶、皮肤特殊结构、肌性标志确定的。在美容领域，常用的人体测量点如下。

（1）头顶点：头顶部正中矢状面（见图 2-9）上最高的一点。

（2）耳屏点：外耳道前方耳屏软骨上缘的点。

（3）胸中点：左右第 4 胸肋关节上连线与正中矢状

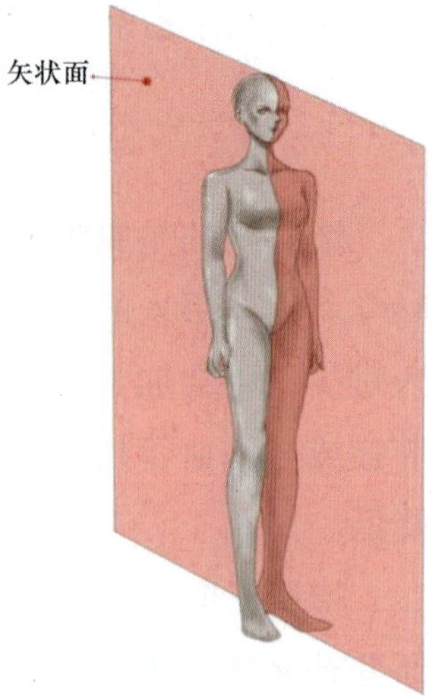

图 2-9　人体矢状面

面的交点。

（4）乳头点：乳头的中心点，一般位于锁骨中线的第四肋间处。此点对乳房下垂或不规则的女性不适用。

（5）脐点：脐部中心点。

（6）肩胛骨下角点：肩胛骨下角的最低点。

（7）髂嵴点：髂嵴上缘最向外突出的点。

（8）肩峰点：肩胛骨肩峰外侧缘上最向外突出的一点，用手指沿肩胛冈从后内方向前外方触摸即可找到。

（9）大转子点：股骨大转子最高点，大腿外展时，大转子部位形成一个凹窝，即为大转子点。

美容领域常用人体测量点如图 2–10 所示。

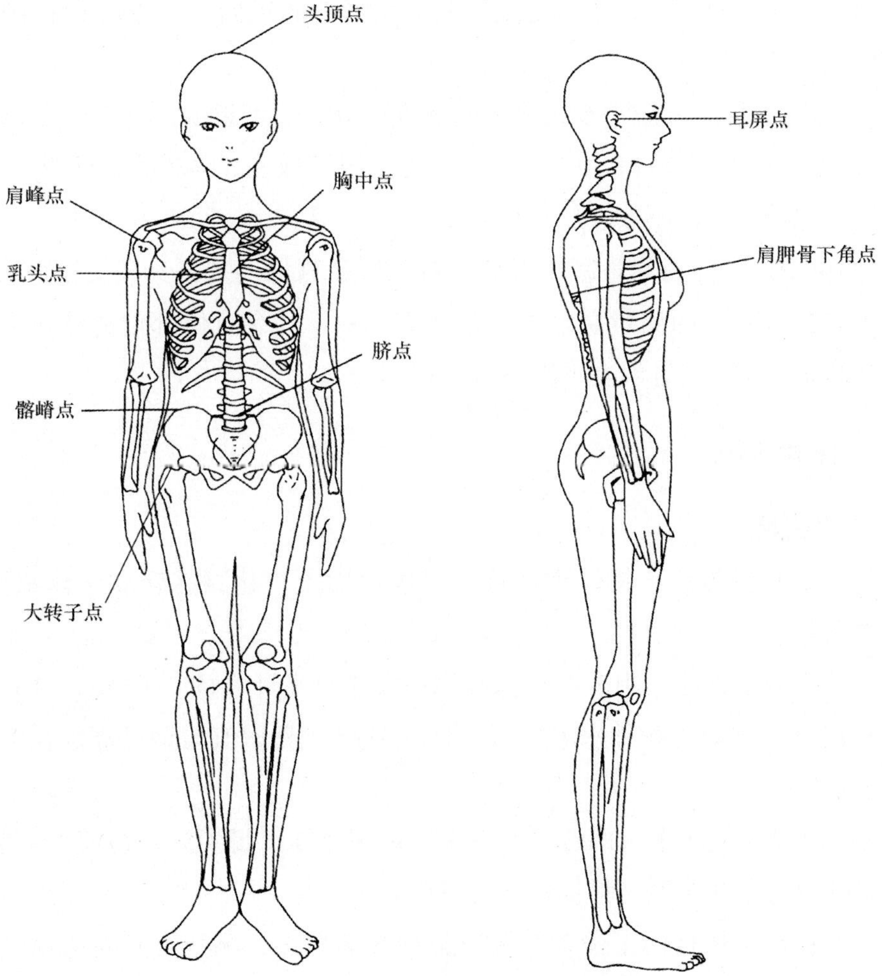

图 2–10　美容领域常用人体测量点

2. 身体形态测量注意事项

（1）顾客注意事项

1）除测量“坐高”时取坐姿外，其他测量一般取直立姿势，并注意保持眼耳处于水平位。

2）男性上身裸露，着短裤，赤足；女性着背心，着短裤，赤足。

3）测试前排便、排尿。

（2）美容师注意事项

1）在未提出特定测量要求时，美容师一般测量顾客的右侧肢体。

2）测量仪器要保持清洁，测量前必须检验校正测量仪器。在经过一定人数的测量后，应再次检验校正测量仪器，以保证测量的准确性。

3）掌握测量方法，熟悉测量点。可由专人在顾客身体上标出测量点，以提高测量准确性。对于身高、体重等易受时间因素影响的指标，一般在上午 10 点左右测量为宜。

4）读数时，美容师应平视仪器上的标度部分，不可斜视，避免产生误差。

5）长度、宽度、围度以 cm 为单位，皮脂厚度以 mm 为单位，体重以 kg 为单位。测量与记录一般取小数点后一位。

6）测量中，应注意尽量减少误差。对于长度测量误差，身高及较长的身体部位长度（如上肢长）的测量误差不得超过 0.5 cm，其余身体部位的测量误差均不得超过 0.2 cm。体重测量误差不得超过 0.1 kg。

二、体格测评

1. 体格测量

（1）体重测量方法。将体重计置于平坦地面上，让顾客轻立于体重计中央，进行体重测量。

（2）身高测量方法。用 1 m 长标准钢尺紧靠身高计立柱“0”点，并将其立于身高计底板上，滑动身高计水平压板，比较身高计测量值与钢尺额定长度，使误差不超过 0.2 cm。

顾客正常站于底板上，两臂自然下垂，足跟靠拢，足尖分开约 60°，足跟、骶骨和两肩胛间与立柱接触，眼耳处于水平位。

美容师将水平压板向下滑动，轻压至顾客头顶点，测量直立时头顶点至足底（身高计底板）之间的垂直距离。

（3）围度测量方法。围度测量方法见表 2-11。

表 2-11 围度测量方法

指标	工具	操作步骤	图示
胸围	带状皮尺	顾客正常站立，两足并拢，双肩放松，两臂自然下垂，保持平静呼吸 美容师站于顾客右侧，面对顾客，双手将带状皮尺上缘置于背部肩胛骨下角点，经腋窝绕至胸前于顾客呼气末测量。对于男性及未发育女性，胸前带状皮尺下缘置于乳头上缘；对于已发育女性，胸前带状皮尺通过胸中点	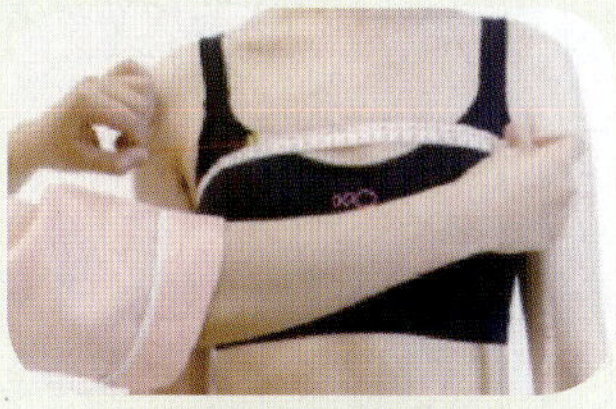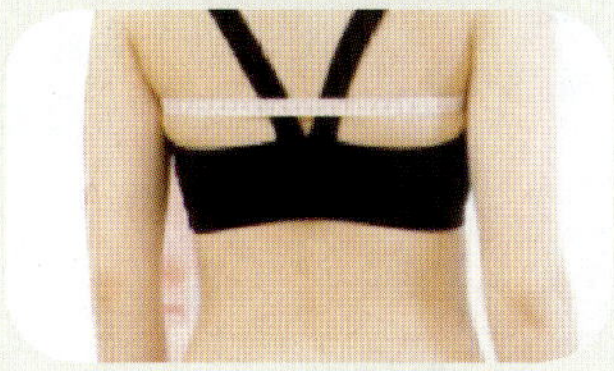
最小腰围		顾客正常站立，双肩放松，两臂交叉抱于胸前 美容师站于顾客右侧，面对顾客，在顾客呼气末腰部最细处水平环绕一周测量	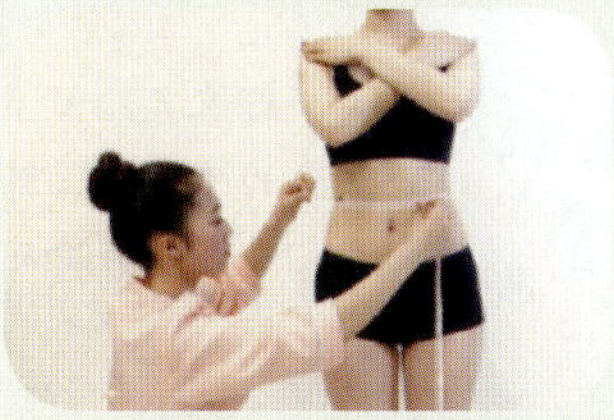
腰围		顾客正常站立，双肩放松，两臂交叉抱于胸前 美容师站于顾客右侧，面对顾客，在顾客呼气末脐上 0.5～1 cm 处（肥胖者可选择腰部最粗处）水平环绕一周测量	参考最小腰围
臀围		顾客正常站立，双肩放松，两臂交叉抱于胸前 美容师站于顾客右侧，面对顾客，在顾客臀大肌最凸起处水平环绕一周测量	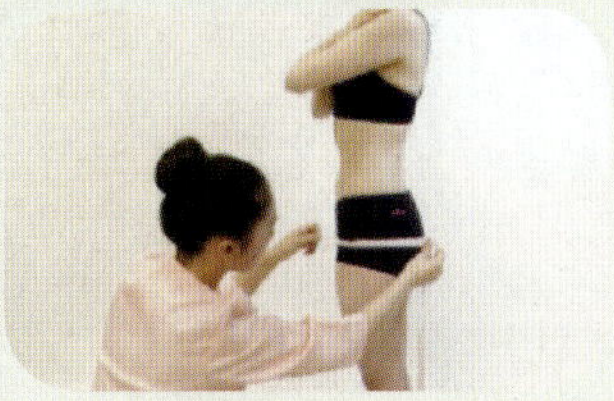
上臂紧张围		顾客正常站立，双肩放松，左臂自然下垂，右臂屈肘握拳，肱二头肌用力做最大收缩 美容师测量顾客肱二头肌最隆起部位的围度	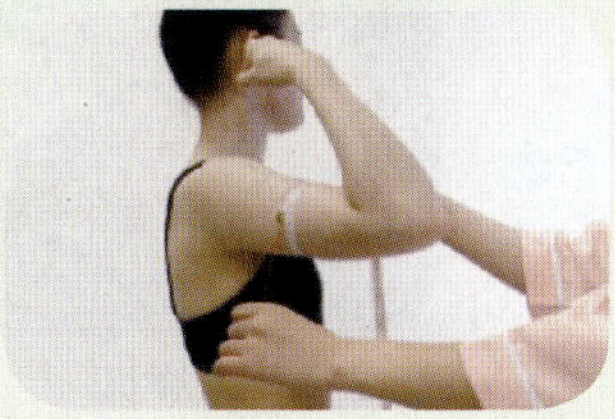

续表

指标	工具	操作步骤	图示
上臂放松围	带状皮尺	顾客上臂紧张围测量结束后，右臂自然下垂，肌肉放松 美容师在顾客上臂紧张围测量部位水平环绕一周测量	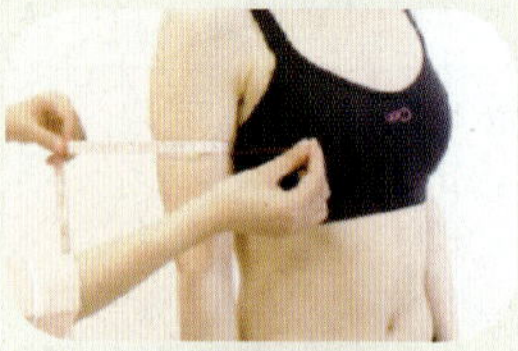
大腿围		顾客正常站立，两足自然分开，双肩放松，两臂交叉抱于胸前 美容师在顾客臀纹线最低点处水平环绕一周测量	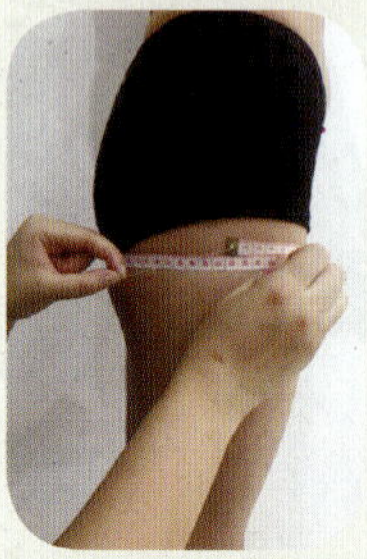
小腿围		顾客左脚站立，保持身体平稳，右脚置于特定高度的平面上，膝关节弯曲，呈 90° 美容师在顾客腓肠肌最粗处水平环绕一周测量	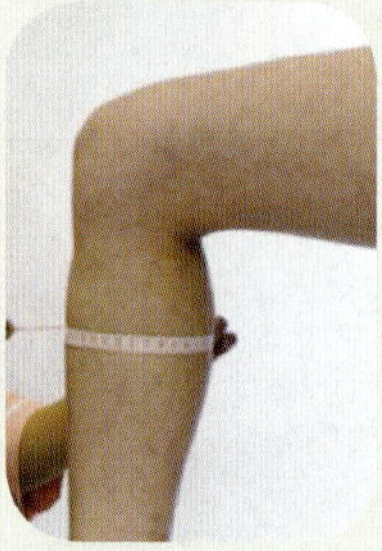

（4）宽度测量方法。宽度测量方法见表 2–12 。

表 2–12　宽度测量方法

指标	工具	操作步骤	图示
肩宽	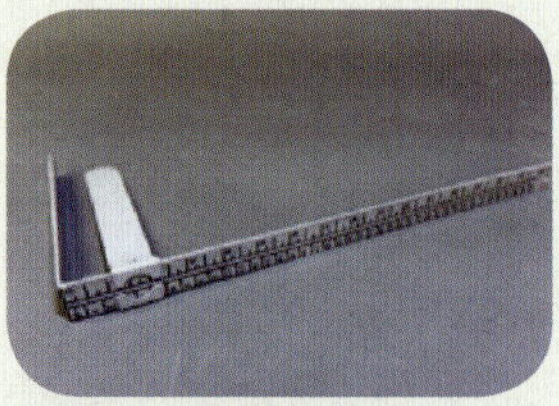 直脚规	顾客正常站立，两足并拢，双肩放松，两臂自然下垂 美容师正对顾客背面，用两手拇指沿左、右肩胛冈自内向外摸到肩峰点后，使用直脚规或弯脚规测量左、右肩峰点的间距	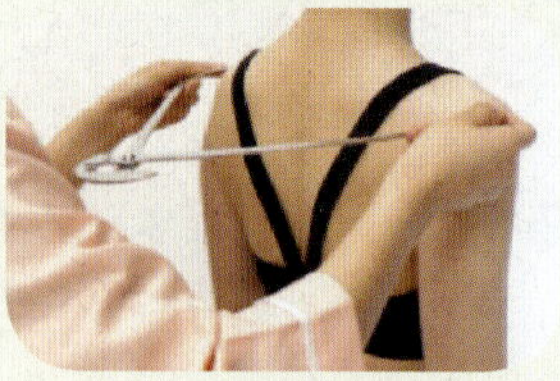
骨盆宽	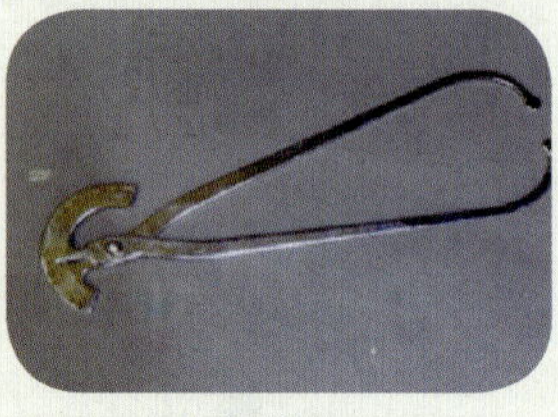 弯脚规	顾客正常站立，两足并拢，双肩放松，两臂自然下垂 美容师蹲于顾客前方，用食指摸到骨盆最宽处后，使用直脚规或弯脚规测量骨盆最宽处间距	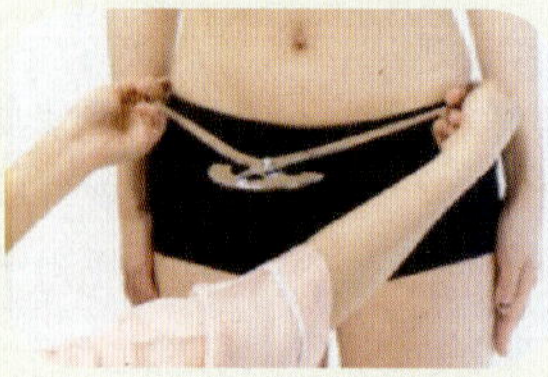

（5）厚度测量方法

1）臀厚测量方法。臀厚测量使用臀厚尺。测量时，顾客正常站立，两足自然分开，双肩放松，两臂交叉抱于胸前；美容师位于顾客右侧，测量臀大肌最凸起处至腹股沟中点间的水平直线距离，如图 2–11 所示。

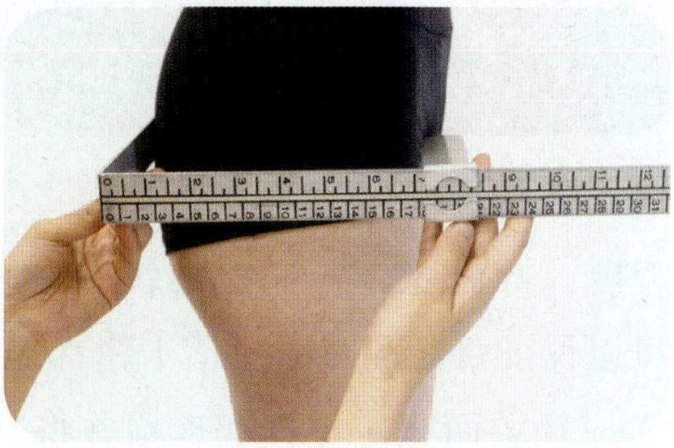

图 2–11　臀厚测量方法

2）皮褶厚度测量方法。皮褶厚度测量是最常用的身体成分测定方法，它具有快速、无创、廉价的特点，并有相当高的准确性。该方法的理论假设是个体皮下脂肪厚度与自身身体脂肪含量成比例（个体 50% ~ 70% 的脂肪储存在皮下）。上臂部、肩胛部、髂部、腹部、大腿部、小腿部都可使用皮褶卡钳进行皮褶厚度测量，如图 2–12 所示。

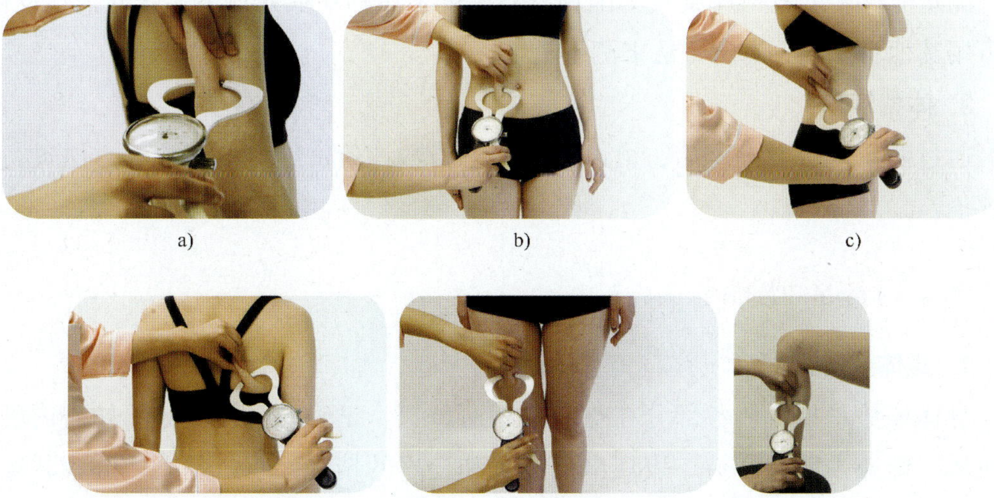

a)　b)　c)　d)　e)　f)

图 2–12　皮褶厚度测量

a）上臂部　b）肩胛部　c）髂部　d）腹部　e）大腿部　f）小腿部

皮褶卡钳如图 2–13 所示。在测量前，应用生产商提供的随带砝码对皮褶卡钳进行校准。

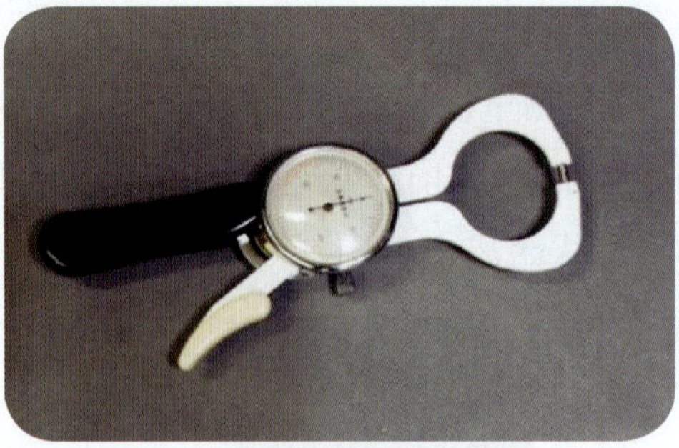

图 2-13　皮褶卡钳

为提高测量的准确程度，特别是对于不够熟练的操作者，应先找准测量部位再用记号笔标记，这样可以保证每次测量时皮褶卡钳都能准确地落在正确的部位上。准确定位后，测量者应轻柔而坚定地捏起皮褶并将其从下面的肌肉上提起，用皮褶卡钳进行测量。测量的指导原则如下：

①在距离测量点 1 cm 处，用拇指和食指、中指相对捏起皮褶并将其垂直提起；

②用拇指和食指相对捏起皮褶并将其提起；

③皮褶卡钳的头端垂直于皮褶，放置于测量点处皮褶的中间位置；

④在皮褶卡钳卡住皮肤两秒钟后读数。

测量肥胖者的皮褶厚度较为困难，若厚度卡钳的头端开口不能张开卡住皮褶，则可用其他身体成分测定方法来测量。

2. 体格评价

通过测量获得数据之后，可以通过形态指数评价、绝对值评价等方法进行体格评价。

三、身体姿势测评

1. 身体姿势的概念

身体姿势是指身体各部分在空间的相对位置。正确的身体姿势不妨碍内脏器官机能，能减少肌肉疲劳，表现出人体美和良好的精神面貌，是人体健康状况的重要外部标志。不正确的身体姿势会造成人体脊柱、胸廓及肢体变形，从而影响身体各器官功能及生长发育，同时给人带来精神上的痛苦。

2. 身体姿势的测评方法

身体姿势测评可分为静态姿势测评与动态姿势测评，前者指静止中的立位和坐位姿势测评，后者指对活动过程中所呈现的身体姿势进行测评。静态姿势测评一般采用观察分析法、图谱对照法、照片分析法等。动态姿势测评一般采用影像分析法。下面主要介绍静态姿势测评。

（1）躯干部

1）脊柱前后弯曲度测评。脊柱前后弯曲度测评如图 2–14 所示。

①测量仪器：脊弯测量计。

②测量方法：请顾客身着背心、短裤（或短裤）立于测量计底板上，足跟、骶骨及两肩胛间紧靠立柱；美容师立于侧方，首先观察其耳屏、肩峰、大转子三点是否在同一垂线上，然后将测量计上的小棍前推，使其密切接触顾客的身体，根据测量计立柱与脊柱间小棍的长度测出脊柱各段前后弯曲的程度。

③评价方法

a. 正常：腰曲为 2 ~ 3 cm，耳屏、肩峰、大转子三点在同一垂线上。

b. 驼背：腰曲小于 2 cm，头向前探，耳屏点落于肩峰点及大转子点前方。

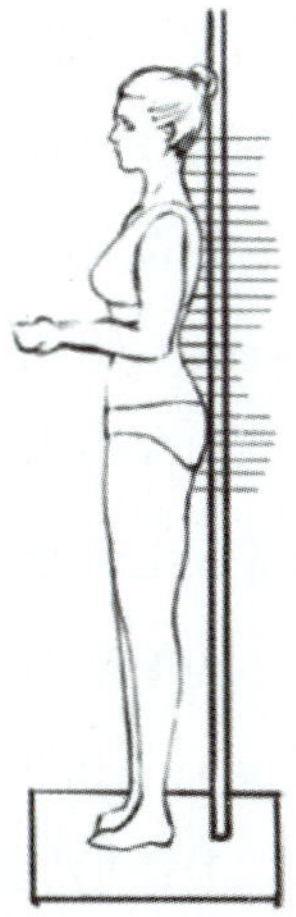

图 2–14　脊柱前后弯曲度测评

c. 鞍背：腰曲过大，超过 5 cm，耳屏点与肩峰点落于大转子点前方。

d. 直背：缺乏生理性胸曲及腰曲，整个背部过平。

2）脊柱侧弯测评。最简单的脊柱侧弯测评方法是观察法。美容师可请顾客身着背心、短裤（或短裤），取自然立正姿势站立；美容师立于其正后方，观察顾客两肩是否等高，两肩胛骨下角是否在同一水平面及与脊柱的间距是否相等，脊柱各棘突是否在同一直线上并垂直于地面，据此判断脊柱是否正常。

（2）臂部

1）测量方法：请顾客裸露两臂，自然站立，两臂侧平举，掌心向上；美容师立于其正前方 1.5 m 处，观察顾客上臂和前臂的伸展情况及肘关节形状，判定其臂形。

2）评价方法

①欠伸：上臂与前臂之间稍有夹角，不在同一水平面上，即伸展不足、肘关节凸起。

②直伸：上臂与前臂在同一水平面上，肘关节平直，为正常臂。

③过伸：上臂与前臂之间夹角超过 180°，前臂向下，肘关节凹陷。

④后伸：上臂与前臂在同一水平面上，但偏离肩线，前臂偏向体后，肘关节肱骨内上髁明显凸起。

（3）腿部

1）测量方法：请顾客裸露双腿，取立正姿势（不可用力并腿）；美容师立于其正前方，观察并测量（用特定的内径卡尺）顾客两腿内侧、两膝、两足跟之间的距离，据此判断腿形。

2）评价方法

①直形腿：两腿内侧、两膝、两足跟均可靠拢并互相接触，或间距小于 1.5 cm，如图 2–15a 所示，此种腿形正常。

②O 形腿：大、小腿之间不能合拢，只足跟可靠拢，两膝间距大于 1.5 cm，如图 2–15b 所示。

③X 形腿：两膝可靠拢，但两小腿内侧及足跟不能互相接触，间距大于 1.5 cm，如图 2–15c 所示。

④D 形腿和 K 形腿：一侧膝正常，另一侧膝内翻称为 D 形腿；一侧膝正常，另一侧膝外翻称为 K 形腿。

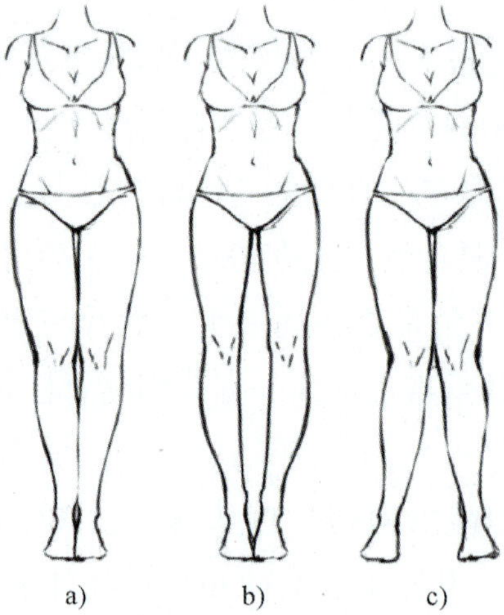

a)　　b)　　c)

图 2–15　腿形

a）直形腿　b）O 形腿　c）X 形腿

（4）足部。着重检查足弓，判断有无扁平足。

1）检查方法。检查足弓的方法有印迹法、足高测量法和 X 线摄片法。X 线摄片法最准确，但费用高，且需要美容师具备专门的知识和技术。常用的方法是印迹法。

①简易印迹法。脚踩滑石粉或脚蘸清水立于黑板或水泥地面上，对留下的足迹进行分析判定。

②纸印印迹法。为便于保存资料和进行动态分析，可采用纸印印迹法检查足弓。准备一块足够大的 5～6 层纱布或海绵垫，用淡红或淡蓝墨水将其浸湿，放在坐凳前面的方形浅盘内铺平；请顾客坐于凳上，赤足，双脚同时踩在盘内站立，此时足底便沾上墨水，之后请顾客坐下，移去浅盘，准备白纸，要求顾客双脚相距同肩宽站立于白纸上，再坐下，纸上即印出淡红或淡蓝的足迹。

2）评价方法。评定时，采用画线比例法。在足迹的内侧和外侧各画一条切线，找到空白区最宽处，测量此处至两切线的距离，根据切线内的空白区宽度与足印区最窄处宽度比例来判定足弓是否正常。正常足的足印空白区与足部最窄处宽度之比为 2∶1，轻度扁平足的足印空白区与足部最窄处宽度之比为 1∶1，中度扁平足的足印空白区与足部最窄处宽度之比为 1∶2，重度扁平足的足印无空白区。

3. 影响因素

（1）肌肉力量不足。

（2）生活中姿势不正确，如习惯性跷二郎腿、含胸驼背等。

（3）营养不足。

4. 干预手段

（1）若肌肉力量不足，则加强肌肉力量锻炼。

（2）若脊柱侧弯，则可进行体育锻炼，增强背部肌肉，或采用物理手段治疗等。

（3）若腿形不良，则可进行并腿、按摩干预等。

培训单元 5　美容行业减肥与塑形

培训重点

掌握美容行业减肥与塑形产品。

掌握美容行业减肥与塑形护理相关知识。

能够进行减肥与塑形按摩。

能够进行电子减肥仪护理、振动减肥仪护理。

知识要求

一、减肥与塑形产品

1. 外用产品

具有减肥与塑形功效的外用产品属于健美类化妆品。使用时，可利用透皮吸收的原理，通过涂抹、按摩、热敷、仪器操作等使外用产品的活性物质被人体吸收，以产生润滑肌肤、促进皮下脂肪分解、加速脂肪代谢、消除水肿、紧致塑身等效果。外用产品中常见的活性成分有氯原酸、肉碱、甲基黄嘌呤、烟酸酯类等，产品剂型可以是液体、乳液、膏霜等。产品剂型不同，使用方法也不同。

一般情况下，外用产品需要长期使用方可显效，而且只有配合其他减肥与塑形产品及护理效果才更明显。使用外用产品时，顾客使用部位在一定范围内可能产生冷、热、刺、辣等感受，并伴有皮肤发红等现象，这是正常的。若出现红斑、丘疹、水肿、水疱等严重局部不良反应，或恶心、乏力、食欲下降、腹泻、腹痛等全身性不良反应，则判定为过敏，需立即停止使用并就医诊治。黏膜、乳头等敏感部位应避免使用此类产品。

2. 内服保健食品

根据国家相关部门关于保健品的规定，具有减肥功效的食品属于保健食品。内服保健食品生产要严格遵守《中华人民共和国食品安全法》《保健食品管理办法》等相关法律、法规。顾客应科学使用内服保健食品。

（1）代餐。代餐又称替餐，是取代部分或全部正餐的食物。代餐方法有食物替代法和代餐食品替代法两种。食物替代法即多吃蔬菜或其他高纤食物。代餐食品形式有代餐粉、代餐棒、代餐奶昔、代餐汤等。好的代餐食品应该具有高膳食纤维、高蛋白、低热量、易饱腹等特点，可以帮助更好地控制食量和热量，达到减肥的目的。

根据国际食品法典委员会公布的《减重用低能量配方食品标准》，食用代餐食品可将一餐的摄入热量控制在 100 ~ 500 千卡（一般一餐的摄入热量为 500 ~ 1 000 千卡）内。代餐减肥的过程中，一个月减 4% 左右的体重是比较合理的目标。要注意的是，因为代餐中营养成分的种类和含量毕竟有限，所以经常食用代餐会引起营养不良，用其替代晚餐比较好。另外，代餐减肥的过程中要多喝水，多补充蛋白质、维生素等营养物质，并且应严格控制其他食物的摄入。

（2）食用酵素。食用酵素是以动物、植物、食用菌等为原料，添加或不添加辅料，经微生物发酵制得的含有特定生物活性成分、可供人类食用的酵素产品。食用酵素按形态分为液态酵素、半固态酵素、固态酵素三种。

食用酵素有采用单一原料的，但大多采用复合原料，复合原料多的达上百种甚至数百种。食用酵素发酵会定向增殖有益菌，有益菌具有调节肠道菌群、辅助消化等作用。

（3）草药茶饮。减肥茶实际上是以茶的形式泡饮的草药制剂，效果取决于所含草药成分的作用，使用过程中需注意可能的副作用及危害。另外要注意的是，传统茶饮并不具有减肥功效。

3. 塑身内衣

真正意义上的塑身内衣产生于 14 世纪的欧洲宫廷。塑身内衣能凸显曲线、提升气质、增强自信。

（1）塑身内衣的概念。塑身内衣又称塑形内衣，是根据人体工学和脂肪可流动性原理，利用服装施加的压力把脂肪推移到期望位置，从而美化人体曲线，达到聚胸、收腹、束腰、提臀、纤腿等效果的内衣。

（2）塑身内衣的分类

1）按材质分。塑身内衣按材质分为弹力型塑身内衣、调整型塑身内衣。弹力型塑身内衣选取有弹力的面料，采用一次成型编织工艺，并且使用弹力大的线缝制；调整型塑身内衣根据不同部位所需功能选取合适的面料进行缝制，还会使用衬垫、鱼骨等。一般而言，调整型塑身内衣比弹力型塑身内衣的塑形效果好。

2）按功能分。塑身内衣按功能分为连体式塑身内衣、分体式塑身内衣。连体式塑身内衣包括胸腰腹三合一塑身内衣、一件式全身塑身内衣等；分体式塑身内衣包括塑身胸衣、腰背夹、束裤、瘦腿袜等，发挥挺胸、收腹、束腰、提臀、纤腿等作用。

（3）塑身内衣的功效。塑身内衣的成衣尺寸比人体尺寸小，因而在穿着时会对人体产生压力，这一压力除了会影响体型外，还会影响人体的皮肤温度、皮肤血流、呼吸、肌肉疲劳、排泄等。合理的压力是塑身内衣安全、健康、有效的先决条件。有研究显示，塑身内衣的塑形效果由大到小依次为挺胸、束腰、丰胸、瘦腿、收腹、提臀；不同体型人群穿着塑身内衣后的塑形效果不同，标准体型者试穿塑身内衣后挺胸、收腹效果较明显，胖体型者试穿塑身内衣后丰胸、束腰、瘦腿效果较明显，瘦体型者试穿塑身内衣后提臀效果较明显。

（4）塑身内衣的特点。塑身内衣的功能是通过内衣的材质、结构和制作工艺来实现的，不同功能的塑身内衣具有不同的特点。

1）调整型胸衣。调整型胸衣一般有三个扣位可供选择，每个扣位有四排扣，使其穿戴更加牢固，不易脱落。肩带不仅能调节长度，而且比常规胸衣的宽，可更好地借肩膀发挥承托作用。半弧形结构线将罩杯分为上托和下托，可以保护乳房。胸衣底围设有钢圈，且弧度较大，配合高鸡心设计围绕乳房大半周，更好地包裹乳房，并有助于将副乳固定到罩杯中，改善乳房形状的同时还起到支撑作用。侧边多使用无弹性面料，对乳房起到加固定型的作用，并采用鱼骨聚拢胸部，防止胸部外扩。

2）调整型腰背夹。调整型腰背夹一般在腹侧设置三个扣位，以调节腰腹部塑形强度。胸部采用具有承托乳房作用的 U 形设计，有效控制乳房向外扩散或下垂。腰背夹前面的结构线一般设计为花瓶状，腹部为“瓶肚”，同时该部位有两层，里料比面料弹性大，这两种设计结合在一起可以收纳并固定腹部脂肪，最终达到收腹效果。腰部纵向设有鱼骨，塑造腰部曲线。背部的交叉设计在固定背部脂肪的同时还可以矫正背部姿态。

3）调整型束裤。调整型束裤的大腿内侧和外侧部位使用双层面料固定大腿两侧脂肪。臀部使用较薄的弹性面料，使臀部塑造有更大的空间，并用 W 形结构线将大腿处多余的脂肪推移至臀部，塑造出丰满圆润的臀型。

4）瘦腿袜。瘦腿袜根据人体工学，采用分段压力设计，进行分区编织，使腿部承受的压力由下而上循序减小，起到促进下肢静脉血液回流、舒缓水肿、纤腿的作用。

（5）塑身内衣的选择。在产品安全的基础上，塑形强度和穿着舒适度是衡量塑身内衣品质的两个主要因素。正确选择尺码需要建立在准确进行体格测量的基础上，除前文所述围度测量和宽度测量的各项指标之外，最大胸围（胸部外围最大周长）、胸围线高（最大胸围水平线至水平地面的垂直距离）、腹围（肚脐下3 寸突起最高点水平周长，1 寸等于 3.33 cm）、臀围线高（臀围水平线至水平地面的垂直距离）也是塑形部位的重要测量指标，四者分别用于衡量塑身内衣的丰胸、挺胸、收腹、提臀效果，如图 2–16 所示。随着减肥与塑形效果的显现，塑身内衣会变松，此时需要更换小一号的塑身内衣。定期进行体格测量有助于结合顾客主观感受，帮助顾客感知塑身内衣调整效果。

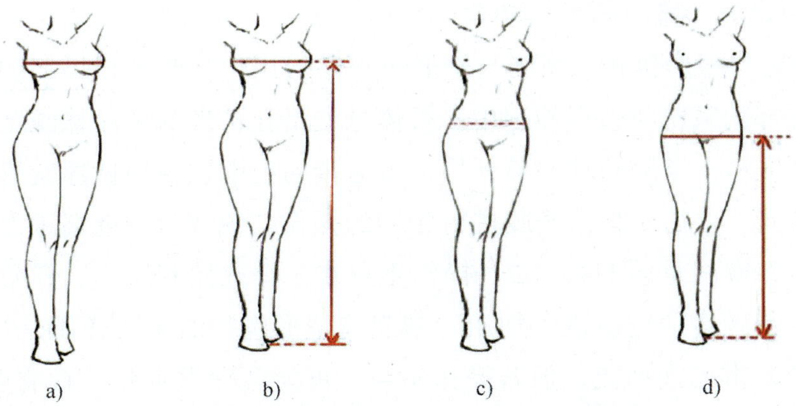

图 2-16　最大胸围、胸围线高、腹围和臀围线高

a）最大胸围　b）胸围线高　c）腹围　d）臀围线高

二、减肥与塑形护理

1. 徒手护理

（1）减肥与塑形按摩

1）减肥与塑形按摩的原理。有研究证明，按摩可在一定程度上改善脂肪代谢紊乱。脂肪所具有的流动性也使通过按摩帮助其移动至理想位置成为可能。此外，按摩还可以使各种减肥与塑形外用产品更好地被吸收，提升护理效果。

2）减肥与塑形按摩的功效。作为几乎无任何副作用的减肥与塑形方法，减肥与塑形按摩可以有效促进循环、加快代谢、移动脂肪、调整机体能量代谢紊乱、改善肠道功能等，从而达到减肥与塑形目的。

3）减肥与塑形按摩的特点。减肥与塑形按摩的特点如下：

①在解剖学、生理学、中医基础理论等相关医学理论的指导下，强调解剖结构，重视经穴；

②使用具有减肥与塑形功效的霜、油、精华液等作为操作介质；

③一般由美容师使用手、肘等身体部位进行局部接触按摩，强调操作部位与被操作部位大面积贴合，动作连贯流畅、紧密衔接、韵律感强、节奏较快、力度深入，以按摩后局部发红、有热感为最佳；

④多配合其他减肥与塑形方法，发挥协同作用；配合生活习惯及运动调整等方法，方可达到或维持理想的减肥与塑形效果；

⑤兼具放松、保健、养颜等功效。

（2）减肥与塑形包扎。减肥与塑形包扎是指用包扎膜进行局部加压，常用于腿部和腹部的减肥与塑形护理中。具体方法是在护理部位涂抹减肥与塑形外用产品后，先从一条腿的踝关节开始，由远端向近端均匀地做螺旋形缠绕直至胸部以下位置，之后对另一条腿进行相同的操作。缠绕时，近端压力不应超过远端压力，每圈间重叠 1/3 ~ 1/2。操作难点在于合理控制压力。开始时，压力不要过大，待顾客适应后逐步加压。减肥与塑形包扎的主要作用是控制水肿、促进静脉血及淋巴液回流，但若操作不当，可能会导致水肿、影响血液循环、引起疼痛等。

2. 简易工具护理

减肥与塑形的简易工具护理大多依据中医经络减肥方法。经络是人体内气血运行的通道。人体的五脏六腑、四肢百骸、五官九窍、皮肉筋骨等能保持相对协调与统一，完成正常的生理活动，是依靠经络实现的。中医经络减肥强调根据肥胖者的不同特点进行辨证施治，使经络疏通、气血调和、脏腑阴阳平衡，从而达到减肥目的。

中医经络减肥大多具有用具简单、操作方便、无副作用的特点，同时还可以改善皮肤问题等。美容行业多采用刮痧板、火罐、经络刷等简易工具进行减肥与塑形护理。这些护理可以单独进行，也可以组合进行。在医疗美容行业中，还会采用针灸等。

3. 减肥与塑形仪器护理

减肥与塑形仪器按所采用的技术分为如下几类。

（1）压力类护理仪器。压力类护理仪器通过改变人体外部压力，促进血管内外物质交换，从而促进水肿改善、循环加快、组织再生等。压力类护理仪器包括正压类护理仪器、负压类护理仪器。

1）正压类护理仪器。正压类护理仪器主要指正压顺序循环护理仪器，如图 2-17 所示。这是一种气袋式护理装置，由主机、导气管、四肢和腹部气囊等组成，其采用梯度加压方式分级加压，腔数越多，分级加压层次越多，越有利于逐级加压。有些仪器还可以单独设定每个腔的压力，并可选择多种工作模式，设定各个气囊的充气顺序及压力，既可以完成从远端至近端的顺序循环加压护理，需要时也可以完成由近端至远端的反向循环加压护理，或进行组合交替护理。

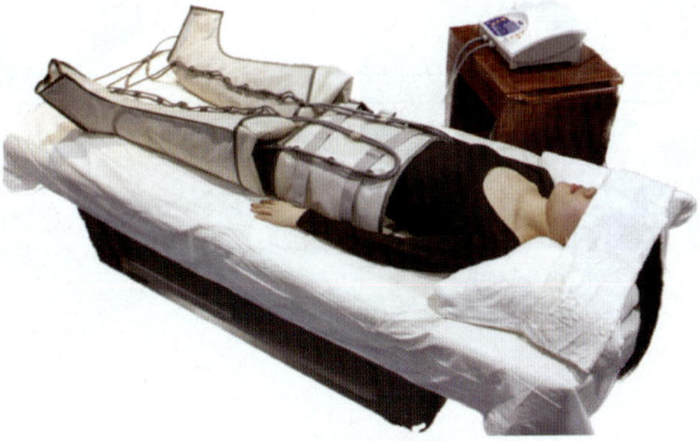

图 2–17 正压顺序循环护理仪器

正压顺序循环护理仪器工作原理如图 2–18 所示，其具有控制水肿、促进塑形、预防下肢静脉曲张等作用，除适用于有减肥与塑形需求的顾客外，还适用于久坐或久站的顾客。一般情况下，仪器护理安排为每次 20 ~ 30 分钟、每天 1 ~ 2 次、每疗程 6 ~ 10 次。

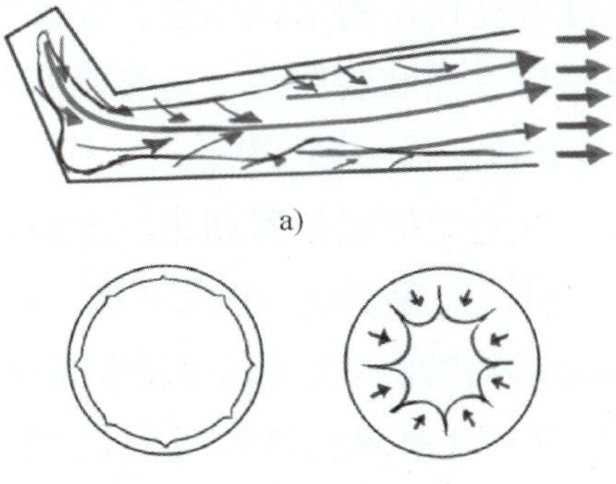

图 2–18 正压顺序循环护理仪器工作原理

a）挤压作用 b）释放状态的气囊 c）充气状态的气囊

2）负压类护理仪器。负压类护理仪器如图 2–19 所示，是将低于大气压的压力应用于人体局部护理的一类仪器。负压类护理仪器由主机、导气管、手柄等组成。操作部位不同，手柄规格不同。手柄有手动施压手柄与电动施压手柄两种，有些电动施压手柄的操作头吸口处还配置活夹提捏装置，甚至具有滚动抽吸功能。根据护理目的，可以设定负压类护理仪器的压力大小、工作模式、负压间断时长及频率。

负压类护理仪器具有改善循环、促进代谢、减轻自由基损伤、紧致塑形等功效。用于减肥与塑形护理时，仪器护理安排最多为每部位 20 ~ 30 分钟、每天 1 次、每疗程 10 ~ 20 次。市场上也有小型家用负压类护理仪器可供顾客居家使用。

a)

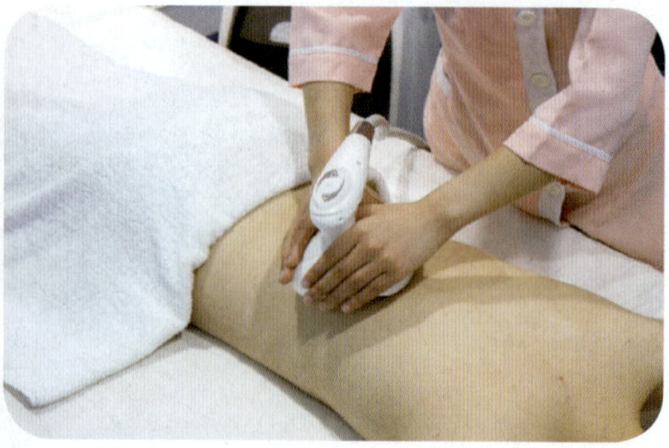

b)

图 2–19　负压类护理仪器

a）手动施压　b）电动施压

（2）射频类护理仪器。射频类护理仪器如图 2–20 所示，通常由射频发生器、温度测量装置、护理电极、电缆、中性电极（若有）等组成，其利用电极向顾客传输射频能量，达到局部加热目的。射频类护理仪器将人体组织中电场的电极极性迅速反复改变，从而产生热效应，一方面使胶原纤维受热收缩，另一方面促进胶原纤维增生。此外，温度升高还使酶活性增强，促进甘油三酯从脂肪细胞中分解出来，在酶的作用下分解成甘油和脂肪酸，最终随新陈代谢排出体外。常用射频类护理仪器的电极可分为单极、双极和多极。

（3）红光类护理仪器。红光类护理仪器利用红光波段照射人体某些部位，其作用主要以温热效应为主，可以使深部组织血管扩张、组织充血、血液循环加强、组织营养改善等，具有加速新陈代谢、缓解肌肉痉挛等作用。

（4）超声类护理仪器。超声类护理仪器如图 2–21 所示，主要由主机和声头两部分组成。其中，主机包括电源电路、高频振荡发生器、调制器和定时器四个主要部分。在高频电压作用下，声头内晶体薄片产生机械振动，形成超声波。连续超声波持续辐射声能，均匀作用于机体，产生的热效应大；间断超声波热效应较小，主要发挥机械效应，相对降低了人体组织过热的危险。

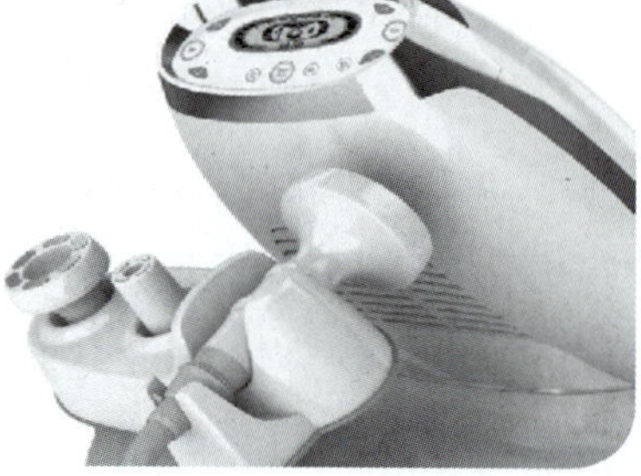

图 2–20　射频类护理仪器

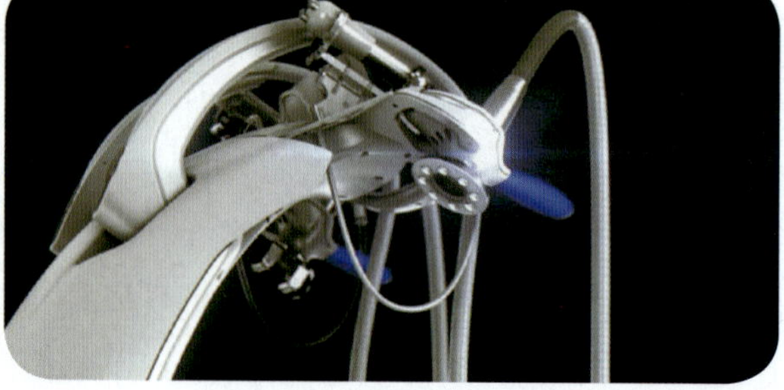

图 2–21　超声类护理仪器

（5）冲击波类护理仪器。冲击波类护理仪器通过冲击波（较高能量的）护理探头与人体皮肤或组织的弹性碰撞，对身体局部进行护理，具有促进循环、激活代谢、松解组织、增加细胞摄氧量等作用。

（6）传导热类护理仪器。传导热类护理仪器通过保持护理温度在小范围内波动，以热传导的方式将热能传递至与护理面接触的人体部位，从而起到促进水肿吸收、改善组织营养、加强组织代谢等作用。

（7）电刺激类护理仪器。电刺激类护理仪器通过不同电流刺激改善血液循环、增强代谢过程，引起神经－肌肉兴奋而出现肌肉收缩反应等。

（8）综合类护理仪器。在实际生产中，许多美容仪器生产厂商会将负压、红光、射频等复合应用在一台用于减肥与塑形的仪器上，以发挥协同作用，提升护理效果。

相关链接

美容行业仪器使用规定

美容行业使用的仪器与医疗美容仪器在作用机理、执行标准、风险控制等方面是完全不同的。具有医疗功效的美容仪器属于医疗器械类产品，需要遵守医疗器械准入制度，申请国家行政部门审批，按Ⅰ、Ⅱ、Ⅲ类分类监管。美容行业禁止使用械字号美容仪器，禁止使用说明书中注明必须由有医疗资质的人员操作的设备。一般而言，不破皮、非深层导入、合法合规进口或有家电使用批文的仪器才可以在美容行业中使用。

4. 美容行业基础减肥仪

（1）电子减肥仪

1）工作原理。电子减肥仪通过低频电流刺激使肌肉收缩、局部血液循环改善等。

2）结构。电子减肥仪主要由主机、导电贴片、弹性绑带三部分组成，如图 2–22 所示。

3）功效

①使神经组织和肌肉组织兴奋，引起肌肉收缩。

②改善局部血液循环。

③增加局部营养、镇痛、消炎等。

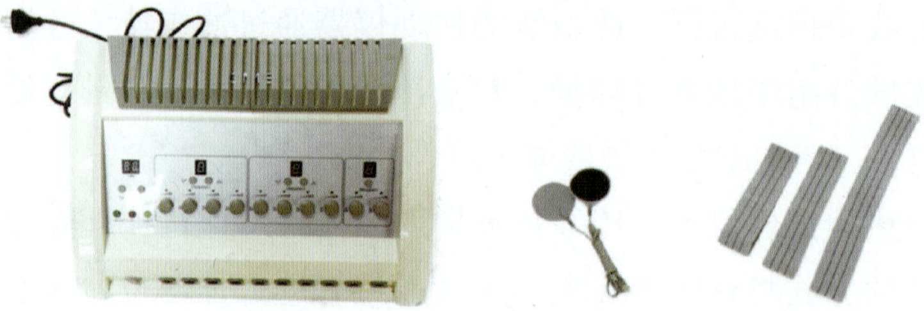

a)　　b)　　c)

图 2-22　电子减肥仪

a）主机　b）导电贴片　c）弹性绑带

4）疗程安排。每部位每次安排 20 ~ 30 分钟，每部位每天最多安排 1 次，每部位每周至少安排 2 ~ 3 次，一般 10 次为一疗程。一般在减肥与塑形按摩后使用电子减肥仪效果更佳。

5）维护保养

①主机。使用完后，将所有开关、旋钮归至起始位置，及时清洁后置于阴凉、干燥、通风处。

②导电贴片。使用完后，拔下导电贴片，对导电贴片及电线进行清洁、消毒，将导电贴片的电线理顺并缠绕整齐，放置于专用收纳容器中。

③弹性绑带。使用过程中，应避免弹性绑带被护理产品污染。使用完后，对弹性绑带进行消毒并折叠整齐，根据尺寸规格分类存放于专用收纳容器中。

（2）振动减肥仪

1）工作原理。振动减肥仪是利用物理振动进行深层按摩的仪器。程式与操作头不同，振动减肥仪的作用也不同。一般而言，低强度主要起到放松作用，中高强度主要起到促进循环、加强代谢等作用。

2）结构。振动减肥仪主要由主机、操作头两部分组成，如图 2-23 所示。

a)　　b)

图 2-23　振动减肥仪

a）主机　b）操作头

3）功效

①促进循环，加强代谢。

②放松肌肉，缓解肌肉疼痛。

③促进肠蠕动，改善便秘。

4）疗程安排。每部位每次安排 10 ~ 15 分钟，每部位每天最多安排 1 次，每部位每周至少安排 2 ~ 3 次，一般 10 次为一疗程。一般在热汽浴、热身运动等后（使全身肌肉温暖、松弛）使用振动减肥仪效果更佳。

5）维护保养

①主机。避免机器空转，使用完后，将所有开关、旋钮归至起始位置，及时清洁后置于阴凉、干燥、通风处。

②操作头。使用前，需套好一次性操作头套。使用完后，用温水或皂乳剂清洁操作头海绵、橡胶或塑胶部分，避免使用酒精、清洁液，否则易导致操作头海绵、橡胶或塑胶部分老化、磨损。对其他部分进行常规清洁、消毒，之后将操作头等配件整理归位。

三、减肥与塑形护理的常规流程

减肥与塑形护理是以量化指标来衡量顾客减肥与塑形效果的一类护理。美容师在为顾客制订减肥与塑形方案、提供减肥与塑形护理时，必须以科学理论为指导，帮助顾客建立正确的观念，了解不同因素对体重、体型等的影响，从而形成对减肥与塑形护理效果的合理预期，既不能采取有损健康的极端减肥与塑形方法，也不能片面夸大减肥与塑形护理效果。

减肥与塑形护理的常规流程遵循一般护理流程，同时要注意关键点的把控。

1. 了解顾客基本情况

在顾客到店前，查阅和交流顾客护理情况、个性化需求等信息。

2. 准备护理间

参照减肥与塑形护理服务标准进行环境（温度、湿度、光线、音乐、气味、装饰等）、饮品及食品、美容推车、美容床、客用物品等准备，护理间中必须配备全身镜、体脂秤、体格测量工具等。

3. 迎接并引领顾客

迎接顾客，并根据情况引领顾客至咨询区域就座，交流减肥与塑形护理项目，或直接引领顾客至护理间。

4. 引领顾客沐浴更衣

5. 顾客情况评估

根据顾客需要进行减肥与塑形护理服务相关评估，并完成评估表格填写等。

6. 准备专门的减肥与塑形产品、工具、仪器

7. 操作护理

减肥与塑形护理一般按照“身体测量—徒手护理—简易工具护理—仪器护理—再次身体测量”的顺序进行。在条件允许的情况下，护理开始前可进行热汽浴、热水淋浴、热水泡浴等，这有助于提高身体核心温度，从而增强减肥与塑形护理效果。

8. 再次引领顾客更衣

9. 交接顾客

10. 整理护理间

技能要求

腹部减肥与塑形按摩

操作准备

1. 准备用品、用具。

2. 对用品、用具及美容师双手进行消毒。

操作步骤

步骤 1　腹部准备

协助顾客仰卧，露出腹部，如图 2–24 所示。

浴巾和毛巾覆盖应整齐、规范，避免非操作部位暴露。

步骤 2　清洁腹部

用毛巾按“Z”字形顺序清洁顾客腹部，如图 2–25 所示。

保持毛巾温度高于操作部位温度；动作轻柔，线路连贯，清洁彻底。若顾客已沐浴，可省略此步骤。

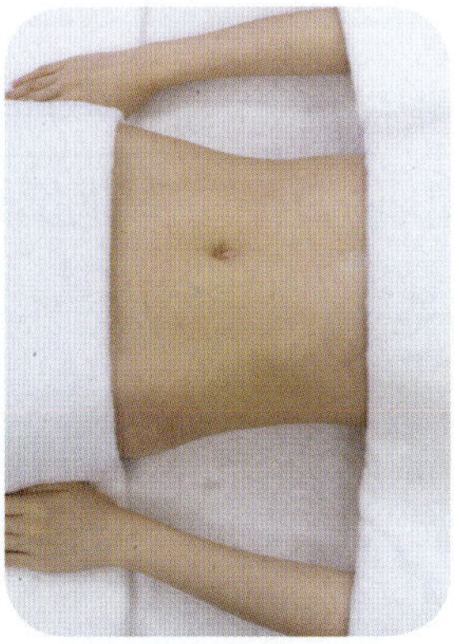

图 2-24 腹部准备

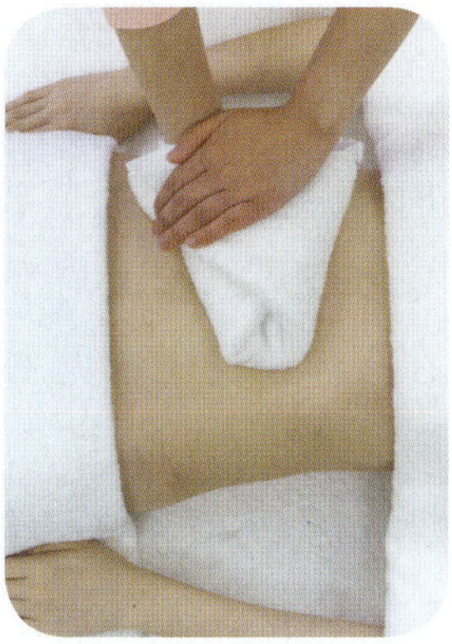

图 2-25 清洁腹部

步骤 3 涂抹产品

将减肥与塑形外用产品均匀涂抹在双手全手掌，站于顾客右侧，面向顾客头侧，左脚在前，弓步站立；双掌平行从脐上开始沿腹前正中线上推至肋骨下缘，沿肋骨分别向两侧下滑至腰部，再上提至腹前正中线，上推至脐上起始位置，循环操作 3 ~ 5 遍，如图 2-26 所示。

双手用力对称、均匀，力度深沉；肘关节自然屈伸，腕关节放松，双手贴合，动作灵活、连贯；身体姿势、步法与手部动作配合，合理运用身体力量。

步骤 4 双掌交替摩腹部

站于顾客右侧；双手以掌摩法交替绕脐周顺时针由内至外做环形摩动，循环操作 3 ~ 5 遍，如图 2-27 所示。

腕关节放松，掌指自然伸直；以肩关节带动肘关节，肘关节带动手掌进行环形摩动；速度稍快，频率为 60 ~ 80 次 / 分钟；力度深沉，以摩动后局部发热、发红为宜；身体姿势、步法与手部动作配合，合理运用身体力量。

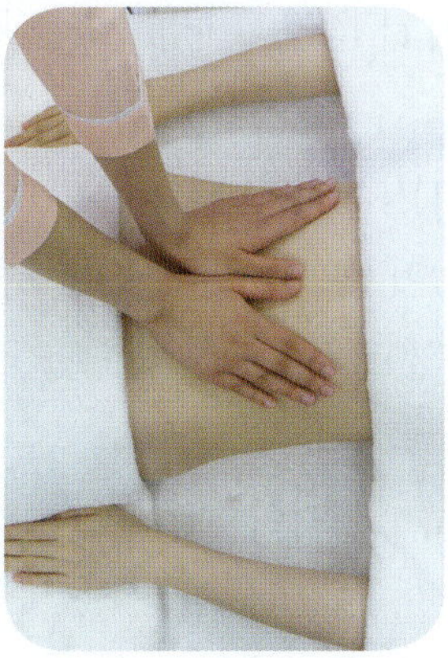

图 2-26 涂抹产品

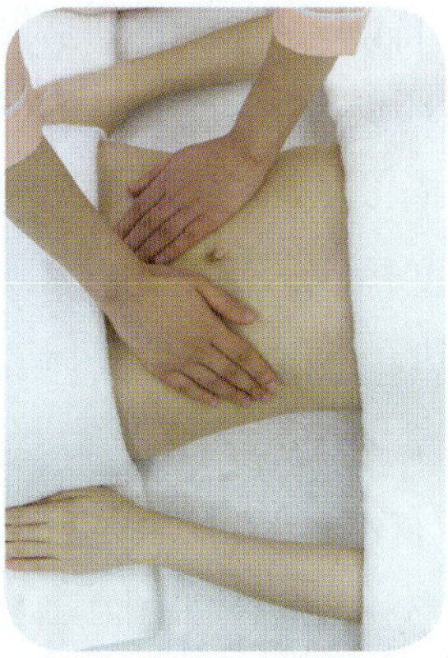

图 2-27 双掌交替摩腹部

步骤 5　一指禅推腹部任脉

站于顾客右侧，沿腹部任脉循行部位逆经一指禅推 3 ~ 5 遍，如图 2–28 所示。

沉肩、垂肘、悬腕；腕关节放松，动作沉稳而有节奏，紧推慢移，自鸠尾穴推至关元穴；身体姿势、步法与手部动作配合，合理运用身体力量。

相关穴位在人体中的位置见书后经络穴位图 1。

步骤 6　拇指按压腹部穴位

站于顾客右侧；选取按压腹部中脘穴、气海穴、关元穴、下脘穴、大横穴、天枢穴、水道穴等穴位，循环操作 3 ~ 5 遍，如图 2–29 所示。

双手拇指重叠下压，力度由轻到重，渐进变化，切忌突然用力；动作沉稳，以按压穴位有得气感为宜；拇指贴合皮肤进行穴位间移动；身体姿势、步法与手部动作配合，合理运用身体力量。

相关穴位在人体中的位置见书后经络穴位图 2。

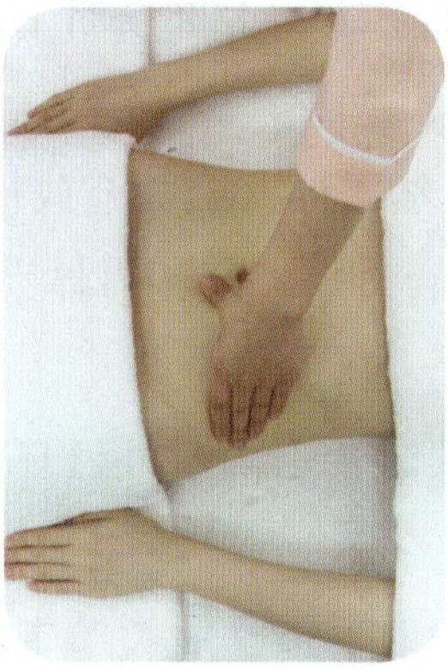

图 2–28　一指禅推腹部任脉

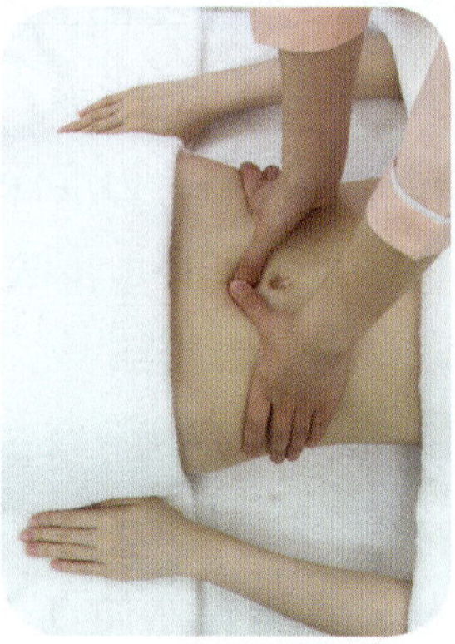

图 2–29　拇指按压腹部穴位

步骤 7　掌揉腹部

站于顾客右侧；右手全手掌贴合腹部，顺时针揉动，同时绕脐周自内而外顺时针移动，循环操作 3 ~ 5 遍，如图 2–30 所示。

腕关节放松；揉动与移动同步进行，绕脐周自内而外呈螺旋形；穴位处可使用掌按法加强；速度稍快，频率为 60 ~ 80 次 / 分钟；力度均匀，动作连续，节律良好，以掌揉后局部发热、发红为宜；身体姿势、步法与手部动作配合，合理运用身体力量。

步骤 8　掌推腹部

站于顾客右侧；双手掌面着力，交替自上而下，沿任脉从鸠尾穴直推至关元穴，循环操作 3 ~ 5 遍，如图 2–31 所示。

全手掌贴合，掌根着力；借助伸肘力量进行直线推动；速度稍快，频率为

60～80 次 / 分钟；力度均匀，动作连续，节律良好，以掌推后局部发热、发红为宜；身体姿势、步法与手部动作配合，合理运用身体力量。

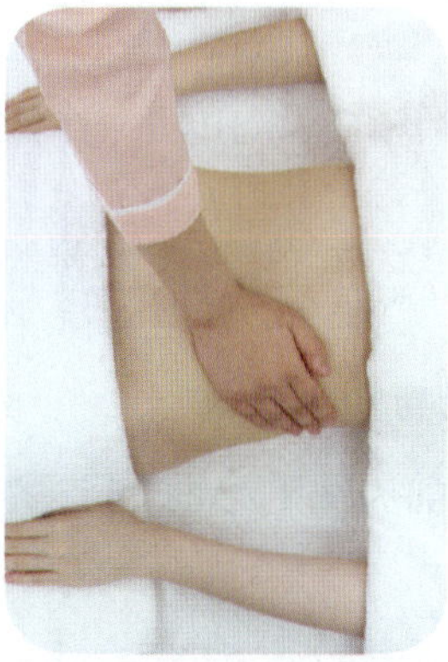

图 2–30　掌揉腹部

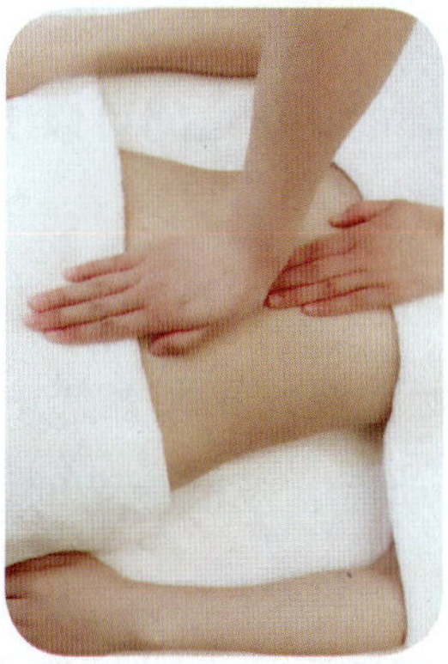

图 2–31　掌推腹部

步骤 9　双手交替揉捏腹部

站于顾客右侧；双手虎口相对，交替前后揉捏腹部，按“Z”字形顺序移动，循环操作 3～5 遍，如图 2–32 所示。

腕关节放松；速度稍快，频率为 60～80 次 / 分钟；力度均匀，动作连续，节律良好，以揉捏后局部发热、发红为宜；避免指甲抠痛顾客；身体姿势、步法与手部动作配合，合理运用身体力量。

步骤 10　双手交替提拉腰部

站于顾客右侧；全手掌交替提拉顾客腰部，每侧循环操作 3～5 遍，如图 2–33 所示。

指尖自背部脊柱旁向上提拉；速度稍快，频率为 60～80 次 / 分钟，力度均匀，动作连续，节律良好，以提拉后局部发热、发红为宜；身体姿势、步法与手部动作配合，合理运用身体力量。

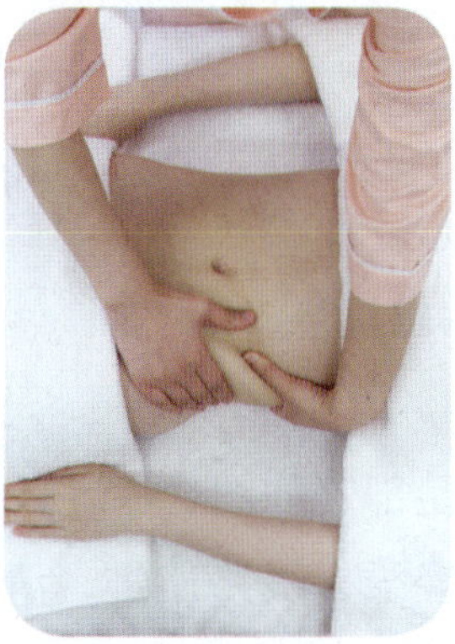

图 2–32　双手交替揉捏腹部

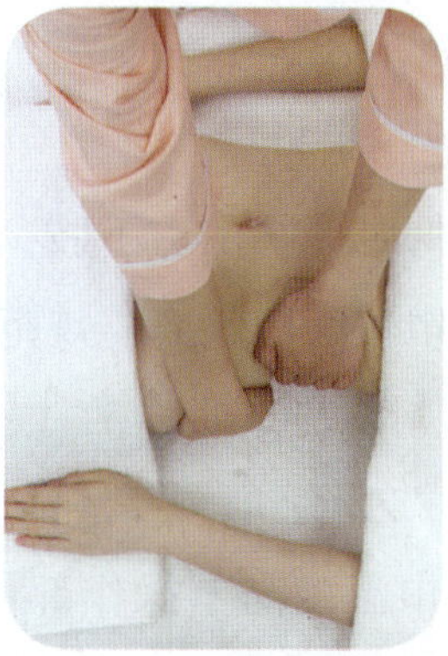

图 2–33　双手交替提拉腰部

步骤 11　按抚

同步骤 3 中的操作（不涂抹减肥与塑形外用产品）。

注意事项

1. 每个步骤的动作之间可以 1 ~ 3 遍按抚动作衔接，由前一个动作止点过渡到后一个动作起点。

2. 有皮肤破损、脊柱损伤、骨折、传染病、严重器质性病变、循环系统疾病、精神疾病等的顾客及妊娠顾客禁止进行腹部减肥与塑形按摩。

3. 剧烈运动后、极度疲劳时、虚弱时、餐前 / 后 1 小时内、醉酒时等不宜进行腹部减肥与塑形按摩。

4. 关注顾客感受，尤其按摩胃部、下腹部周围时力度不宜过重，不可触碰敏感部位，避免操作不当给顾客带来不适感。

5. 应根据顾客情况调整按摩手法，一般认为按摩时向下、向内、向右、离心、逆经络走向、顺时针、频率快、用力重、持续操作时间短多为泻法，反之多为补法。

6. 美容师应通过两脚间距离及伸屈膝运动调节操作高度，腰部挺直，避免弯腰驼背。

7. 操作时，美容师应保持自然呼吸，身体配合手部动作移动重心发力，将身体力量经手臂传达至手部后作用于操作部位。

下肢减肥与塑形按摩

操作准备

同腹部减肥与塑形按摩。

操作步骤

步骤 1　右下肢准备

协助顾客仰卧，露出右下肢，如图 2–34 所示。

浴巾和毛巾覆盖应整齐、规范，避免非操作部位暴露。

步骤 2　清洁下肢

用毛巾按“Z”字形顺序清洁大腿、小腿、足部，如图 2–35 所示。

应保持毛巾温度高于操作部位温度；动作轻柔，线路连贯，清洁彻底。若顾客已沐浴，可省略此步骤。

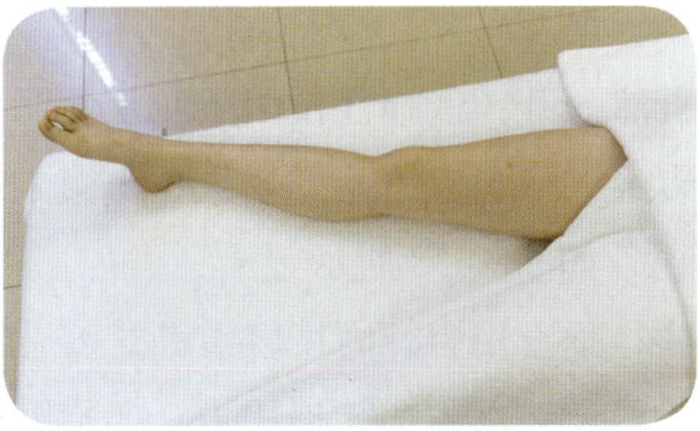

图 2–34　右下肢准备

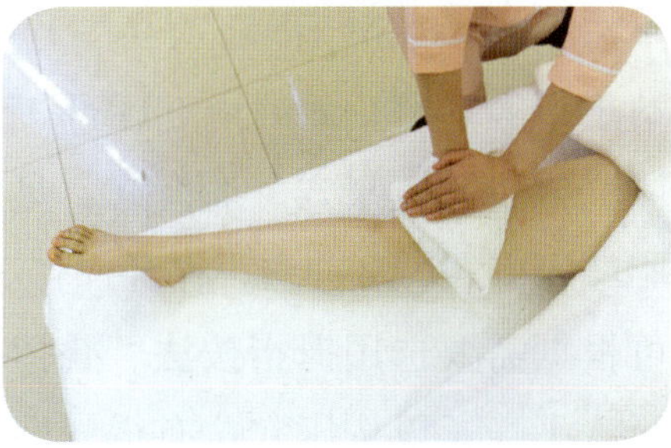

图 2–35　清洁下肢

步骤 3　涂抹产品

将减肥与塑形外用产品均匀涂抹在双手全手掌，站于顾客右侧，面向顾客头侧，左脚在前，弓步站立；双掌平行从足背开始沿下肢前面推至近腹股沟处，从近腹股沟处分别向两侧下滑经脚踝回到起始位置，循环操作 3 ~ 5 遍，如图 2–36 所示。

双手用力对称、均匀，力度深沉；肘关节自然屈伸，腕关节放松，双手贴合，动作灵活、连贯；身体姿势、步法与手部动作配合，合理运用身体力量。

步骤 4　虎口推下肢

站于顾客右侧，面向顾客头侧，左脚在前，弓步站立；双手交替用虎口由足背经胫骨前缘推至髌骨前面，再分内侧、前部、外侧三线，自髌骨前面直推至近腹股沟处，继而腕关节内收，双手掌面分开，虎口保持打开，沿下肢内侧和外侧下拉，经踝关节回到起始位置，循环操作 3 ~ 5 遍，如图 2–37 所示。

虎口打开，四指并拢，手指自然伸直，手掌掌面完全贴合操作部位，以虎口着力于操作部位；借助伸肘力量进行直线推动；速度稍快，频率为 60 ~ 80 次 / 分钟；动作连续，节律良好，力度均匀、深沉；避免触碰腹股沟、会阴等敏感部位；至少保持一手掌不离开操作部位；虎口推后，以局部发热、发红为宜。

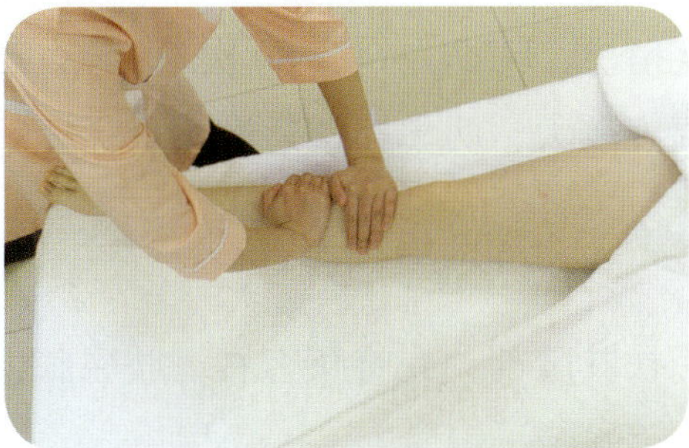

图 2–36　涂抹产品

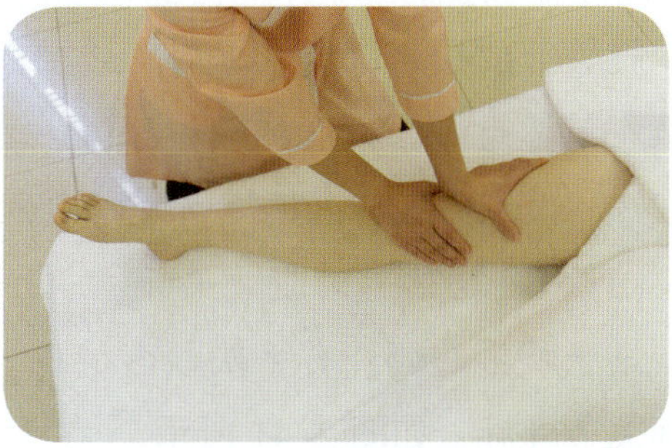

图 2–37　虎口推下肢

步骤 5　拇指按压下肢穴位

站于顾客右侧，面向顾客腿部，双脚自然分开；选择性按压下肢足太阴脾经穴三阴交穴、阴陵泉穴、血海穴，足阳明胃经的伏兔穴、足三里穴、丰隆穴，足少阳胆经风市穴、悬钟穴，循环操作 3 ~ 5 遍，如图 2–38 所示。

可根据需要选用拇指按法、叠拇指按法；垂直用力，力度轻重渐进变化，动作徐缓、平稳，以按压穴位有得气感为宜，忌突然发力或顿挫用力；拇指贴合皮肤进行穴位间移动。

相关穴位在人体中的位置见书后经络穴位图 3。

步骤 6　推挤髌骨

双手拇指、食指分别置于髌骨四周，将髌骨向各个方向推挤，循环操作 3 ~ 5 遍，如图 2–39 所示。

以指腹接触，动作轻柔、缓慢、平稳，尽可能推挤至最大限度。

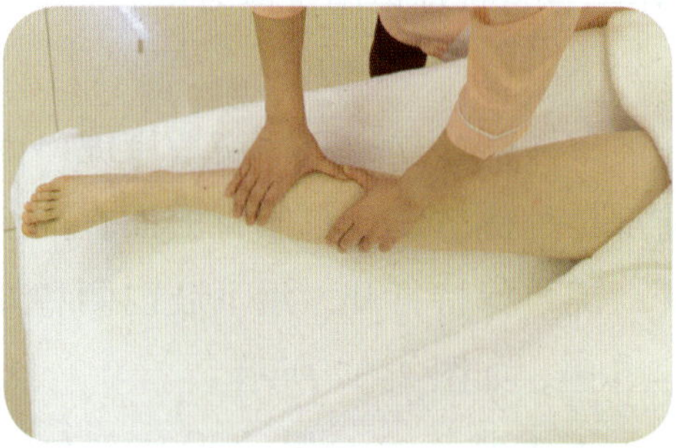

图 2–38　拇指按压下肢穴位

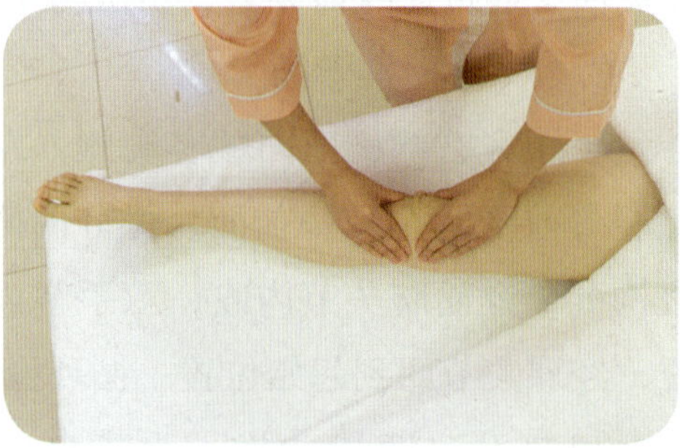

图 2–39　推挤髌骨

步骤 7　双手交替揉捏大腿前部

站于顾客右侧，面向顾客大腿前部，双脚自然分开；双手虎口相对，交替前后揉捏大腿前部，并按“Z”字形顺序移动，循环操作 6 ~ 10 遍，如图 2–40 所示。

腕关节放松、沉肩、垂肘、转腰；速度稍快，频率为 60 ~ 80 次 / 分钟；动作连续，节律良好，力度均匀、深沉；动作幅度较大，两掌捏持适度，以揉捏后局部发热、发红为宜；避免指甲抠痛顾客。

步骤 8　屈膝并外旋髋关节

站于顾客右侧，右手扶顾客足跟，左手扶其膝部，先将顾客右下肢屈膝，再将髋关节外旋，如图 2–41 所示。

在顾客关节活动承受范围内扳动，动作平稳、缓慢。

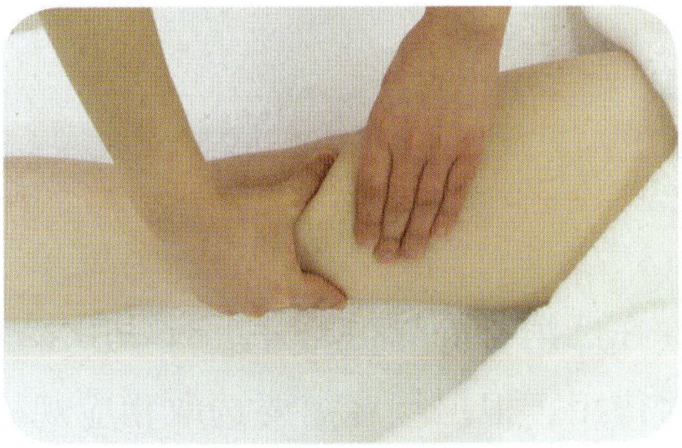

图 2-40　双手交替揉捏大腿前部

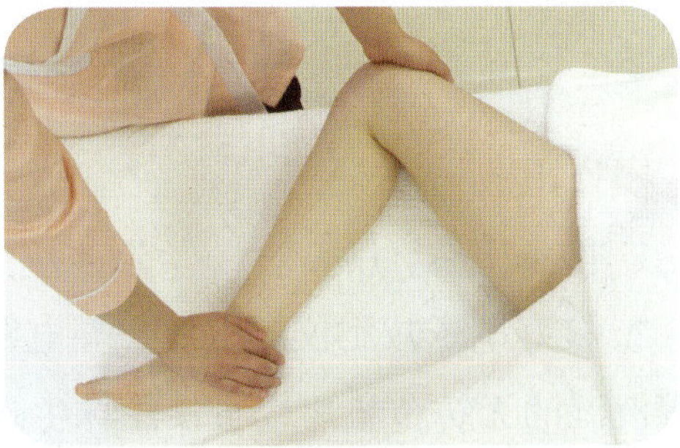

图 2-41　屈膝并外旋髋关节

步骤 9　掌推大腿内侧

站于顾客右侧，面向顾客股骨长轴方向；左手扶于膝关节处，右手以掌推法分 2 ~ 3 线自髌骨内缘直推至近腹股沟处，循环操作 3 ~ 5 遍，如图 2-42 所示。

全手掌贴合，掌根着力；借助伸肘力量进行直线推动；速度稍快，频率为 60 ~ 80 次 / 分钟；动作连续，节律良好，力度均匀、深沉；避免触碰腹股沟、会阴等敏感部位；以掌推后局部发热、发红为宜。

步骤 10　下肢归位

站于顾客右侧，右手握顾客小腿远端，左手扶其膝部，先将髋关节内旋，再使右下肢伸直，如图 2-43 所示。

动作平稳、缓慢。

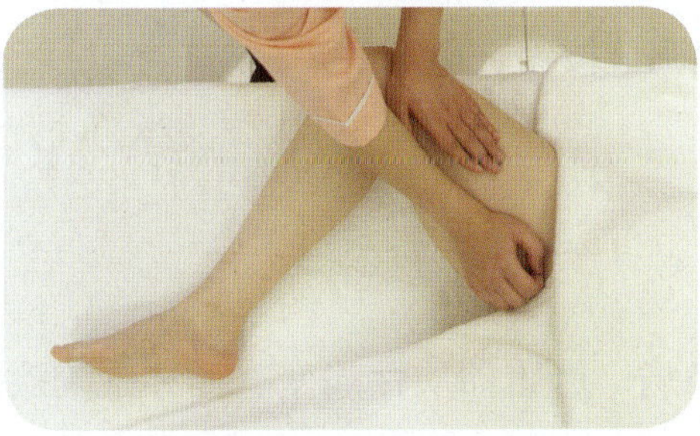

图 2-42　掌推大腿内侧

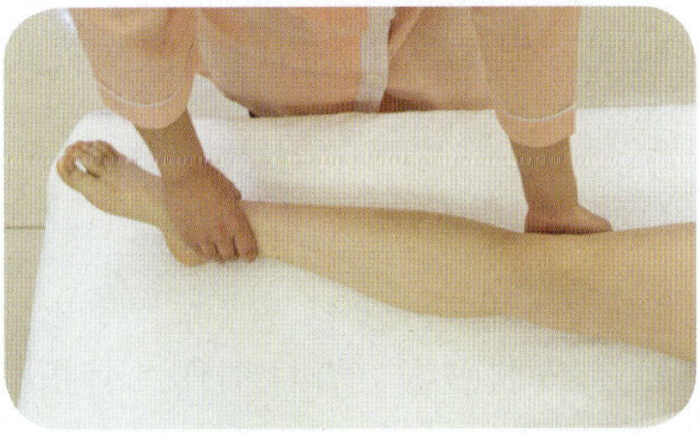

图 2-43　下肢归位

步骤 11　按抚

同步骤 3 中的操作（不涂抹减肥与塑形外用产品）。

步骤 12　按摩左下肢

换左下肢进行按摩，按摩基本步骤同步骤 1 ~ 11，注意换左侧站立。

注意事项

参考腹部减肥与塑形按摩。

电子减肥仪操作

操作准备

1. 准备用品、用具。

2. 接好电子减肥仪的电源、导电贴片，在已消毒的导电贴片上衬贴用生理盐水等浸湿的无纺布垫片或直接涂抹生理盐水待用，根据顾客需要选取相应规格的弹性绑带待用。

3. 对用品、用具及美容师双手进行消毒。

操作步骤

步骤 1　测量并记录操作部位的围度

步骤 2　做好操作部位准备

步骤 3　清洁操作部位

步骤 4　涂抹产品

步骤 5　放置导电贴片

先放置弹性绑带，之后将导电贴片位置排布好，再用弹性绑带进行固定。导电贴片排布位置如图 2–44 所示。

步骤 6　调节机器

开机前，再次确认机器各调节按钮已归零；开机时，依次打开电源，调节程式、时间、强度等；关机时，依次关闭强度调节按钮、电源等。

步骤 7　拆卸导电贴片

步骤 8　测量并记录分析

注意事项

1. 有皮肤破损、脊柱损伤、骨折、传染病、严重器质性病变、循环系统疾病、精神疾病等的顾客，妊娠顾客，体内有人工装置的顾客禁止进行电子减肥仪护理，女性经期前 2 ~ 3 日腹部禁用电子减肥仪。

2. 剧烈运动后、极度疲劳时、虚弱时、餐前 / 后 1 小时内、醉酒时等不宜使用电子减肥仪。

3. 电流调节要由弱到强循序渐进，避免突然过强对人体产生强烈刺激。

4. 导电贴片之间、电线之间、电线与导电贴片之间切勿接触。

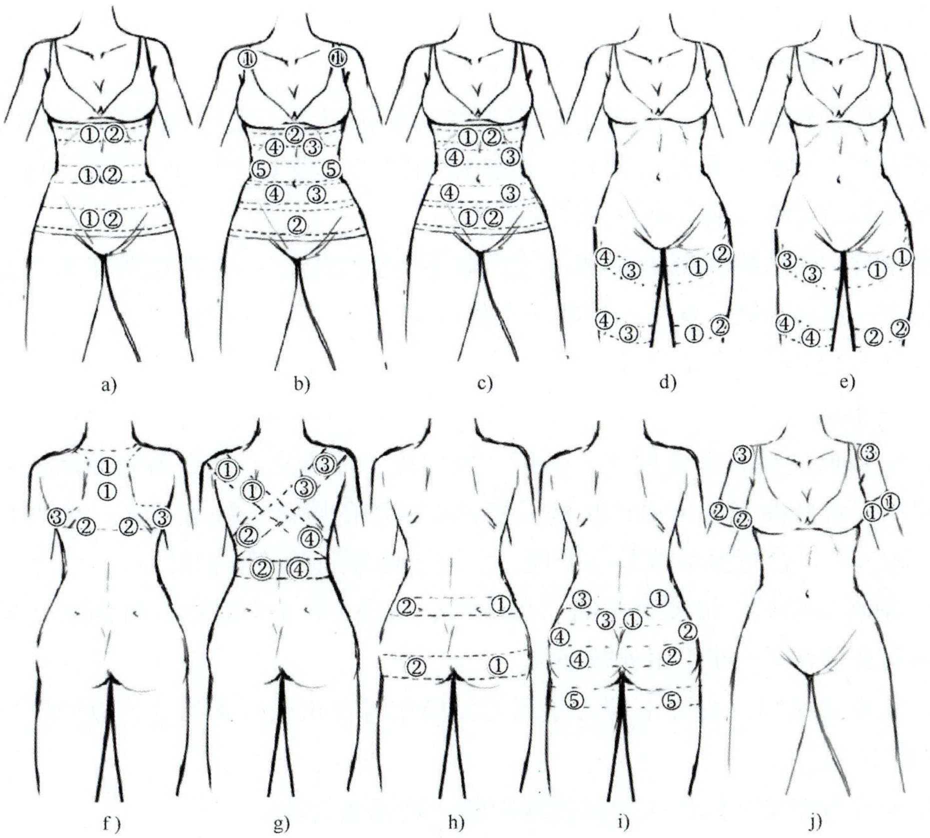

图 2-44　导电贴片排布位置

a）腹部一般收缩　b）腹部向心收缩　c）腹部腹直肌收缩
d）腿部纵式放置收缩　e）腿部斜式放置收缩　f）背部一般收缩
g）背部加强收缩　h）臀部一般收缩　i）臀部加强收缩　j）手臂收缩

振动减肥仪操作

操作准备

1. 准备用品、用具。
2. 将仪器接好电源。
3. 对用品、用具及美容师双手进行消毒。

操作步骤

步骤 1　测量并记录操作部位的围度

步骤 2　做好操作部位准备

步骤 3　选择操作头并装配待用

步骤 4　清洁操作部位

步骤 5　涂抹产品

步骤 6　调节机器

步骤 7　操作护理

一手持操作头，另一手配合操作头移动推拉组织。先缓慢轻拖、柔和振动，以起到舒缓、放松、预热等作用；再根据局部强化需要更换操作头、调节强度，进行深入振动按摩；最后进行适度放松。

操作时，需依操作部位轮廓进行，双手协调配合。一般操作顺序为“大腿前面—腹部—腰部两侧—背部—臂部—大腿后面”。

步骤 8　测量并记录分析

注意事项

1. 有皮肤破损、脊柱损伤、骨折、脱臼史、传染病、严重器质性病变、循环系统疾病、静脉曲张、出血性疾病、精神疾病等的顾客，妊娠顾客，体内有人工装置的顾客禁止进行振动减肥仪护理，女性经期禁用振动减肥仪。

2. 剧烈运动后、极度疲劳时、虚弱时、餐前 / 后 1 小时内、醉酒时、操作部位毛发茂密时等不宜使用振动减肥仪。

3. 美容师平时应加强上肢力量练习，操作时在正确位置站立，以便更好地控制和使用仪器。

4. 避免频繁更换操作头导致护理中断，破坏连贯性。

5. 根据护理目的选择合适的操作头、程式等。

6. 操作时应避开皮下组织薄弱的部位（如关节部位、骨性突出部位），在四肢上操作时应沿静脉回流方向由远端向近端进行。

7. 强度调节要由弱到强循序渐进，避免突然过强对人体产生强烈刺激。

思考题

1. 人体形态美的标准、影响因素有哪些？
2. 美容领域常用人体测量点有哪些？
3. 美容行业减肥与塑形产品有哪些？其主要功效是什么？
4. 美容行业减肥与塑形护理有哪些？其主要功效是什么？
5. 美容行业减肥与塑形护理的常规流程是什么？
6. 腹部、下肢减肥与塑形按摩的操作准备、操作步骤与注意事项是什么？
7. 电子减肥仪的功效是什么？
8. 振动减肥仪的功效是什么？

培训项目 3 美胸

培训单元 1 乳房生理知识

培训重点

掌握乳房的结构。

了解乳房的形状。

掌握完美乳房的标准。

知识要求

一、乳房的结构

女性乳房的结构如图 2-45 所示。

1. 外部结构

（1）乳头。乳头也称奶头，女性乳头是重要的性感带，具有哺乳功能。乳房的中心部位是乳头，正常乳头呈筒状或圆锥状，两侧对称，表面呈粉红色或棕色。乳头直径为 0.8 ~ 1.5 cm，其上有许多小窝，为输乳管开口。乳头表面覆盖复层鳞状角质上皮，上皮层很薄。乳头由致密的结缔组织及平滑肌组成。平滑肌呈环形或放射状排列。当遇到性刺激或机械刺激时，平滑肌收缩，可使乳头变硬、凸起。

（2）乳晕。乳头周围皮肤色素沉着较深的环形区是乳晕。乳晕的直径为 3 ~ 4 cm。乳晕色泽各异，青春期多呈玫瑰红色，妊娠期、哺乳期因色素沉着而颜色加深，呈深褐色。乳晕部皮肤有毛发和腺体，腺体分为汗腺、皮脂腺和乳腺。

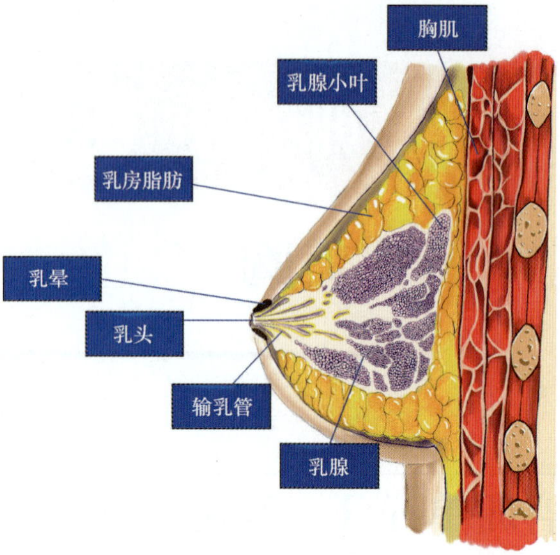

图 2–45　乳房的结构

其中，皮脂腺又称乳晕腺，是乳晕上一些明显的小突起，较大而表浅，用来分泌油脂。分泌的油脂具有保护皮肤、润滑乳头及婴儿口唇的作用。

（3）乳房体。乳房体是指肉眼能看到的整个乳房，乳房皮肤在腺体周围较厚，在乳头、乳晕处较薄。

2. 内部结构

女性乳房的内部结构可分为乳腺、输乳管、肌肉、脂肪、血管、淋巴管、神经、纤维组织等。

（1）乳腺和输乳管。乳腺和输乳管是紧密相连的。乳腺由 15 ~ 20 个腺叶组成，每一腺叶分成若干个腺小叶，每一腺小叶又由 10 ~ 100 个腺泡组成。这些腺泡紧密地排列在小乳管周围，腺泡的开口与小乳管相连。多个小乳管汇集成小叶间乳管，多个小叶间乳管再进一步汇集成一根输乳管。输乳管共 15 ~ 20 根，以乳头为中心呈放射状排列，汇集于乳晕，开口于乳头（称为输乳孔）。输乳管在乳头处较为狭窄，继之膨大为壶腹，这个壶腹部位称为输乳管窦，输乳管窦有储存乳汁的作用。乳腺若发育好，则妊娠、哺乳时增大的组织仍能保持弹性。

（2）肌肉和脂肪。女性的乳房大小取决于胸大肌的发达程度，胸大肌对胸部肌肉组织起关键作用。胸大肌宽阔，就能囤积脂肪体，激活细胞生成。胸部逐渐隆起是靠发达的胸大肌和皮下脂肪，而且首先要使胸大肌发达，以支撑皮下脂肪，再逐渐增加皮下脂肪。

乳房内的脂肪组织呈囊状包于乳腺周围，形成一个半球体，这层囊状的脂肪组织称为脂肪囊。脂肪囊的厚薄可因年龄、生育等而有很大的个体差异。乳房中含有大量的脂肪，脂肪组织的多少是决定乳房大小的重要因素之一。

（3）血管、淋巴管和神经。乳房内分布着丰富的血管、淋巴管和神经，它们对乳腺起到供应营养及维持新陈代谢的作用，具有重要的外科学意义，特别是在治疗乳腺癌时是手术实施的依据。

乳房的血液供应主要来自腋动脉的分支、胸廓内动脉的肋间分支及降主动脉的肋间血管分支。乳房的静脉回流分深、浅两组。浅静脉分布在乳房皮肤下，多汇集到胸廓内静脉（内乳静脉）及颈前静脉；深静脉有胸廓内静脉肋间支、肋间静脉及腋静脉分支，汇入无名静脉、奇静脉、半奇静脉、腋静脉等。当发生乳腺癌血行转移时，进入血行的癌细胞或癌栓可通过以上途径进入上腔静脉，向肺或其他部位转移；也可经肋间静脉进入脊椎静脉丛，向骨骼或中枢神经系统转移。

乳房的淋巴引流主要有腋窝淋巴结、内乳淋巴结、锁骨上 / 下淋巴结、腹壁淋巴管及两乳皮下淋巴网的交通等途径。其中，最重要的是腋窝淋巴结和内乳淋巴结，它们是乳腺癌淋巴转移的第一站。

乳房部位的神经中，除感觉神经外，还有交感神经纤维随血管走行分布于乳头、乳晕和乳腺组织。乳头、乳晕处的神经末梢丰富，感觉敏锐，因此当发生乳头皲裂等症状时，疼痛剧烈。

（4）纤维组织。纤维组织对乳房起支撑和固定作用。

二、乳房的形状

根据乳房前突的长度、张力、弹性，乳房的形状可分为圆盘形、半球形、圆锥形、下垂形和圆球形。

1. 圆盘形

圆盘形乳房如图 2–46 所示，其乳轴高度（乳房基底面到乳头的高度）为 2 ~ 4 cm，小于乳房基底部周围半径，乳房稍有隆起，其形态像一个翻扣的盘子，胸围环差约为 12 cm，看上去不算丰满，着衣时难见乳房形状。圆盘形乳房多见于青春发育初期的少女。

2. 半球形

半球形乳房如图 2–47 所示，是在中国女性中较为常见的一种。这种形状的乳房乳轴高度（4 ~ 6 cm）等于乳房基底部周围半径，胸围环差约为 14 cm，属于较美观的乳房，着衣时可见乳房形状。

图 2–46　圆盘形乳房

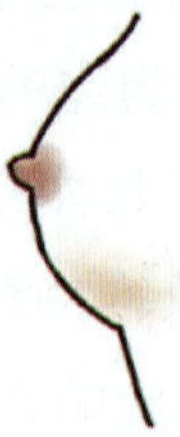

图 2–47　半球形乳房

3. 圆锥形

圆锥形乳房如图 2–48 所示，其乳轴高度（6 ~ 7 cm）大于乳房基底部周围半径，胸围环差约为 16 cm，乳房前突且上翘，无论着何种服装，都能显现乳房的丰腴感。

4. 下垂形

下垂形乳房如图 2–49 所示，其乳轴高度更大，呈下垂形态。

5. 圆球形

圆球形乳房如图 2–50 所示，是在西方女性中较为常见的一种。这种乳房呈圆球状，乳轴高度为 7 ~ 8 cm，乳房肌肉发达，乳头朝外。

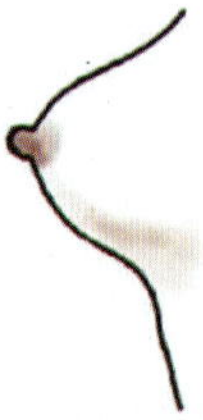

图 2–48　圆锥形乳房

图 2–49　下垂形乳房

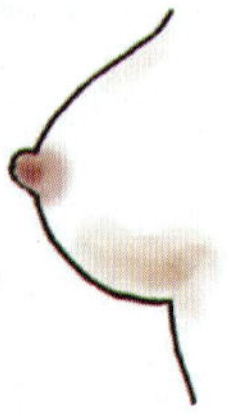

图 2–50　圆球形乳房

三、乳房的功能

乳房是哺乳动物共同的特征，一般成对生长，两侧对称。人类乳腺仅有胸前的一对，来源于外胚层。自出生后，乳房发育经历幼儿期、青春期、性成熟期、妊娠期、哺乳期、绝经期等不同时期。在经历了青春期之后，乳腺组织结构已趋完善，进入性成熟期。在每个月经周期中，随着卵巢内分泌激素的周期性变化，乳腺组织也发生周而复始的增生与复旧变化。妊娠期与哺乳期是育龄妇女的特殊生理时期，此时乳腺为适应特殊的生理需求而发生一系列变化。自绝经期开始，卵巢内分泌激素逐渐减少，乳房的生理活动也日趋减弱。

乳房的功能主要体现在性成熟期、妊娠期、哺乳期及以后的一段时期，具体有以下几种。

1. 美感功能

乳房是女性第二性征的重要标志，也是女性体态美感的所在。一般来讲，乳房在月经初潮之前 2 ~ 3 年即开始发育，也就是说在 10 岁左右就已经开始生长，是最早出现的第二性征，是女孩青春期开始的标志。乳房是女性形体美的一个重要组成部分，拥有一对丰满、对称而外形漂亮的乳房是女性健美的标志。

2. 哺乳功能

哺乳是乳房基本的生理功能。乳房是哺乳动物所特有的哺育后代的器官，乳腺的发育、成熟都是为哺乳活动做准备。在产后大量激素的作用及婴儿的吸吮刺激下，乳房开始有规律地产生并排出乳汁，供婴儿成长发育所需。

3. 性辅助功能

在性活动中，乳房是女性除生殖器以外最敏感的器官。在触摸、爱抚、亲吻等性刺激下，乳房的反应可表现为乳头勃起，乳房表面静脉充血，乳房胀满、增大等。随着性刺激的加大，这种反应会加强，至性高潮来临时，这些变化将达到顶点，消退期则逐渐恢复正常。乳房在整个性活动中占有重要地位。无论是在性欲唤起阶段还是在性兴奋来临之时，轻柔地抚弄、亲吻乳房都可以刺激性欲，使性兴奋感不断增强。

四、乳房的四个影响期

1. 青春期

女性的青春期一般开始于 13 ~ 15 岁，也可能更早或更晚。女孩的性发育从乳腺发育开始，一般 2 ~ 3 年后，月经初潮来临。月经来潮是女性性器官和乳腺发育进入成熟期的标志。月经初潮来临后，大多数女性的乳腺仍会继续发育 1 ~ 2 年，直至达到成年人成熟的乳房形状。女性乳房从开始发育到成熟一般要经历 4 ~ 6 年的时间。乳房发育的早晚、快慢，发育过程的长短及发育的程度，存在很大的个体差异。乳房发育大致可分以下几个阶段：

（1）10 岁以前，还没有进入青春期，男女乳房基本无差异；

（2）10 ~ 12 岁，女性乳房开始隆起，出现乳晕；

（3）12 ~ 13 岁，女性整个乳房的腺体、乳晕进一步发育，乳房隆起、增大，乳头和乳晕也相继增大，颜色加深；

（4）13～15岁，乳晕区的腺体进一步发育，在膨隆的乳房上突出，乳房明显高出胸部；

（5）15～16岁，乳头大而突出，乳房成熟，乳晕略显，继续增大则呈半球形，线条清晰。

在发育过程中，有些女孩的乳房会有膨胀感，甚至感到疼痛或触痛，这是正常现象。另外，由于这一时期的乳腺对激素的敏感程度是不同的，因此乳房不同部位的腺体发育可能是不均衡的，有的局部可出现小结节，随着乳腺进一步发育，这些小结节会自然消失。

2. 妊娠期

在妊娠期，乳房会发生很大的变化。第一个明显变化发生在乳晕区。妊娠期，乳晕区扩大，色素沉着加重，乳头由粉红色变为黑褐色，或由褐色变为黑色；乳晕处的皮脂腺肥大而隆起，好像一个个小丘疹，或形成许多圆形结节状突起，即蒙哥马利腺（或称蒙氏结节、蒙氏小体），它们分泌一种可以润滑和保护乳头的物质。

乳房和乳头增大是妊娠后可以见到的第二个明显变化，乳头受刺激时也极易勃起。孕妇会感到乳房肿胀不适，或胀痛、触痛，或触到结节。有的孕妇乳房可出现皮纹，与腹部皮肤的妊娠纹相似；有的孕妇可在乳房表皮下看到纤细或稍有扩张的静脉血管。

妊娠期乳房的一系列变化与体内激素的变化有关。

3. 哺乳期

乳腺的发育、成熟都是为哺乳活动做准备。生产过后，由于泌乳素的产生，乳汁不断涌入乳房小泡中，乳房因此而胀痛。乳汁不会自动流入输乳管，必须靠婴儿的吮吸才能从输乳管中引出。输乳管一畅通，乳汁就充满整个乳腺小叶，乳房就如同海绵吸满了水，比不怀孕时更大。

随着规律哺乳的建立，产妇的乳房会规律地充盈、排空，再充盈、再排空。哺乳期应注意卫生、保健，避免发生感染等问题。在断乳数日后，乳腺进入复旧期，历时3～6个月，方可恢复至非妊娠时的状态。哺乳后，乳房不似哺乳前那样坚挺，常呈悬垂状。若乳腺复旧不完全，则可出现乳腺增生、输乳管扩张等病变。

4. 更年期

在更年期，女性卵巢不再分泌雌激素，从而不再对乳房有刺激作用，且随着年龄的增长，乳房的组织细胞渐渐衰老，乳房渐渐萎缩。

五、完美乳房的标准

1. 标准

（1）大小。有人以为乳房越大越好，其实不然，不论从美观性还是对生活的影响来看，乳房大小必须与身材相匹配才算完美。

（2）外形。半球形、圆锥形的乳房属于外形较理想的乳房。

（3）位置。乳房应位于第 2 至第 6 肋间，乳头应位于第 4 肋间。此外，两锁骨中间凹陷的地方和两个乳头的连线若能呈正三角形，则形态较理想、完美，如图 2–51 所示。

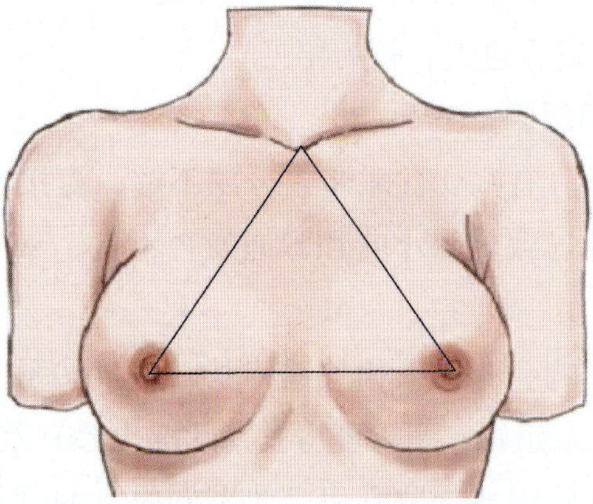

图 2–51　乳房的位置

（4）手感。乳房应柔软而富有弹性。乳房由脂肪和乳腺组织构成。乳腺组织的韧性比脂肪高，但手感没有脂肪理想。因此，脂肪的比例越高，乳房的手感越好，越有弹性。

（5）乳头及乳晕外观。调查显示，多数人认为理想的乳头、乳晕应是粉褐色的。理想的乳头为均匀的圆柱状，不凹陷，且略向上仰，两侧对称，一般直径为 0.6 ~ 0.8 cm。

2. 计算方式

中国女性标准胸围参考值计算方式为：

参考值 = 胸围 ÷ 身高

参考值小于等于 0.49，则表明胸部太小。

参考值大于 0.49 且小于 0.53，则表明胸部标准。

参考值大于等于 0.53 且小于等于 0.6，则表明胸部美观。

参考值大于 0.6，则表明胸部过大。

一般以参考值等于 0.53 计算标准胸围。对于 1.6 m 的成熟女性，标准胸围是 84.8 cm；对于 1.7 m 的成熟女性，标准胸围是 90.1 cm。

六、乳房发育不良的症状和原因

1. 乳房发育不良的症状

（1）小乳房。乳房较小，胸部扁平。

（2）乳房不发育。乳房扁平。

（3）乳房不对称。乳房一边丰满，一边较小。

（4）乳头内陷。乳头不能突出，内陷于乳晕之中。

（5）巨乳房。乳房发育过大，较为罕见。

2. 乳房发育不良的原因

（1）激素分泌不足。有些女性雌激素分泌不够，直接影响输乳管的生长发育及乳腺末端的分支，并导致乳腺小叶和腺泡发育不良，从而使乳房发育受到直接的影响。

（2）遗传因素的影响。有的人相关遗传基因来自父系，有的人相关遗传基因来自母系，因此就算是亲姐妹，两人乳房发育状况也会有差异。

（3）乳腺闭塞。乳腺闭塞导致乳房吸收不到应有的营养，乳房组织新陈代谢不畅，气血两亏，影响乳房细胞再生和发育。

（4）过早束胸。有些女性由于心理障碍而过早把胸部束起来，或穿着过紧的乳罩，导致乳房发育不良。

（5）姿势不正确。驼背、弯腰、抱肩、伏坐、趴睡等不正确的姿势会影响乳房的生长发育。

（6）青春期乳房发育过快或产生心理障碍。青春期少女乳房发育过快，脂肪组织过度增长，也会导致乳房过早下垂，即乳房早衰。青春期由于缺乏性知识和少女羞涩而产生的心理障碍也会导致内分泌紊乱，从而影响乳房生长发育。

（7）不恰当的减肥。发胖以后，每次不恰当的减肥都会对乳房的外形产生不良影响。随着脂肪的减少，特别是快速减肥时，乳房会变小，并出现下垂现象。

（8）皮肤、皮下脂肪和肌肉的影响。有些女性由于皮肤结构特殊、皮下脂肪疏松、胸部肌肉发育不良等，而出现乳房松弛、发育不良或下垂现象。

（9）粗野、猛烈的外力。乳房遭受粗野、猛烈的外力挤压或外伤时，会产生淤滞性病灶和肿瘤，而出现过早衰老现象。

（10）营养不良。营养不良会影响乳房正常发育。

女性乳房会随着年龄增长而慢慢下垂，因此可做适当的胸部按摩。由于 30 岁以后，女性体内雌激素处于相对较高的水平，因此易患各种乳腺疾病。需注意的是，乳房自检的时间应在月经来潮后的第 9 ~ 11 天，淋浴时进行更佳。

培训单元 2　中医对乳房生理功能的认识

培训重点

了解中医对乳房的认识。

熟悉胸部主要穴位。

知识要求

一、脏腑与乳房

对乳房及乳房疾病的认识在现存最早的中医典籍《黄帝内经》中已有记载，后世医家也多有论述。例如，“男子乳头属肝，乳房属肾；女子乳头属肝，乳房属胃”指出了乳房的经络归属；“妇人乳有十二穰”指出了乳房的解剖结构；“冲任为气血之海，上行则为乳，下行则为经”指出了乳汁的生成来源；“妇人以冲任为本，若失于将理，冲任不和，或风邪所客，则气壅不散，结聚乳间，或硬或肿，疼痛有核”指出了冲任不和是乳房疾病的重要发病因素。

中医认为，乳房健康与肝胃两经、冲任二脉是否通调关系密切。成年女性发生乳腺增生、结节等问题，多与肝气郁结、脾虚痰凝有关，所谓“思虑伤脾，恼怒伤肝，郁结而成也”。女性乳房发育和成熟则与肾的先天精气和脾胃的后天水谷之气是否充盈有关。有观点认为，先天肾气是否旺盛对乳房发育是否完全有着决定性的作用。

二、经络、穴位与乳房

1. 经络

中医理论认为，经络是运行气血、联系脏腑和体表及全身各部的通道，是人体功能的调控系统。乳房与足厥阴肝经和足阳明胃经关系密切，还与足少阴肾经、足太阴脾经、任脉和冲脉有一定的关系。因此，经络是否通畅直接关系女性乳房是否健康。

（1）足厥阴肝经。肝主疏泄藏血，起疏通气血及调节血流量的作用。中医理论认为，女子以血为本，女子的生理特点决定其要消耗大量的血液，而乳房由血来濡养。肝血不足，则产妇乳少；肝失疏泄，则乳房胀痛，甚至形成肿块。

足厥阴肝经主要经过的胸部穴位为期门穴，按摩期门穴可以帮助重塑胸部，改善乳房松弛、外扩等现象。

（2）足阳明胃经。胃为后天之本，是消化系统的重要组成部分，与脾一样是水谷化生之源。乳汁由脾、胃水谷之精华所化生。脾、胃气壮，则乳汁多而浓；反之，则少而淡。若脾、胃运化失司而痰浊内生，痰湿蕴结于乳房胃络，则可致病。

足阳明胃经主要经过的胸部穴位为屋翳穴、膺窗穴、乳中穴、乳根穴。

（3）足少阴肾经。肾为先天之本，主生长发育，主水液，主纳气，主骨生髓，通于脑。肾经是否充盈关系乳房是否健康。肾气衰则天癸竭，乳房也即衰萎。肾阴虚可致乳痨。疏通肾经可以缓解胸痛、咳嗽、气喘、呕吐、乳痈等症状。

足少阴肾经主要经过的胸部穴位为俞府穴、彧中穴、神藏穴、灵墟穴、神封穴、步廊穴。

（4）足太阴脾经。脾主运化，为后天之本，起温暖五脏、吸收并运送胃部消化物质、帮助生成身体细胞等作用。脾是水谷化生之源，乳房的健康程度与脾的水谷化生、气血运行息息相关，调理脾经可以使女性乳房更健康。

足太阴脾经主要经过的胸部穴位为周荣穴、胸乡穴、天溪穴。

（5）任脉。任脉能调节月经，促进女性生殖，具有理气活血通络、调节神经系统和消化系统功能等作用，经常按摩有保健、祛病功效。

任脉经过胸部的膻中穴。

（6）冲脉。冲脉能调节气血，促进生殖。

女性冲脉起于子宫中，往下至阴道，通过外阴，与足少阴肾经相并，沿着肚脐向上，扩散于胸部。

2. 穴位

（1）膻中穴。膻中穴在胸部前正中线上，与第 4 肋间相平，为两乳头连线之中点。膻中穴与女性激素分泌有非常密切的关系。

（2）期门穴。期门穴在乳头正下方、第 6 肋间、胸部前正中线旁开 4 寸的位置。经常按摩期门穴能缓解神经痛，还具有通乳、缓解乳房疼痛的作用。

（3）天池穴。天池穴在胸部第 4 肋间、乳头外 1 寸、胸部前正中线旁开 5 寸的位置。按摩天池穴能促进胸部周围血液循环，有利于胸部健康。

（4）屋翳穴。屋翳穴在胸部第 2 肋间、胸部前正中线旁开 4 寸的位置。屋翳穴与乳房经络循环有关，经常按摩有利于丰胸。

（5）中府穴。中府穴在胸部第 1 肋间、锁骨下窝外侧、胸部前正中线旁开 6 寸的位置。按摩中府穴具有缓解气喘、咳嗽及清肺热等功效。

（6）天溪穴。天溪穴在胸部第 4 肋间、乳头连线外延约 2 寸的位置。按摩天溪穴可以理气止咳、宽胸通乳。

（7）乳根穴。乳根穴在乳头正下方、第 5 肋间的位置。乳根穴是缓解产后缺乳的重要穴位，经常按摩可以通经活络、行气解郁并促进乳汁分泌。

以上胸部主要穴位在人体中的位置如图 2–52 所示。

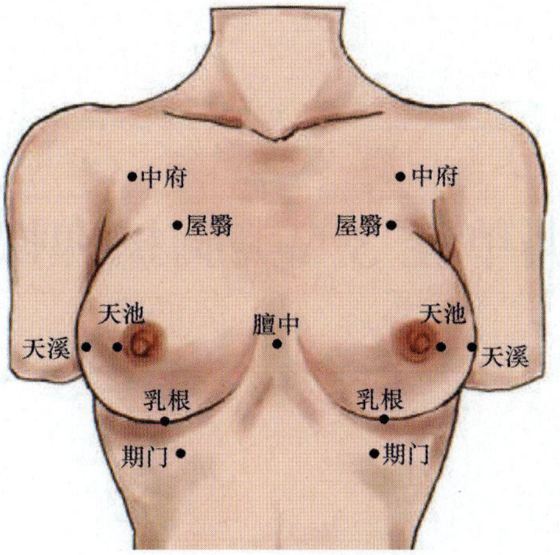

图 2–52　胸部主要穴位

三、气血津液与乳房

气血津液是脏腑正常生理活动的产物，受脏腑支配，同时又是人体生命活动的物质基础。气血津液发生病变不仅会影响脏腑的功能，而且会影响人体生命活动。反之，脏腑发生病变，必然会影响气血津液。气血津液辨证可分为气病辨证、血病辨证和津液病辨证。

1. 气与乳房

“夫乳汁乃气血所化，在上为乳，在下为经，若冲任之脉盛、脾胃之合壮，则乳汁多而浓，衰则少而淡。”气是乳房维持正常生理功能的基础，气机失常是导致乳房疾病的重要因素。气机失常是指气的升降出入失去平衡，可分为气滞（气的运行、流通有障碍）、气逆（气上升太过或下降不及）、气陷（气的上升力量不足而下陷）、气闭（气的出入受阻）、气脱（气失内守而散逸于外）。

2. 血与乳房

血循行于脉中，富有营养，是构成人体并维持人体生命活动的基本物质之一。血的物质基础一是来源于肾精，二是来源于水谷化生的营气和津液。在生理上，“乳房多关乎血”，“乳汁乃气血所化”；在病理上，乳房疾病多与血虚、血热、血瘀有关。

3. 津液与乳房

津液是体内一切正常水液的总称。津液来源于饮食，经脾胃运化之后产生水谷精微的液体部分，注入经脉，输布全身，营养机体。津液具有滋润濡养的作用，能促进乳房充分发育。中医理论认为，津停痰凝发为乳癖，即津液停止或凝聚会导致乳房产生肿块。

培训单元 3　美胸护理操作

培训重点

了解美胸按摩的作用。

能够熟练进行美胸按摩。

知识要求

一、美胸护理的流程

美胸护理的流程如下：

- 测量胸围、乳头至胸骨中线的距离、乳头至锁骨的垂直距离；
- 使用洁肤产品清洁胸部；
- 使用去角质产品去除胸部老化角质；
- 使用爽肤水清洁、滋润胸部皮肤；
- 使用美胸按摩膏（霜、乳等）进行按摩；
- 使用美胸仪器 10 ~ 15 分钟；
- 涂抹胸膜，注意避开乳头；
- 约 15 分钟后，清洁胸部；
- 涂抹胸部专用营养剂，并进行适度按抚。

二、美胸按摩的目的

美胸按摩是美胸护理的重要环节。当乳房发育异常或出现松弛、下垂、萎缩、衰老等现象时，进行美胸按摩可以改善乳房状况，使乳房变得坚挺、丰满、富有弹性。

三、美胸按摩的分类

美胸按摩分为自我美胸按摩和专业美胸按摩。

1. 自我美胸按摩

（1）点穴。点按乳房相关穴位。

（2）揉按。由乳根往乳头方向揉按，以疏通乳腺。

（3）推脂肪。脂肪具有流动性，可将手臂、背部和腹部脂肪往胸部推。

2. 专业美胸按摩

美容师可通过美胸产品、美胸仪器、专业美胸手法等使顾客胸部状况得到改善。

四、美胸按摩的作用

美胸按摩的作用包括：

- 强健胸肌和结缔组织，使胸部饱满坚挺，不易下垂，增加胸部弹性；
- 改善胸部结节状况，促进气血通畅；
- 促进毒素排出，使乳晕变红；
- 宽胸理气，改善胸闷；
- 促进胸部血管通畅，预防乳腺肿块生成。

技能要求

测量胸部

操作步骤

步骤 1　准备软尺。

步骤 2　请顾客放松而笔直地站立，双脚并拢，脸朝向正前方，微微抬起下颚。

步骤 3　测量上胸围时，以乳点为测量点，用软尺水平测量胸部最丰满处一周；测量下胸围时，用软尺水平测量胸底部一周。测量时，应将软尺水平地圈在相应部位，由松到紧地慢慢收紧软尺。

美胸按摩

操作步骤

步骤 1　将按摩精油倒在手心，双手合掌涂抹均匀，开始展油，即双手由中间向乳房两边打圈，一般操作 2 ~ 3 次，直到整个乳房涂有精油，注意避开乳头，如图 2–53 所示。

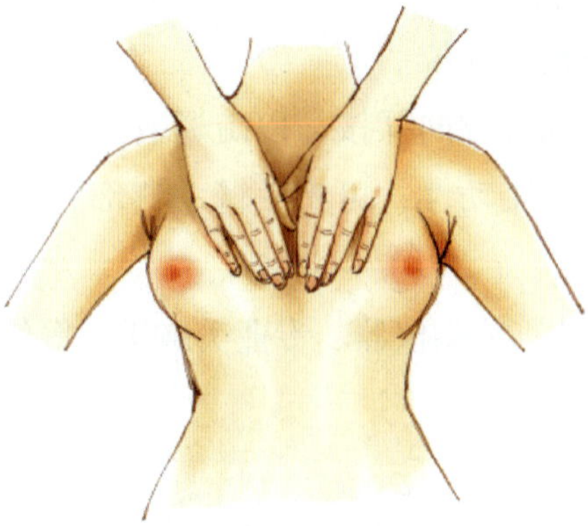

图 2–53　展油

步骤 2 对膻中穴、乳根穴、天池穴、屋翳穴、期门穴等乳房穴位进行点穴，如图 2–54 所示。

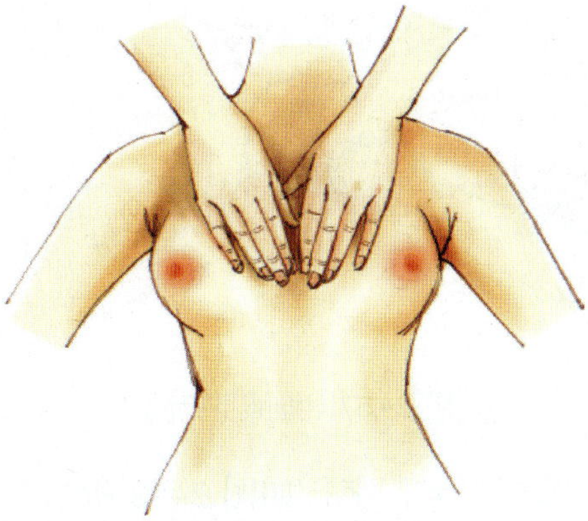

图 2–54 点穴

步骤 3 双手掌由内向外打圈至腋窝，提升韧带，如图 2–55 所示。

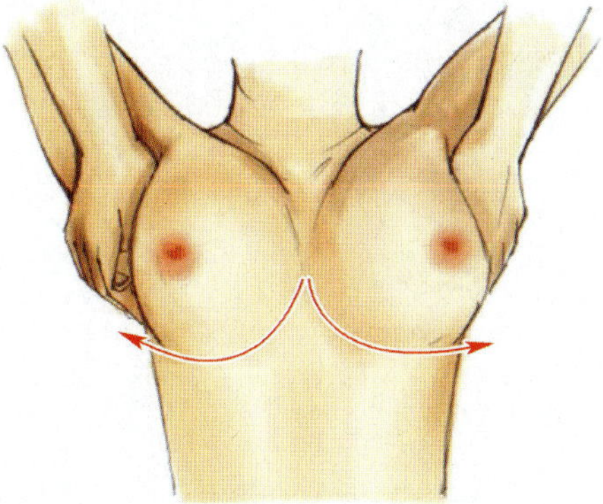

图 2–55 打圈

步骤 4 双手掌由外向内提捏乳房，如图 2–56 所示。

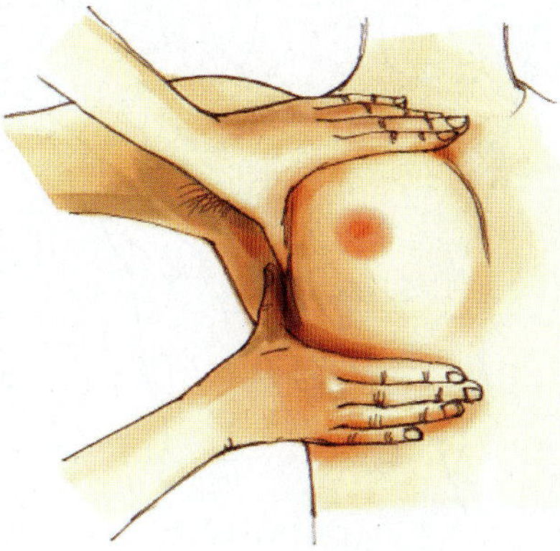

图 2–56 提捏乳房

步骤 5 用四指中部关节将脂肪由腋下推至胸部，如图 2–57 所示。

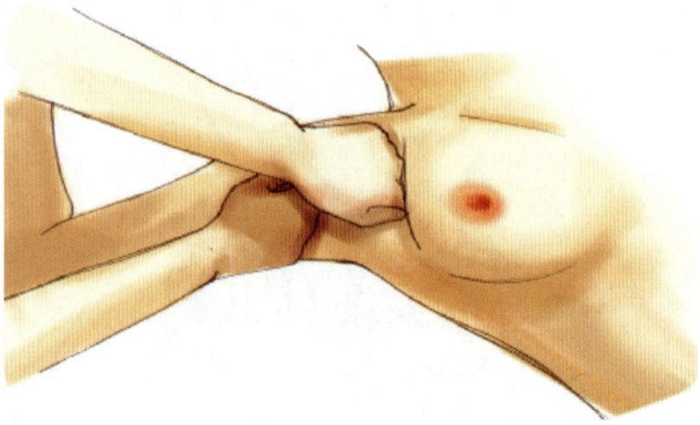

图 2–57 推腋下脂肪

步骤 6 双手掌在胸部打“∞”字，如图 2–58 所示。

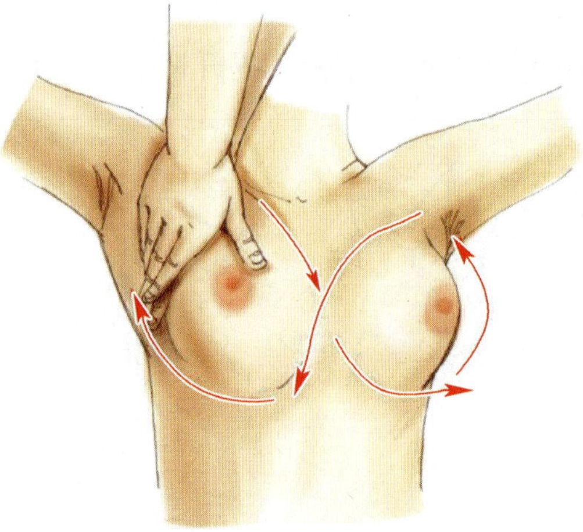

图 2–58 打“∞”字

步骤 7 双手掌交替由外向内、由下向上提拉乳房，如图 2–59 所示。

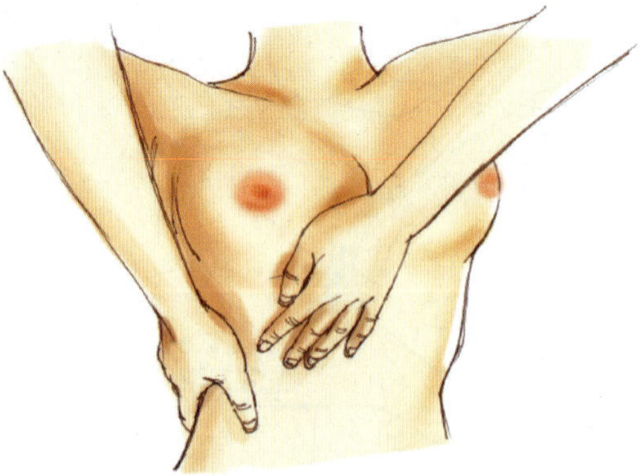

图 2–59 提拉乳房

步骤 8 双手交替由背部向胸部提拉乳房，将背部脂肪推至胸部，如图 2–60 所示。

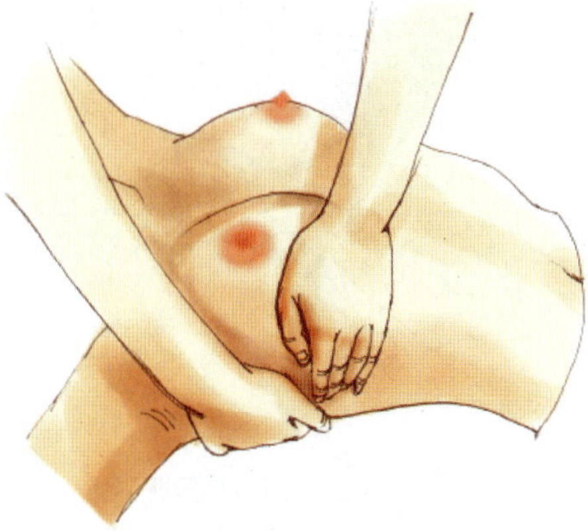

图 2–60 推背部脂肪

步骤 9 用掌根由腋下往胸部推胸大肌，如图 2–61 所示。

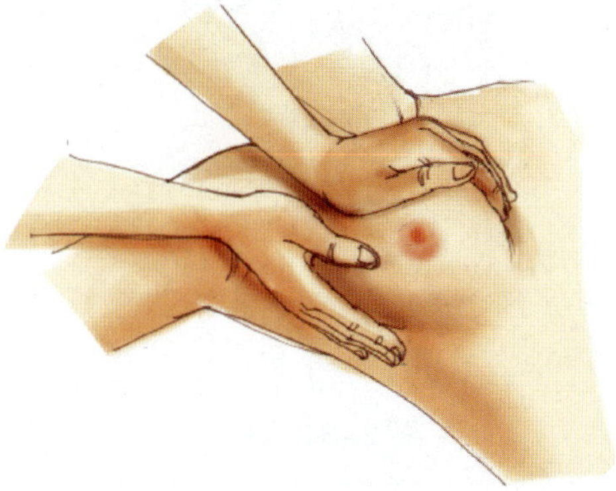

图 2–61 推胸大肌

步骤 10 抬起顾客手臂，双手交替将手臂多余的脂肪推至胸部，如图 2–62 所示。

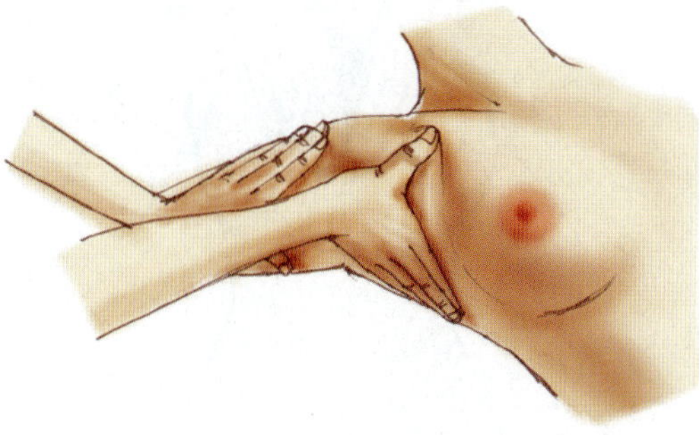

图 2–62 推手臂脂肪

步骤 11 双手交替将顾客腹部多余的脂肪推至胸部，如图 2–63 所示。

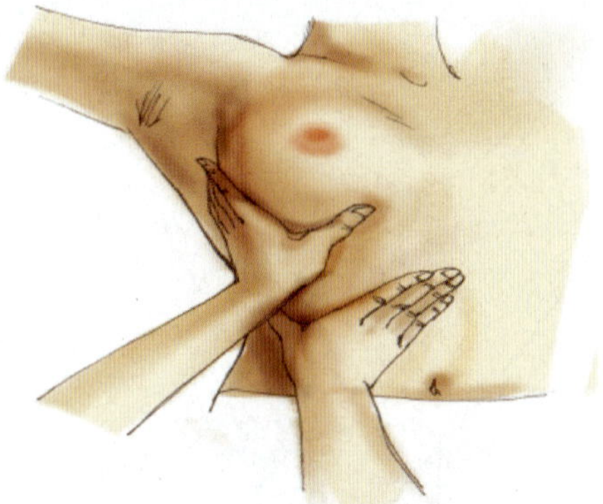

图 2–63 推腹部脂肪

步骤 12 双手握住乳房，停留 3 ~ 5 秒，进行胸部轮廓定型，如图 2–64 所示。

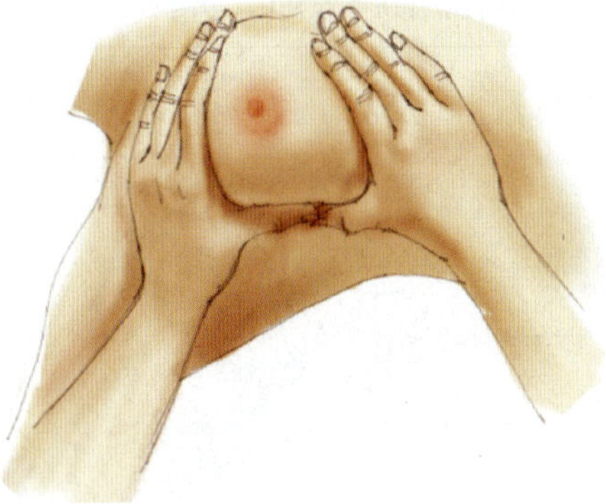

图 2–64 定型

步骤 13 打圈结束，如图 2–65 所示。

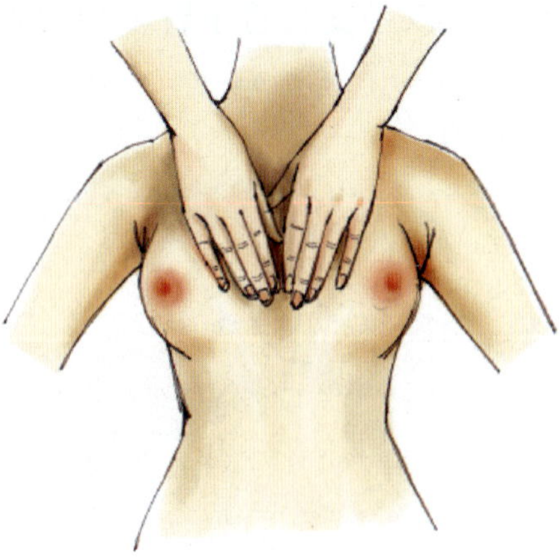

图 2–65 打圈

注意事项

1. 怀孕或哺乳期妇女，患有严重高血压或心血管疾病的女性，胸部皮肤有炎症、湿疹、溃疡等的女性不宜做美胸按摩；腋下淋巴结肿大者、有肿块者不宜做美胸按摩。

2. 做美胸按摩时，要避开乳头。

3. 做美胸按摩后，出现局部微红、微胀的感觉属正常情况。

4. 两侧乳房按摩的力度、时间相同，如果双乳大小不一样，那么要侧重按摩小的一边。

5. 美胸按摩要有渗透力，力度适合顾客要求。

培训单元 4　美胸用品、仪器

培训重点

熟悉美胸用品、仪器。

能够使用微电脑美胸仪进行美胸护理。

知识要求

一、美胸用品

1. 美胸用品的主要成分

美容师运用按摩、敷膜等方式，可以使含特殊活性成分的外用美胸产品更好地被顾客皮肤吸收，从而促进乳房发育，并能给予胸部结缔组织以适度刺激，帮助弹性纤维恢复原状，提升胸部，使乳房结实丰满。美胸用品的主要成分见表 2–13。

表 2–13　美胸用品的主要成分

类别	主要成分	作用
精油	基础油：荷荷巴油、甜杏仁油	润滑皮肤
	丝柏、蛇麻草、欧芹、绿薄荷、天竺葵等	促进循环、紧实乳房
	白松香、大蒜、葡萄柚、迷迭香等	消解疖和肿块
中草药	香附、柴胡、白芍、陈皮、枳壳等	疏肝、理气、解郁
	当归、川芎、乳香、桃仁、红花、丹参等	活血化瘀
	猫爪草、莪术、三棱、路路通等	通络散结
其他	维生素 E、蜂王浆、胶原蛋白、胎盘提取液等	补充营养、促进循环

2. 美胸用品的特点

美胸用品的种类包括美胸霜、美胸油、美胸精华素、美胸凝胶等，其中，美胸霜的产品性能较好，它便于使用与储存，易于涂抹，附着性及渗透性均较强。美胸霜、美胸油含油分较多，适合年老者及干性皮肤者。美胸凝胶适合油性皮肤者。美胸精华素可通过超声波导入，以提升效果。

3. 美胸用品使用注意事项

部分美胸用品中含有雌激素，相较其他成分，雌激素具有比较明显的丰乳效果，但是这一类产品不宜长期使用。雌激素在刺激乳房发育的同时容易引起如卵巢功能紊乱、乳腺衰弱、月经不调、色素沉着、皮肤表层变异等问题。儿童和孕妇禁止使用美胸用品。

二、微电脑美胸仪

1. 原理

微电脑美胸仪利用振动、热能、模拟人体生物电的微电流等刺激细胞更新再生，加速胸部血液循环，增强胸部纤维组织的韧性，促进胸腺发育，从而改善胸部松弛、下垂、萎缩、外扩等现象。使用微电脑美胸仪时，常配合使用美胸用品以增强效果。

2. 结构

微电脑美胸仪的结构如图 2–66 所示，其主要部件是乳腺检测头、魔指按摩头、月牙头、丰胸杯。

（1）乳腺检测头。乳腺检测头可以检测整个胸部的通透度，观察是否有阴影，越不通透，说明顾客的胸部堵塞越严重。另外，乳腺检测头检测时显示的静脉越

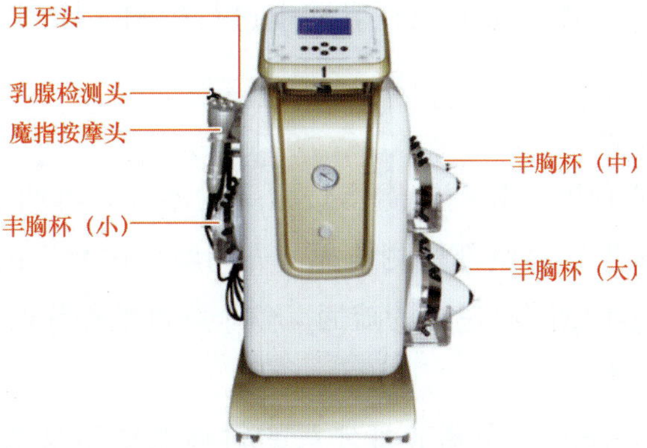

图 2–66 微电脑美胸仪

粗、越明显、越没有规则，说明胸部排毒代谢功能越差；颜色越深，说明血液杂质越多，越容易造成堵塞。

（2）魔指按摩头。魔指按摩头通过振动和散发热能发挥作用。魔指按摩头通过振动可以深层按摩胸部，起到化瘀散结的作用；通过散发热能可以加速代谢、促进循环，起到活血化瘀的作用。

（3）月牙头。月牙头利用模拟生物电流，帮助激活细胞再生。月牙头是模仿人的虎口设计的，能帮助游离的脂肪集中。模拟生物电流可以激发人体机能，改善血液循环和新陈代谢，促进细胞的再生和恢复能力。

（4）丰胸杯。国内美容院使用的微电脑美胸仪的丰胸杯杯口大多适合亚洲女性的胸型，吸附力适中，可以吸附外扩、游离的脂肪，还附有六点穴位微电按摩功能，能疏通乳腺，改善乳腺增生。

技能要求

微电脑美胸仪护理

操作步骤

步骤 1　准备

连接好仪器，用酒精消毒每个配件，让顾客取下身上所有的金属物品。

步骤 2　检测

打开仪器电源，使用乳腺检测头进行检测。先打开乳腺检测头下方的开关，再按亮度调节键调节亮度，最后放在乳房上进行检测。检测完毕，关掉乳腺检测头开关。

步骤 3　振动按摩

根据顾客的适应程度，先调节魔指按摩头的温度，再调节振动模式；将仪器调整为工作状态；根据顾客胸部检测情况，先用魔指按摩头进行有针对性的疏通，再用魔指按摩头进行手厥阴心包经的疏通。整个胸部的操作时间为 10 分钟。

步骤 4　电流刺激

根据顾客的适应程度，先调节月牙头的射频能量和温度，再调节电流强度；将月牙头放置在顾客胸部，以胸部疏通提升手法为主进行操作，操作时重点将其他部位的脂肪推向胸部。整个胸部的操作时间为 10 分钟，针对胸部外扩者可适当延长 5 分钟。

思考题

1. 乳房的结构是什么？
2. 乳房的标准位置是什么？
3. 乳房的功能有哪些？
4. 乳房的四个影响期是什么？
5. 什么是完美的乳房？
6. 美胸护理的流程是什么？

培训项目 4　水疗与 SPA

培训单元 1　水　　疗

培训重点

了解水疗的历史、应用领域。

掌握水疗的概念、基本原理、功效、分类及注意事项。

知识要求

地球约 71% 的表面被水覆盖，水是生命之源，包括人类在内的所有地球生物都离不开水。自古代文明开始，人们便不断探索和尝试利用水来维护身体健康。不同状态、不同内容物的水被应用于身体局部或整体的辅助治疗，水疗方法与按摩、运动、药物等方法紧密结合，被用于预防和解决各类健康问题，水疗发展史也始终与医学发展史交织在一起。

随着时代变迁、社会发展和科技进步，水疗应用虽几经沉浮，但最终在实践中不断前行。如今，水疗既是医学治疗领域的一种重要技术手段，也是养生保健、美容美体、休闲娱乐等领域的一种广受欢迎的方式。

一、水疗的概念

狭义上，水疗仅指体外水疗，是以保持或重建健康为目标，以医学理论为基础，利用存在于水中的化学物质或水的物理变化，借助专门的工具、设备等进行的各种体外物理治疗方法。广义上，水疗还包含体内水疗，如饮水疗法、灌肠疗法等。

二、水疗的历史

1. 欧美

（1）古典时代。水疗应用至少可以追溯到它作为洗浴、放松、关节炎及外伤治疗手段被史料记载之前，在最古老的医疗记载中就出现过局部水疗的记录。水经常被用于溶解洗浴剂、泥敷剂、膏药和其他草药制剂等。早期，水的作用还与精神世界和宗教信仰紧密联系。

（2）中世纪。欧洲中世纪早期，水疗发展受限，只有大型温泉浴池和简单浴室使用。欧洲中世纪晚期，人们对水疗的兴趣日益浓厚，富有的人们在私人城堡的浴室里洗浴，女士们还用草药或鲜花泡浴、用玫瑰水冲洗。

（3）近现代。到了近现代，水疗依然是新型疾病的首选治疗方法，矿泉浴也继续为人们所喜爱。利用矿泉水洗浴、热罨、泥敷、灌肠等，以及非矿泉水水疗法对全身循环的疗效为人们所熟知。欧洲贵族们出现健康问题时常光顾水疗馆，无数商人投资洗浴业。

随着西方医学理论基础逐步由巫术与宗教向理性转变，洗浴和矿泉水的疗效逐步被归因为水中成分或水加热后的温度效应。19 世纪，奥地利农民文森特·普利斯尼茨（1799—1851 年）将各种水治疗方法集中起来，形成自然治疗哲学“水疗”。非医学人士、专业医生都开始应用水疗，水疗方法也不断得到丰富，水疗与饮食、锻炼、按摩等相互结合，成为当时的一种健康潮流。在普利斯尼茨之后，巴伐利亚传教士塞巴斯蒂安·克内普（1821—1897 年）将草药、锻炼、新鲜空气、营养和情绪治疗与水疗相结合，称其为自然疗法。

水疗复兴时期，欧洲社会上层人士使水疗时间得以延长：典型水疗要持续 24 周，每周做 3 天，每天做 2 次，每天总计 3 小时。欧洲社会上层人士做水疗不仅为了治疗疾病、呼吸新鲜空气、享受明媚阳光，还有展示自己地位的目的。欧洲社会上层人士在做水疗的同时还进行按摩或参加各种娱乐活动，并根据医生建议成为水疗的固定顾客。

19 世纪的最后 25 年，由于传统医疗行业强烈反对水疗，且水疗需要耗费大量时间，并对饮食、锻炼等都有严格的要求，水疗开始在欧美衰落，但一些开设水疗机构的非医学人士继续将水疗与按摩等自然疗法结合起来挑战传统医疗方法。

20 世纪，富人们渐渐由接受水疗转为前往温泉胜地。虽然不是主流医学的一部分，但是水疗仍然在医学治疗领域以外的水疗馆、公共浴室、疗养院、体育俱乐部等地方得到应用。

20 世纪 60 年代末 70 年代初是美国基础科学研究的黄金时代，随着人们对健康和自然生活方式的追求，水疗不仅重新回归主流医学，还广泛地应用于水疗中心、物理治疗诊所、脊柱按摩诊所、健身中心等。

2. 中国

水疗在中国有着源远流长的历史，众多古代典籍中都有关于水疗的记载。

早在商朝甲骨文中，就有洗头为“沐”、浸身为“浴”、冲水为“澡”、洗手为“盥”、泡脚为“洗”的记载。

西周时期，沐浴成为礼仪的重要组成部分。在当时的社会交往中，沐浴除秽不仅关乎个人清洁卫生，还成为社会文明的良好风尚。《周礼》中还有关于“药浴”的记载。马王堆汉墓出土的成书于战国时期的《五十二病方》中记录了药浴法、烟熏或蒸气熏法、按摩法等多样化的治疗方法。屈原《九歌・云中君》中的诗句“浴兰汤兮沐芳”表达了“水煮兰草，人浴其中，以沐芳馨”的意境。

汉朝沐浴之风相沿不衰，《汉官仪》记载“五日一假洗沐，亦曰休沐”，即皇帝安排官员每五天放假一天，让官员们回家沐浴更衣，以便保持体肤洁净。这也是我国历史上第一个以沐浴为理由设置的法定假日。中国最早的医学典籍《黄帝内经》则记载了热汤洗浴、烫熨、浴法等。

西晋张华的《博物志》中有“人中酒不解，治之以汤，自渍即愈，汤亦作酒气味也”，这描述了用温水擦洗身体来解酒的方法。东晋葛洪的《肘后方》记录了手浴、足浴、全身冲洗浴、温水浸洗伤口（促使毒物排出，治疗虫螫伤）等方法。

唐朝最有名的洗浴池即华清宫中的华清池，诗人白居易在《长恨歌》中有“春寒赐浴华清池，温泉水滑洗凝脂”的描述。唐朝的医药典籍中也有关于水疗的记述。孙思邈的《千金方》中有冷水浴、坐浴的记载，陈藏器的《本草拾遗》中有“冻疮不瘥，热汤洗之”的论述，王焘的《外台秘要》中有局部淋射疗恶疮方与局部热水浸泡疗脚转筋及浑身转筋方的介绍。

北宋寇宗奭的《本草衍义》中有“四时暴泄痢，四肢冷，脐腹疼，深汤中坐，浸至腹上，频频作之，生阳佐药，无速于此”的记述，介绍了坐浴治疗泄泻的方法。

元朝齐德之的《外科精义》中针对治疗疮疡有“夫溻渍疮肿之法，宣通行表，发散邪气，使疮内消也”的记述。危亦林编撰的《世医得效方》还介绍了“局部溻敷”及“置病人于水中”退热，以及“每夜用盐涂擦腿膝至足甲，淹少时，却用热汤泡洗”这一治疗脚气的水疗方法。

明朝楼英编撰的《医学纲目》中记录了“冷水搭胸法”。

清朝吴贞在《伤寒指掌》中介绍了水溃法，即在让病人服药的同时，配合冷水局部溻敷降温。中国医学史上第一部外治专著《理瀹骈文》（又名《外治医说》，吴尚先著）的门类排列包括了敷、洗、熨、熏、浸、盦（意为覆盖）、擦、坐、嗅、嚏、刮痧、火罐、推拿、按摩等治疗方法，其中，水疗法分水浴疗、水溻腹疗、热水熏蒸疗、冷水疗四种，泥疗法则采用净黄泥调水敷。

中华人民共和国成立以后，随着水疗事业的发展和中国经济的腾飞，中国水疗不仅在医学治疗领域取得长足进步，还与生活服务、健康服务、旅游服务等行业越来越紧密地融合在一起。

三、水疗的基本原理

水疗的有效性已经得到医学理论的充分证明，西医和中医都对水疗的基本原理有科学的解释。

1. 西医学原理

水存在广泛，获取方便，还具有良好的导热性、亲肤性及溶解其他物质的能力等，这些都使得把水作为介质来进行治疗成为可能。外在水环境的改变可以影响神经调节和体液调节机制，进而引起人体器官功能变化。

（1）温度作用。不同状态的水可以通过传导、辐射、蒸发、冷凝和对流的热传递过程对人体产生作用，并具有如下特点。

1）水作用于人体的面积越大，刺激越强。例如，全身水疗的作用一般比局部水疗的作用强。

2）水温与体温的差距越大，刺激越强。例如，42 ℃的热水比 37 ℃的温水作用强，22 ℃的冷水比 37 ℃的温水作用强。

3）水作用于人体越突然，刺激越强。例如，直接跳入冷水浴池比缓缓进入冷水浴池的作用强。

4）在一定限度内，水作用的持续时间越长，刺激越强，但超出限度，刺激所产生的反应会发生性质变化。例如，冷水刺激短时间内起到兴奋作用，但长时间会导致麻痹。

（2）机械作用

1）浮力作用。人体在水中受到向上托举的浮力，从而感觉到轻松，进而缓解压力。

2）压力作用。人体在静水中受到压力。静水压力一方面压迫身体在水中的部分，使人体产生一定程度的呼吸困难，从而使人们代偿性地用力加强呼吸运动和气体交换，锻炼心肺功能；另一方面压迫体表血管和淋巴管，使体液再分配，促进血液循环和淋巴循环。

3）冲击作用。不同喷射方式的淋浴、浴缸及水池中的喷头等产生的加压定向水流会对人体产生很强的机械刺激，能扩张血管，引起外周神经系统兴奋，特别是与水的低温作用相结合时，疗效更加明显。

（3）化学作用。溶解在水中的盐、矿物质、精油、草药等内容物可以通过皮肤吸收进入人体，这些加入水中的化学物质加强了水疗的作用，并对机体产生相应的治疗效果。

（4）心理作用。洗浴是古老的医疗方法之一，很早就被用于改善精神和情绪方面的问题，这与它所具有的放松人体的作用密不可分，其作用原理可能与人们在水中的感觉与人类胎儿期在子宫羊水中的感觉相似有关。

2. 中医学原理

中医学认为，水疗能起到润泽肌肤、疏通腠理、调和气血、平衡阴阳、畅通经脉、祛邪和中、温经散寒、祛风除湿、清热解毒、消肿散结、通络止痛、养容生肌、美容保健等作用。

四、水疗的功效

1. 对皮肤的功效

在水疗中，皮肤是第一个接受刺激的器官。皮肤具有丰富的毛细血管和神经末梢，水疗除了对接触部位的皮肤产生作用外，还通过皮肤对各器官和系统产生影响。

皮肤毛细血管通过收缩与舒张调节全身血液。皮肤对维持体温恒定具有重要的作用。皮肤分布的大量神经末梢与中枢神经和内脏有密切关系，皮肤受到刺激会反射性地使器官产生不同的反应，例如，坐浴会引起盆腔内充血，足浴会影响脑部血液循环。皮肤受到温度、机械或化学刺激时，不仅会影响体温调节、新陈代谢、心血管系统和呼吸系统，还会引起内分泌及免疫等功能变化。

不同温度刺激使皮肤产生不同反应。受到冷刺激时，早期皮肤血管收缩，局部缺血，皮肤显得苍白，人体感觉到冷，持续冷刺激一段时间后，皮肤血管扩张，皮肤变红，人体感觉到热，再持续冷刺激一段时间后，皮肤局部出现淤血、青紫等。受到一定范围内的热刺激时，皮肤血管扩张，代谢加强，功能改善。

2. 对循环系统的功效

水疗可以增加血液中的氧含量和营养含量，降低毒素含量，增强循环系统功能，其功效主要取决于水的温度、作用时间、作用部位和刺激强度。全身冷水浴先使毛细血管收缩，血压上升，随后使血管扩张，心搏变慢，血压降低，可减轻心脏负担。因此，寒冷可提高心肌能力，改善心肌营养。在 37 ~ 39 ℃水温下进行水浴时，血管扩张，脉搏加快，血压下降，体内血液再分配。需要注意的是，当这种再分配发生急剧变化时，会出现脑部血液供应障碍症状，如面色改变、头重、头晕、眼花、耳鸣等，在进行水疗时应避免发生这种情况。

3. 对汗腺的功效

温热刺激使汗腺分泌增加，排汗量增加，有害代谢产物及毒素也随之排出。大量排汗会引起体液流失、血液浓缩，组织内水分进入血管，促进渗出液吸收，但也造成体内大量氯化钠随汗液排出，使身体变得虚弱无力。因此，水疗时需要适当补充盐分和水分。

4. 对泌尿系统的功效

不同温度的水疗引起肾脏和汗腺的不同反应。一般情况下，温热刺激能利尿，冷刺激会减少尿量。但在水疗中，热水浴时，由于人体大量出汗，排尿量反而相对减少；冷水浴时，由于人体出汗减少，排尿量反而相对增多。

肾脏的泌尿功能受全身血压和血管口径的影响，排尿量与肾脏血流量成正比。水疗时，一般情况下，一昼夜间的排尿量并不会产生显著变化，长时间温水浴才会使一昼夜的尿液、钠盐和尿素排出量增加，这是血液循环显著改善的结果。

5. 对呼吸系统的功效

神经反射及静水压力对呼吸次数和深度都会产生影响。瞬间冷刺激使吸气加深，甚至产生短暂的呼吸停止或深呼吸，刺激越强越突然，呼吸停止越快越急剧，深呼吸也越快越深。热刺激与冷刺激一样，也能使吸气加深，呼吸频率变快，但并不十分急剧。长时间温水浴则使呼吸减慢。

6. 对肌肉的功效

短时间冷水作用下，肌肉紧张度提高、力量增加、疲劳减少，尤其在伴随机械刺激时，作用更明显；长时间冷水作用则会使组织内温度降低，肌肉僵直，运动困难。温热刺激使肌肉血液循环改善，代谢加快，乳酸氧化。短时间温水浴能提高肌肉的工作能力，缓解疲劳；长时间温水浴能缓解肌肉紧张、疼痛及痉挛。

7. 对神经系统的功效

皮肤上丰富的感受器接收冷、热刺激后，将信号通过神经传导至神经中枢，引起各系统反应。冷水浴初时有兴奋神经系统的作用，持续一段时间后，兴奋性降低。温水浴及不感温水浴可以减轻中枢神经系统的负担，增强抑制过程，有镇静功效。热水浴初时也有兴奋神经系统的作用，持续一段时间后，人体会产生疲劳、软弱、困倦的感觉。

8. 对新陈代谢的功效

新陈代谢与体温关系密切。体温升高，基础代谢率增高；体温降低，基础代谢率降低。冷水浴可以影响脂肪代谢、气体代谢及血液循环，促进营养物质吸收。温水浴在某种程度上会减缓代谢。热水浴、蒸汽浴能加快代谢，大量出汗后，还会使体内脱水并丢失部分矿物盐。

五、水疗的分类

1. 按作用部位分类

按作用部位分类，水疗分为全身水疗法和局部水疗法。全身水疗法包括全身擦浴、全身淋浴、全身冲洗浴、全身浸（泡）浴、全身湿布包裹等，局部水疗法包括局部擦浴、局部冲洗浴、足浴、手浴、坐浴、半身浴等。

2. 按水温分类

按水温分类，水疗分为冷水浴（25 ℃以下）、低温水浴（25 ~ 34 ℃）、不感温（平温）水浴（34 ~ 37 ℃）、温水浴（37 ~ 39 ℃）、热水浴（39 ℃以上）。

3. 按水压分类

在水疗方法中，淋浴按水压可分为低压淋浴（1 个标准大气压以下）、中压淋浴（1 ~ 2 个标准大气压，不包含 2 个标准大气压）、高压淋浴（2 ~ 4 个标准大气压）。

4. 按水中成分分类

按水中成分分类，水疗分为淡水浴、温泉浴、海水浴、药物浴（中草药浴、盐水浴、松脂浴、芥末浴、硫黄浴、碳酸氢钠浴等）、气水浴（二氧化碳浴、硫化氢浴、氡气浴等）等。

5. 按作用方式分类

按作用方式分类，水疗分为热汽浴、擦浴、淋浴、浸（泡）浴、包裹等。

6. 按目的分类

按目的分类，水疗分为镇静浴、兴奋浴、退热浴、发汗浴、柔和刺激水疗、强烈刺激水疗、锻炼性水疗等。

7. 按水中运动类型分类

按水中运动类型分类，水疗分为自主运动性水疗、辅助运动性水疗、支托运动性水疗、抗阻运动性水疗等。

六、水疗的应用领域

1. 在医学治疗领域中的应用

（1）西医水疗应用。在西医治疗领域，水疗广泛应用于内科疾病（肥胖症、疲劳综合征、痛风等），神经科疾病（神经衰弱、自主神经功能紊乱、脑梗死、外周神经麻痹等），外科疾病（皮肤病、烧伤、大面积瘢痕挛缩、骨关节疾病、痔疮等）及妇科疾病（闭经、卵巢功能不全、盆腔炎等）的治疗，配合药物治疗、手术治疗等，实现治疗疾病、促进健康的目标。

（2）中医水疗应用

1）汤剂疗法。汤剂疗法又称汤液疗法，是在中医学理论指导下，将一种或数种药物有机配伍制成方剂，加水煎煮一定时间，经过滤渣取汁，制成汤剂饮服的一种治疗方法。

2）熏洗疗法。熏洗疗法是利用药物煎汤时的热蒸汽对患处进行熏蒸，待药液变温时再淋洗的一种治疗方法。此疗法借助药力和热力，通过皮肤、黏膜作用于机体，使腠理疏通、脉络调和、气血流畅，从而达到预防和治疗疾病的目的。

3）药浴疗法。药浴疗法是用药液或含有药液的水洗浴身体局部或全身的一种治疗方法。药浴疗法的形式多种多样，如全身洗浴称为“药水澡”，局部洗浴又分“烫洗”“熏洗”“坐浴”“足浴”等，尤其烫洗最为常用。

4）药茶疗法。药茶疗法是将某些中药或具有药性的食物加工制成茶饮，用以防治相关疾病的一种方法。

5）药酒疗法。药酒疗法是将药物与酒一起加工制成含药酒剂，通过内服或外用以防治疾病的一种方法。

6）灌肠疗法。灌肠疗法是将中药药液灌入肠道，通过黏膜吸收来治疗疾病的一种方法。

7）湿泥疗法。湿泥疗法是将湿泥（含药物湿泥）敷在人体某一部位，或使整个人体卧在泥中来治疗疾病的一种方法。

8）沐浴疗法。沐浴疗法是通过在水中或药液中浴身来治疗疾病的一种方法。

9）矿泉疗法。矿泉疗法是利用矿泉水的化学和物理综合作用，通过内服、外用来防治疾病的一种方法。

10）洗足疗法。洗足疗法又称浴脚疗法，是用药液浸泡洗脚以治疗疾病的一种方法。

11）药粥疗法。药粥是以谷类为主，配合水果、蔬菜、鱼肉蛋奶、药物等制成的稀饭。药粥疗法是在中医学理论指导下，将药粥用于强身延年、防治疾病的一种饮食疗法。

2. 在非医学治疗领域中的应用

水疗作为一种治疗方法，在提高人体健康水平、预防和治疗疾病、恢复和改善身体结构与功能等方面的作用被越来越多的人认可。除在医学治疗领域被用于防病、治病外，水疗在非医学治疗领域中也焕发出勃勃生机。

在养生保健领域，水疗被视为健康的守护神；在美容美体领域，水疗与各种护理方法有机结合，维护和创造美丽；在休闲娱乐领域，世界知名疗养胜地、全球顶级酒店、周围各具特色的洗浴场所处处可见水疗元素。在家中，人们也可以自己进行水疗。

七、水疗的注意事项

一般情况下，水疗非常安全，绝大多数人都可以进行水疗，但是进行水疗仍要注意下列事项。

1. 水疗房间应保持通风良好、整洁卫生，室温以 25 ~ 28 ℃为宜。

2. 具有重度认知功能障碍、循环系统疾病（高血压、低血压、心脏病、静脉炎、静脉曲张、动脉硬化、心肺功能代偿不全等）、糖尿病、肾功能不全、传染性疾病、恶性肿瘤、各种出血倾向，以及皮肤破损、近 1 个月癫痫大发作、身体极度衰弱、体内有人工装置（人工关节除外）等的顾客不能进行水疗。

3. 恐水、血压过高或过低、具有大小便控制障碍等的顾客不能进行水疗。

4. 软组织急性挫伤的顾客 48 小时内禁止热水浴；水疗涉及物质（消毒剂、溶剂等）致敏时，应停止使用含有该物质的水疗；女性生理期不要进行水疗。

5. 儿童皮肤薄，体温调节能力差，单位体重的体表面积大，使得其身体升温、降温都比成年人快，进行水疗时需要仔细监测。老年人冷热适应能力差，皮下脂肪少，血管和肌肉等功能下降，进行水疗时需要选择温和的方法并提高警觉。孕妇通常情况下进行局部水疗是安全的，但要禁止对腹部进行热刺激，避免核心体温升高对胎儿产生影响，禁止进行长时间热水浴、蒸汽浴、桑拿等。肥胖人群脂肪层比较厚，身体局部升温和散热时间都较长，且对热的耐受力相对较差，进行水疗时需要予以仔细监控，并加强并发症排查。

6. 饥饿时和饱餐后 1 小时内不宜进行水疗。

7. 水疗前，需要详细了解顾客的身体情况（体温、脉搏、血压等）及曾经接受水疗的情况。

8. 水疗时，要注意水疗种类、时间、温度、强度等选择，同时关注顾客的反应，如遇顾客感觉不适（过冷、过热、恶心、头痛、晕眩、轻度头昏等），随时根据情况调整方案，甚至可停止水疗。

9. 水疗后，要持续关注顾客反馈。

10. 在整个水疗过程中，要避免冻伤、烫伤、滑倒等意外事故发生，注意安全。

培训单元 2　SPA

培训重点

掌握 SPA 的相关概念、特点、功效、常见护理项目、常规基本流程。

能根据顾客需求选择 SPA 项目，使用相关设施、设备进行 SPA 护理。

知识要求

尽管在养生保健、美容美体、休闲娱乐领域，人们习惯性地将水疗与 SPA 等同起来，但从严格意义上讲，SPA 与水疗虽有许多共同点，但也存在一些差异。

一、SPA 的相关概念

1. SPA

关于 SPA 一词的来源有很多不同的说法，其中一种认为 SPA 源于拉丁文 “Solus Par Agula”（健康在水中）的首字母，意为用水来达到健康。国际 SPA 协会对 SPA 的定义是致力于通过提供鼓励更新观念、重塑身体及精神的各种专业服务，提高人们的整体健康水平。

SPA 是以医学、心理学、物理学等理论为基础，由专业人员使用各类设施、设备和产品，同时融合五感（视觉、听觉、嗅觉、味觉和触觉）要素，进行旨在为顾客提供全方位呵护，从而帮助其放松身心、舒缓压力、养护容颜、美化形体、促进健康的一系列专业护理服务。SPA 经常与芳香疗法、运动疗法、营养疗法、冥想等结合使用。

2. 面部 SPA

面部 SPA 狭义上是指专业人员使用面部护理产品，通过面部徒手按摩、简易工具按摩、仪器操作等方法，以满足顾客面部皮肤保养需求为目的的护理；广义上也可以包括顾客居家面部护理。

3. 身体 SPA

身体 SPA 狭义上是指专业人员使用身体护理产品，将蒸汽浴、淋浴、泡浴、去角质、裹敷等专门的水疗方法，与徒手按摩、简易工具按摩、仪器操作等结合，以满足顾客身体皮肤保养、塑形、养生保健等方面需求为目的的护理；广义上也可以包括顾客居家身体护理。

4. 芳香 SPA

嗅觉是 SPA 必不可少的五感要素之一，嗅觉感受主要来源于芳香精油散发的气味，因此有观点认为 SPA 都是芳香 SPA。也有观点认为，与芳香疗法紧密结合的 SPA 为芳香 SPA。

二、SPA 的特点

1. 强调五感要素

SPA 给予顾客全身心呵护，重视顾客体验与感受，以符合护理需要和顾客喜好为前提，强调视觉、听觉、嗅觉、味觉、触觉五感要素。

（1）视觉。顾客的视觉享受来源于环境整洁、装饰美观、光线柔和，以及服务人员妆容整洁、笑容亲切。SPA 环境如图 2-67 所示。

图 2–67　SPA 环境

（2）听觉。SPA 场所可以播放大自然各种美妙的声音，也可以播放能起到舒缓放松作用的乐曲。音量要适度，避免过度重复、嘈杂的声音，以及异常的声响等。服务人员的语音、语调要委婉动听，使人感觉轻柔悦耳。

（3）嗅觉。SPA 场所采用的植物、熏香，提供的护理产品、饮品、食品等的气味应淡雅，特别注意避免气味混合带给顾客不适感。服务人员应无体味，不应使用香体产品。SPA 场所可根据 SPA 主题，配合使用天然花草与精油（见图 2–68）等，营造宜人的 SPA 嗅觉空间。

图 2–68　天然花草与精油

（4）味觉。SPA 场所应为顾客准备美味可口的健康餐饮，以满足能量补充需要，提供的饮品、食品等应新鲜、健康、美味。

（5）触觉。服务人员的双手及用具、仪器等与顾客身体直接接触的过程中，其温度、力度、接触面积、操作位置等要适度，要在尊重顾客感受的基础上提供舒适有效的服务。

2. 使用水疗方法

水疗是 SPA 必不可少的元素，因此 SPA 在非医学治疗领域也被习惯性地称为水疗。SPA 中的水疗与医学治疗领域的水疗一脉相承。

3. 产品来源多元

SPA 可以使用经过深度加工的产品，如芳香精油、浴盐、磨砂膏、矿物质粉等；也可以使用天然的温泉、植物、草药等；或者两者结合使用。

4. 应用领域广泛

SPA 被广泛应用于养生保健、美容美体、休闲娱乐等领域，并结合各领域的需要不断发展。

5. 融合特色文化

不同的文化背景赋予 SPA 不同的内涵。中式 SPA 融入包括中药、刮痧、拨筋等在内的中医药元素，强调养生保健效果。泰式 SPA 凭借独特的泰式中草药配方和形式多样的泰式按摩技术成为泰国旅游的亮点，被称作“懒人瑜伽”的传统泰式按摩更是泰式 SPA 的一道亮丽风景线。日本地热资源丰富，温泉酒店是日本的一大旅游特色，日式 SPA 将温泉、芳香精油与日式健康饮食相结合，独树一帜。随着韩国文化的流行，韩式汗蒸也紧随韩剧、韩式服装、韩式美容技术等进入中国，并在短短几年时间内迅速被认可和接受，逐渐成为一种人们所热衷和追捧的休闲保健方式。SPA 的内涵在实践中不断得到丰富与拓展。

三、SPA 的功效

SPA 凭借其包容性为顾客提供全方位的舒适护理体验。它重视给予顾客视觉、听觉、嗅觉、味觉和触觉方面的愉悦感受，能够放松身心、舒缓压力、愉悦心情。它使用产品作用于皮肤，能够针对性地解决顾客的肤质、肤色等问题。它所包括的水疗、按摩等诸多护理方式对人体有特殊的功效。

四、SPA 的常见护理项目

面部 SPA 的常见护理项目包括使用不同产品的各种徒手护理，借助简易工具操作的面部热石按摩、面部刮痧、面部拨筋等护理，以及运用各类面部护理仪器进行的仪器护理，美容师可以根据顾客需求进行选择。面部 SPA 护理相关内容详见《美容师（初级）》职业模块 2、《美容师（中级）》职业模块 2 和《美容师（技师　高级技师）》职业模块 1 中的相关内容。

身体 SPA 主要包括水疗护理、按摩护理、仪器护理。

1. 水疗护理

身体 SPA 中的水疗护理形式多样，热汽浴、淋浴、泡浴、身体去角质、体膜裹敷、局部冷敷与热敷等都是广受欢迎的项目。

（1）热汽浴。热汽浴是指在封闭房间内用热汽对人体进行理疗。它分为干热汽浴和湿热汽浴。干热汽浴俗称干蒸、桑拿，湿热汽浴俗称湿蒸、蒸汽浴。无论干热汽浴还是湿热汽浴，都能使顾客感觉温暖、肌肉放松、精神放松、循环加快等，这种效果会一直持续到后续护理过程中。

热汽浴简便易行，还可以配合使用芳香精油、中草药、音乐、红外线、负离子等增加功效。热汽浴使用形式多样的设施、设备，从而附加众多功效，这些设施、设备的功能一般还可根据需要自行调节。在促进循环、加快代谢方面的突出作用使热汽浴成为减肥与塑形护理的重要手段，经常被安排在护理的一开始，以升高体温，提升后续护理效果。

相关链接

红外线和负离子的功效

1. 红外线的功效

应用于人体的红外线可分为远红外线（长波红外线）和近红外线（短波红外线）。远红外线照射皮肤后，绝大部分被反射或被浅层皮肤组织吸收，仅能作用于皮肤表层组织，热量大，干燥作用强。近红外线穿透组织深度较深，能直接作用于皮肤的血管、淋巴管、神经末梢等，热作用比远红外线弱。红外线具有促进循环、缓解肌肉疲劳、消炎镇痛、消肿、促进组织再生等功效。

2. 负离子的功效

美容中所说的负离子是指空气负离子，即空气中带有负电荷的气体离子。其中，负氧离子能有效加强气管黏膜上皮细胞的纤毛运动，影响相关呼吸酶的活性，改善肺泡的分泌功能及肺的通气和换气功能。负离子还具有改善睡眠、增强免疫力等功效。负离子分为大、中、小负离子，对人体有益的是小负离子。

1）干热汽浴。干热汽浴过程中，人体通过干热汽吸收热量，使身体核心温度升高，升高程度取决于温度、干燥程度、顾客排汗量、干热汽浴时间等。干热汽浴最高温度可达 100 ℃左右，一般为 63 ~ 93 ℃，平均为 70 ℃左右，湿度为 6% ~ 8%。它是利用电加热设备（碳晶电加热板、陶瓷电加热器等）直接加热后释放热量来使桑拿房内温度升高的，还可以通过向加热器的石头上洒水产生湿热汽浪。干热汽浴湿度较低，蒸的过程中，人呼吸顺畅、不憋闷，但蒸完皮肤较干燥，因此干蒸时要多喝水。传统的干热汽浴设施是桑拿房。

市场上还有很多与桑拿房一样具有相同功效的新型干热汽浴设备，如图 2-69 所示。

图 2-69 新型干热汽浴设备

a）干蒸箱 b）干蒸太空舱 c）干蒸舱
d）折叠汗蒸箱 e）热毯 f）足部干蒸桶

2）湿热汽浴。湿热汽浴也称土耳其浴，是利用蒸汽装置把水烧开后产生蒸汽，再通过管道喷出的热汽浴方法，温度一般在 50 ℃左右。女士们常选择湿热汽浴是因为湿热汽浴后的皮肤会更滋润，但湿热汽浴易使人呼吸不畅，产生憋闷等不适感。湿热汽浴与干热汽浴的热效应相近，也会使人大量排汗，因此湿热汽浴过程中也要多补充水分。湿热汽浴使用最普遍的设施是湿蒸房。

SPA 中常用的湿热汽浴设备也有很多，如熏蒸太空舱（外形与干蒸太空舱相似）、熏蒸瓮、熏蒸足瓮、熏蒸床等。此外，市场上还有将干、湿功能合二为一的干湿两用热汽浴设备。

（2）淋浴。淋浴是指各种形式的水流或水柱在一定的压力下冲淋或喷射到全身或局部的一种水疗方法。根据水压划分，淋浴可分为低压淋浴、中压淋浴、高压淋浴。根据冲淋部位划分，淋浴可分为局部淋浴和全身淋浴。根据温度划分，淋浴可分为热水淋浴、温水淋浴、平温水淋浴、冷水淋浴、温度递变淋浴和冷热交替淋浴。根据水喷射方式划分，淋浴可分为直喷淋浴、扇形淋浴、雨样淋浴、针状淋浴、周围淋浴等。

淋浴具有机械和温度双重作用，其实施效果取决于冲淋部位、水温高低、水压大小及淋浴时间。在水疗中，淋浴的运用方法最为丰富多样。多喷头淋浴间、维希浴设备是 SPA 常用的淋浴设施、设备。人们在家中也可以通过调节水温、水流大小、冲淋部位等进行简易淋浴水疗。

1）温度递变淋浴。温度递变淋浴的水温由热逐渐过渡到冷，对于刚刚接受桑拿、热水浴等高温水疗却不能耐受温度从热到冷急剧变化或者不喜欢强烈温差感的顾客来说是一种理想的选择。温度递变淋浴的具体操作方法是：在刚开始淋浴时，让顾客使用 39 ℃左右的水，然后将水温调高至顾客可以耐受的程度（通常应低于 43 ℃）保持 2 分钟，再逐渐调低水温，每次降低 1 ~ 2 ℃，每个水温下的淋浴时间为 1 分钟，直至温度降到 27 ℃。

2）冷热交替淋浴。冷热交替淋浴是热水淋浴与冷水淋浴反复交替进行，每次热水淋浴都比冷水淋浴持续时间长的水疗方法。冷热交替淋浴过程中，顾客身体循环得到大幅度改变，这种改变来源于身体在热水淋浴阶段受到热刺激而释放热量，在冷水淋浴阶段受到冷刺激而储存热量。这一方法使顾客在淋浴后相当长一段时间内都感到精力充沛、头脑清醒、身体温暖，可以有效预防运动后肌肉酸痛，加速剧烈运动后的体力恢复，还可以缓解偏头痛。虽然冷热交替淋浴比冷热交替泡浴的刺激程度弱，但是热水与冷水的交替刺激仅适合少数人，不适应强烈循环系统变化的顾客可以尝试温差较小的冷热交替淋浴。按摩后使用冷热交替淋浴可以使顾客精力充沛地结束整个 SPA。

3）直喷淋浴。护理人员在距离顾客 2.5 ~ 3 m 处，以密集或散开水流直接喷射其身体，水柱呈“Z”字形，从身体后面开始，先由肩部至背部、再由背部至足部依次移动，之后喷射身体两侧，最后在身体前面以散开水流喷射胸腹部，再换为密集水流喷射下肢，喷射至皮肤发红为止。水温从 35 ℃逐步降低到 25 ℃，水压从 1 个标准大气压逐渐增加到 2.5 个标准大气压。

4）扇形淋浴。护理人员在距离顾客 2.5 ~ 3 m 处，用拇指按压喷水口，使水流呈扇形喷向顾客，喷射顺序可与直喷淋浴相同，每个面喷射 2 ~ 3 次，每次 2 分钟。水温从 33 ℃逐步降低到 28 ℃，水压从 1.5 个标准大气压逐渐增加到 3 个标准大气压。

5）雨样淋浴。雨样淋浴是大面积、细水流的垂直下行淋浴，以温度作用为主，机械作用较小。

6）针状淋浴。针状淋浴是在雨样淋浴的基础上将水压增加到 2 ~ 3 个标准大气压，以增强机械刺激，使顾客有针刺的感觉。

7）周围淋浴。周围淋浴时，喷射水流来自顾客上方和四周，水温为 33 ~ 36 ℃，水压为 2 ~ 2.5 个标准大气压，淋浴时间为 3 ~ 5 分钟。

8）维希浴。维希浴通常也翻译为维其浴，相传是从法国著名水疗小镇维希镇流传出来的一种 SPA 方法。其模仿瀑布瀑泻而下的冲击力，通过人工方法充分利用水的不同温度及压力，有效刺激人体，对身体进行水力冲淋。维希浴不仅可以加速新陈代谢、促进血液循环、激活细胞机能、增强皮肤弹性，还可以缓解神经紧张、减轻肌肉酸疼、消除身体疲劳、激发人体活力。

维希浴设备（见图 2–70）可以单独使用，也可以和水疗床一起组成维希浴水疗床，用于身体去角质、体膜裹敷等护理。

图 2–70　维希浴设备

（3）泡浴。浸浴在SPA中被习惯性地称为泡浴，是让顾客身体局部或全部浸泡在水中进行护理的方法。泡浴是古老的水疗方法之一，主要是利用水温、静水压力的作用，促进循环、加快代谢、放松肌肉、缓解疲劳、减轻疼痛、改变身体核心温度等。泡浴时，可方便地在水中溶解精油、盐、草药等物质，从而增加功效。当身体局部或全部浸没在水中时，水中的热量传导到浸没部位，其效果比同等温度下的体膜裹敷、热汽浴等好。这些优势使泡浴成为最简单实用的水疗方法。

特别提示

清洁、消毒的重要性

每次泡浴之后都必须对泡浴用的浴缸、木桶、手盆、足浴盆等进行仔细的清洁、消毒，即使套有一次性塑料套，也必须进行该操作，这是防止病原体传播的重要步骤。对于多人使用的泡浴设施，美容院必须按照相关国家标准做好清洁、消毒工作。

1）局部泡浴。SPA中常用的局部泡浴有足浴、手浴和半身浴。时间、水温、水中成分的变化，以及与其他水疗方法的结合可以使局部泡浴发挥多种功效。局部泡浴是一种非常简单又适用广泛的泡浴方法，特别是足浴，顾客在家中也可以经常进行。

①足浴。足浴要点见表2–14。

表2–14　足浴要点

要点＼分类	热水足浴	温水足浴	凉水足浴	冷水足浴	冷热交替足浴
温度	39～43 ℃	37～39 ℃	19～37 ℃	13～19 ℃	先43～46 ℃，后13 ℃
浸泡时间	20分钟	15～20分钟	15～20分钟	2～20分钟（根据耐受力）	先热水浸泡2分钟，后冷水浸泡30秒，共浸泡3轮

续表

要点＼分类	热水足浴	温水足浴	凉水足浴	冷水足浴	冷热交替足浴
适用情况	畏寒、脚冷、足及腿部肌肉痉挛、足部关节炎疼痛、痛风疼痛、失眠等，需全身放松等	脚冷、不宜进行热水足浴（如患糖尿病等）等，需适度温暖身体、全身放松等	脚热等，需全身降温、全身放松等	2分钟以下，冷刺激；2分钟以上，全身降温，刺激脚趾、脚踝伸肌群。脚踝急性扭伤时可进行2～10分钟	足部循环不畅、足部肌腱炎、脚踝扭伤（需重复10轮以上）等
禁忌	下肢淋巴水肿、感觉障碍、循环系统疾病等	无	无	畏寒、雷诺综合征、高血压、淋巴水肿等	同冷、热水足浴
注意事项	根据需要换水，保持水温	无	无	随着水逐渐变暖，可加入冰块以保持水温	同冷、热水足浴 需准备冷、热水浴盆各一个

足浴设备如图2–71所示，包括压片式足浴盆、足浴木桶、电动足浴桶等可移动的简易足浴设备，也包括专业足浴（美甲）椅等，可根据使用场所、预算、功能要求等进行选择。

a）

b）

c）

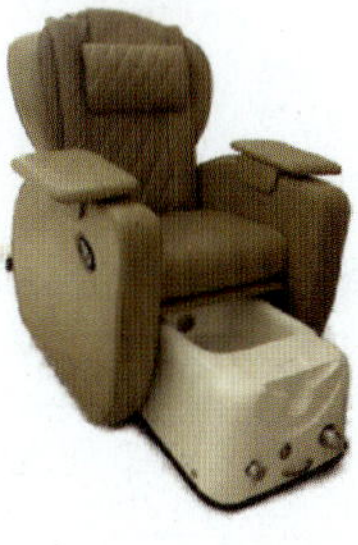

d）

图2–71　足浴设备

a）压片式足浴盆　b）足浴木桶　c）电动足浴桶　d）专业足浴（美甲）椅

②手浴。手浴要点见表 2–15。

表 2–15　手浴要点

要点＼分类	热水手浴	冷水手浴	冷热交替手浴
温度	43 ℃	13 ~ 18 ℃	先 43 ℃，后 13 ℃
浸泡时间	15 ~ 20 分钟	15 ~ 20 分钟	先热水浸泡 2 分钟，后冷水浸泡 1 分钟，共浸泡 3 轮
适用情况	手冷、手部关节炎疼痛、手部肌肉痉挛等	手部关节炎疼痛、书写痉挛、手部循环不畅、手部肌肉扭伤等，需全身降温（长时间）等	手部肌肉疲劳、手部肌肉疼痛、手部循环不畅、手腕扭伤等
禁忌	双手感觉障碍、上肢淋巴水肿等	畏寒、上肢淋巴水肿等	同冷、热水手浴
注意事项	根据需要换水，保持水温	随着水逐渐变暖，可加入冰块以保持水温	同冷、热水手浴 需准备冷、热水浴盆各一个

③半身浴。半身浴是人坐在水中（一般水面位于肚脐以上 10 cm 处），上半身完全暴露在水面以上的泡浴方法。半身浴时，可以给顾客上半身披一条浴巾来保暖。如果在半身浴过程中，顾客开始出汗或感觉热，还可以用冰毛巾或冰袋进行局部冷敷，从而起到降温、镇静的作用。半身浴通常使用 40 ℃热水泡浴 15 分钟，主要用于顾客不适合全身浴的情况，特别适用于下肢关节炎疼痛、急性或慢性腰背痛、坐骨神经痛、畏寒等情况。患有糖尿病、下肢淋巴水肿、感觉障碍、循环系统疾病等的顾客禁止进行半身浴。

2）全身泡浴。全身泡浴是人整个身体都浸泡在水中的水疗方法，水对全身的抚触和浮力作用使人感觉轻松。时间、水温、水中成分的变化，以及与其他水疗方法的结合同样影响全身泡浴的功效。

全身泡浴要点见表 2–16。

表 2–16　全身泡浴要点

要点＼分类	热水泡浴	温水泡浴	平温水泡浴	短暂冷水泡浴	冷热交替泡浴
温度	39 ~ 43 ℃	37 ~ 39 ℃	34 ~ 37 ℃	13 ~ 18 ℃	先 40 ~ 43 ℃，后 18 ℃或更低
浸泡时间	小于等于 15 分钟	小于等于 15 分钟	大于等于 20 分钟	0.5 ~ 2 分钟（根据耐受力）	先热水浸泡 2 分钟，后冷水浸泡 0.5 分钟，共浸泡 3 轮

续表

分类 要点	热水泡浴	温水泡浴	平温水泡浴	短暂冷水泡浴	冷热交替泡浴
适用情况	肌肉紧张、酸痛，痛风，痛经，扭伤48小时后，精神紧张，睡眠障碍等	与热水泡浴相似，作用更温和	失眠、紧张、焦虑、抑郁等	过热、精神不振等	循环不畅、畏寒、体质较差等
禁忌	患全身性疾病或慢性病、感觉障碍、过度肥胖、怀孕，以及饮酒后、服药后、饭后1小时内等	同热水泡浴	低血压、湿疹等	畏寒、过度疲劳、患全身性疾病或慢性病、甲状腺功能亢进等	同冷、热水泡浴
注意事项	根据顾客情况调节水温，请顾客多饮水	同热水泡浴	保持平温，保持环境相对安静	一般不单独与身体按摩配合使用	同冷、热水泡浴需准备冷、热水浴盆各一个

全身泡浴设施、设备如图 2–72 所示，包括木桶、漂浮舱、冲浪浴池等。“一客一换”的一次性木桶套方便了木桶的清洁、消毒，使顾客对泡浴的卫生消毒工作更加放心。

a)　　b)　　c)

图 2–72　全身泡浴设施、设备

a）木桶　b）漂浮舱　c）冲浪浴池

（4）身体去角质。SPA 中的身体去角质属于擦浴的一种。身体去角质主要使用磨砂膏，磨砂膏中的细微颗粒与皮肤表面的摩擦作用能有效清除老化角质细胞和污垢，还能对皮肤产生微刺激，促进血液循环及新陈代谢，帮助皮肤吸收营养成分，为后续体膜裹敷、按摩护理等做好准备。磨砂膏可以选择现成的产品，也可以自行将海盐、糖、谷物壳碎等颗粒状天然材质与按摩油、润肤膏等进行调和制成，自行调制的产品也能使 SPA 更富有特色。

SPA 中的身体去角质可以单独在盐浴床或美容床上完成。与配合维希浴设备在盐浴床上进行的身体去角质护理相比，单独在盐浴床上进行身体去角质缺少了维希浴的水力按摩步骤，在功效与护理舒适度方面都有所降低，但也可以通过流动水彻底冲洗掉磨砂颗粒。在美容床上完成身体去角质的优势在于其对场地、设施的要求比较低，便于开展，但存在磨砂颗粒擦除时易残留的缺点。

特别提示

去角质注意事项

角质形成细胞从基底层移至角质层脱落需约 28 天。在进行去角质时，应遵循皮肤代谢的生理特点，根据角质层情况，有针对性地、循序渐进地进行护理。当皮肤晒伤、过敏，或有伤口，或刚进行完脱毛护理等时，不可进行去角质护理。

（5）体膜裹敷。身体包裹的方法很多，应用比较复杂。SPA 中应用最普遍的体膜裹敷只是众多身体包裹方法中的一种。在顾客身体上涂刷体膜后，为顾客包好一次性床单，盖好浴巾、毛毯等，这利于使顾客身体产生的热量得以保存，从而保持温暖，使体膜中的营养成分可以被皮肤更好地吸收。体膜裹敷时也可以配合使用电热毯，利用电热毯的温度提升体膜裹敷的效果。

（6）局部冷敷与热敷。局部冷敷、热敷具有操作简便易行的特点，既可以单独使用，也可以交替使用，起到冷热交替护理的作用。其效果主要取决于温度效应，适用情况、禁忌与注意事项与其他冷疗、热疗方法相似。局部冷敷、热敷时，可以使用精油、草药等产品，综合发挥功效。

1）局部冷敷。局部冷敷对降低体温、降低感觉敏感性、消炎、降低局部痉挛等都具有显著的效果。局部冷敷在医学治疗领域也被广泛用于降低身体核心温度、缓解肌肉 / 骨骼损伤（特别是急性损伤）时的不适症状、减轻整形手术之后的肿胀等。

桑拿、全身热水泡浴时用冰毛巾进行局部降温就是局部冷敷中敷布法的应用，浸湿毛巾的水中还可以加入精油。将由生物凝胶制成的冷敷热敷袋（见图 2–73）放入冰箱，使用时套入专用罩子后放置在所需部位，用于敷面膜、敷体膜、按摩时眼部或面部的镇静舒缓，也是 SPA 中典型的局部冷敷应用。专用罩子夹层中还可以加入决明子、薰衣草、艾绒等，以发挥草药的作用。

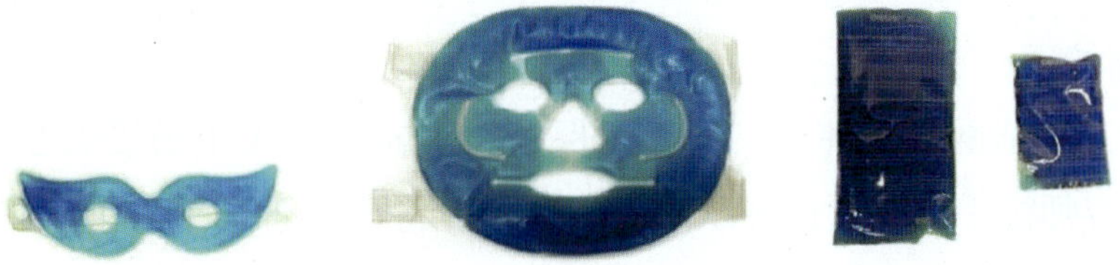

a)　　b)　　c)

图 2–73　冷敷热敷袋

a）眼部冷敷热敷袋　b）面部冷敷热敷袋　c）多用冷敷热敷袋

2）局部热敷。局部热敷能够使热敷部位的肌肉组织软化、放松、易于拉伸、疼痛缓解，还可以缓解关节僵硬、不适。局部热敷的镇静作用也有助于改善神经紧张，长时间的局部热敷还能使身体温度升高，循环加快，代谢加强。

根据顾客的需要，热敷用具可以放置在身体的任何部位。例如，顾客仰卧时，将热敷用具放在顾客面部、腹部、足部等；顾客俯卧时，将热敷用具放在顾客肩颈部、背部、腿部等。局部热敷的传统用具是热水袋，其中专门为肩颈部设计的 U 形热水袋（见图 2–74）可以充分贴合肩颈部曲线，也是传统用具的一种应用创新。冷敷热敷袋在热水中加热后也能成为实用的热敷用具。电加热热敷袋（见图 2–75）是使用较为方便的热敷用具，其专用罩子夹层中也可以加入各种草药以提升功效。局部热敷最大众化的应用是暖宝宝，虽然其发热温度有限、功效有限，但是安全性极高，几乎不会出现烫伤等危险，人人都可以便捷地购买和应用。

图 2–74　U 形热水袋

a)　　b)　　c)

图 2–75　电加热热敷袋

a）电加热眼罩　b）电加热面罩　c）多用电加热热敷袋

尽管冷敷、热敷时出现意外事故（冻伤、烫伤等）的可能性很小，但是在操作过程中仍要注意适用情况与禁忌，听取顾客反馈，关注顾客状况，确保护理安全。

2. 按摩护理

按摩因其舒适的护理体验、明确的保健作用成为SPA中最受欢迎的护理项目。它可以由美容师徒手进行，也可以借助简易工具进行，还可以运用高科技仪器进行。

（1）徒手按摩。SPA中的徒手按摩手法种类繁多，有各自的文化渊源和理论基础，其中具有代表性的有以下几种。

1）淋巴引流按摩。淋巴引流按摩是沿淋巴回流的方向，进行轻柔、缓慢的节律性推压、滑按，加速淋巴液流动的一种按摩手法。

2）瑞典式按摩。瑞典式按摩是一种传统的欧洲按摩技术，其使用芳香精油，以中等力度从四肢末端的脚心或手心开始，沿血液回流向心脏的方向，对肌肉组织进行抚推、轻扫、揉搓、拍捶，从而促进血液循环和淋巴循环，缓解肌肉紧张及疼痛，放松身心。

3）经穴按摩。经穴按摩是在中医基础理论的指导下，以保健强身等为主要目的，由操作者用手或身体其他部位按照规范化的技术要求，在顾客特定的经络、腧穴上进行的一种按摩手法。

4）指压按摩。指压按摩源于中国流传千年的穴位疗法，其运用手指压揉穴位来疏通经络、缓解疲劳、减轻疼痛。近几年，指压按摩逐渐被西方医学接受，成为一种独特的替代疗法。目前，西方流行的Do-In和日式Shiatsu按摩都是在汲取中国穴位疗法精髓的基础上发展起来的分支。

5）传统泰式按摩。传统泰式按摩是各种按摩方式中最激烈的，按摩时无须使用按摩油，操作者利用手指、手臂、膝部、双腿等，借助推、拉、扳、按、压、揉、拿等手法，对顾客进行以关节活动为主的按摩。传统泰式按摩从足部开始向上至头顶结束，其中背部、腰部和关节是按摩的重点。按摩过程中，顾客需要充分放松。传统泰式按摩又有“懒人瑜伽”之称，具有促进血液循环和新陈代谢、放松身心的作用。

6）四手按摩。四手按摩是由两个按摩师以一致的力度、一致的节奏共同按摩对称的部位，甚至连呼吸也要尽量调整一致，以达到短时间内加倍舒缓顾客身心的效果。

（2）简易工具按摩。SPA中还经常使用简易工具进行按摩，热石按摩、泰式草药热敷球按摩是其中具有代表性的护理项目。

1）热石按摩。热石按摩是操作者手持热石为顾客进行按摩的一种方法。热石按摩中使用的热石如图 2–76 所示，其取自含有对人体有益的矿物质元素且保温功能极佳的玄武岩。依据眼部、面部、躯干等不同部位的护理需要，玄武岩被加工成表面光滑、圆润的石块，这些石块以圆形和椭圆形为主，大小各异，厚薄不一。

图 2–76 热石

石块在使用前被放入盛有纯净水（有时还会滴入精油）的热石加热锅（见图 2–77），加热锅的温度可根据顾客的需要进行调节（一般不超过 70 ℃），加热后的石块就成为护理中使用的热石（也可将石块放入冰箱中，取出后进行冷石护理）。热石按摩时，一般会使用调和有精油的按摩油，以发挥热石按摩与芳香疗法的协同作用。在按摩过程中，既可以用热石进行动态的手法操作，也可以将其放置在穴位、经络上，静态地给予放置部位持续的热刺激和压力。热石按摩具有放松身心、加快循环、促进代谢、加强精油吸收等功效。

图 2–77 热石加热锅

2）泰式草药热敷球按摩。泰式草药热敷球按摩是将含有多种草药精华的泰式草药热敷球（见图 2–78）浸湿加热后，以球身在不适部位及主要穴位上隔毛巾或直接热敷、点按、揉压，直至冷却。当泰式草药热敷球与皮肤接触时，能迅速打开毛孔，草药精华随之渗入皮肤，对于疲劳过度、肌肉 / 关节酸痛、皮肤敏感、神经失调、压力过大、头痛、便秘、失眠多梦等都有非常显著的效果。

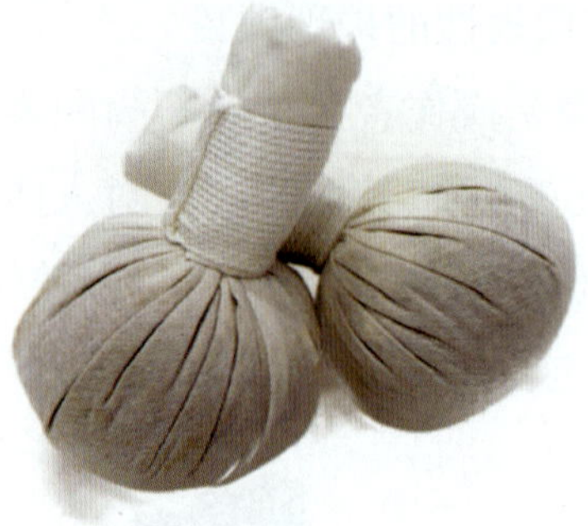

图 2-78　泰式草药热敷球

3. 仪器护理

除种类繁多的应用于水疗护理的仪器外，正压类、负压类、射频类、红光类、超声类、冲击波类、传导热类、电刺激类、综合类等护理仪器都能用来满足顾客不同的身体 SPA 护理需求。

五、SPA 的常规基本流程

合理的流程安排是为顾客提供高品质 SPA 护理服务的重要条件，在这一过程中，需要相关岗位人员各司其职、紧密配合、有效沟通。尽管 SPA 在品牌定位、目标客户、护理项目等方面的差异决定其服务流程细节具有差异性（越是高端的 SPA，对流程细节的要求越高），但是都建立在下述常规基本流程之上。

1. 了解顾客信息

在顾客到店前，查阅和交流顾客护理情况、个性化需求等信息，这有助于了解顾客，更好地提供服务。

2. 准备护理间

参照 SPA 服务标准进行环境（温度、湿度、光线、音乐、气味、装饰等）、饮品及食品、美容推车、美容床、客用物品等准备，以便在顾客确定 SPA 护理项目后快速完成后续护理准备。

3. 迎接顾客

在顾客预约时间前 5 分钟整理好个人仪容、仪表，在前台迎接顾客。

4. 引领顾客就座或进入护理间

根据情况，引领顾客至咨询区域交流 SPA 护理项目，或直接引领顾客至护理间。

5. 指引顾客更衣

为顾客取出拖鞋、打开更衣柜，提醒顾客根据 SPA 护理需要取下饰品并妥善保管贵重物品，更衣后锁好更衣柜等。

6. 协助顾客沐浴

顾客沐浴前，为顾客打开淋浴设备并告知水温调节方法，提醒淋浴期间的注意事项，并及时为顾客调整好拖鞋位置，方便顾客淋浴结束后使用。

7. 顾客情况评估

根据顾客需要，为顾客进行 SPA 服务相关评估，并完成评估表格填写、存档等。

8. 准备专门的 SPA 用品

根据评估及与顾客沟通的结果，准备专门的 SPA 用品。

9. 操作护理

面部 SPA 护理一般按照“卸妆—洁面—蒸面—去角质—按摩—敷面膜—保养”的顺序进行，身体 SPA 护理一般按照“淋浴—热汽浴—泡浴—去角质—体膜裹敷—按摩”的顺序进行。进行每一护理步骤时，要遵守具体的操作规范及要求，同时就顾客感受、护理步骤、护理注意事项、护理效果等进行必要的沟通。

10. 再次指引顾客更衣

引领顾客至更衣区更衣，协助顾客梳妆，提醒顾客带好随身物品。

11. 交接顾客

与相关人员交流顾客护理情况，必要时为顾客预约下次护理时间。

12. 结束工作

整理护理间至待客状态。

技能要求

桑拿护理

操作步骤

步骤 1　准备

至少提前 15 分钟预热桑拿房中的桑拿炉，确认顾客使用的桑拿设施运转良好，注意及时补充桑拿房水桶内的水，准备顾客桑拿期间需要使用的浴巾、毛巾、地巾、饮用水等。

步骤 2　询问

询问顾客有无桑拿禁忌情况，如患全身性疾病、患慢性疾病、怀孕、饭后 1 小时内、不耐受高温、饮酒或服药后等。若顾客进行过剧烈运动，则需等其身体凉爽后方可进行桑拿。

步骤 3　讲解

向顾客详细介绍桑拿的方法、步骤、注意事项等。

步骤 4　淋浴

引导顾客洗净身体，桑拿前至少饮用 1 杯水，避免顾客滑倒、烫到等意外情况发生。

步骤 5　桑拿

引导顾客进行桑拿，每次时间一般为 10 ~ 15 分钟。提醒顾客桑拿时至少饮用 1 杯水。避免顾客滑倒、烫到等意外情况发生。为顾客提供冰毛巾用于局部降温。若顾客在桑拿过程中出现不适，应立即停止。

步骤 6　再次淋浴

桑拿结束后，引导顾客进行温水淋浴或冷水淋浴（也可以进行温水或平温水泡浴）。需要时可重复进行数轮桑拿、淋浴。提醒顾客桑拿后至少饮用 1 杯水，必要时可坐下休息一会儿再进行淋浴。

步骤 7　结束工作

引领顾客开始后续护理或结束护理，对设施、设备进行整理、清洁、消毒，提醒顾客及时更衣、注意保暖、带好随身物品。

维希浴护理

操作步骤

步骤 1　准备

确认维希浴设备运转良好；根据顾客体感舒适度，调节室温至 25 ~ 28 ℃；准备顾客护理期间使用的浴巾、毛巾、地巾等；准备身体去角质、体膜裹敷等所需用品。

步骤 2　询问

询问顾客是否装有心脏起搏器、是否饮酒、皮肤是否有创面等若有，则不能进行维希浴护理，并排除顾客产品过敏的可能性。

步骤 3　讲解

向顾客详细讲解维希浴的方法、步骤、注意事项等。

步骤 4　淋浴

引导顾客洗净身体，避免顾客滑倒、烫到等意外情况发生。

步骤 5　上维希浴水疗床

为顾客整理好头发（长发要挽起）后，协助顾客俯卧在维希浴水疗床上。注意根据顾客需要遮盖非操作部位。

步骤 6　身体去角质

使用去角质产品摩擦去除顾客身体的老化角质，可使用海绵、丝瓜络等质地相对粗糙的制品进行摩擦，并适时加水增加操作的润滑度。注意避开顾客敏感部位操作。

步骤 7　清洁

经美容师及顾客手部试温后，使用维希浴花洒冲净顾客身体去角质部位。注意避免水冲洗到顾客面部、敏感部位等，引起不适。

步骤 8　体膜裹敷

使用体膜刷为顾客全身均匀涂刷体膜，做到厚薄均匀、边界整齐。

步骤 9　维希浴

再次经美容师及顾客手部试温后，根据顾客需要调节水温、水压等，为顾客进行背部维希浴，注意适时与顾客沟通感受，避免水温、水压等调节不当，给顾客带来不适。

步骤 10　下维希浴水疗床

协助顾客下维希浴水疗床，注意避免顾客滑倒等意外情况发生。

步骤 11　再次清洁

为顾客或协助顾客冲净身体残留体膜等，保证无残留，注意避免顾客滑倒、烫到等意外情况发生。

步骤 12　身体保养

为顾客或协助顾客涂抹身体保养产品，若后续进行身体按摩，则可省略此步骤。

步骤 13　结束工作

提醒顾客带好随身物品，引领顾客进行后续护理或结束护理。结束护理、送走顾客后，对维希浴设备进行整理、清洁、消毒。

全身热水泡浴（使用木桶）护理

操作步骤

步骤 1　准备

确认木桶情况良好；根据顾客体感舒适度，调节室温至 25 ~ 28 ℃；准备顾客护理期间使用的浴巾、毛巾、地巾、温度计等；套好一次性木桶套，再向木桶内加水至一半水位，测量水温，添加入浴产品。

步骤 2　询问

询问顾客有无过敏、全身性疾病、慢性疾病、怀孕、饭后 1 小时内、不耐受高温、饮酒或服药后等禁忌情况。

步骤 3　讲解

向顾客详细介绍全身热水泡浴的方法、步骤、注意事项等。

步骤 4　淋浴

引导顾客洗净身体，避免顾客滑倒、烫到等意外情况发生，可建议顾客饮用 1 杯水。

步骤 5　热水泡浴

为顾客整理好头发（长发要挽起）后，先请顾客试温，再协助顾客进入木桶坐好。待顾客坐好后，继续放水，调节水位、水温，之后调节音乐、灯光、空调、排风扇等至顾客认为适当的状态。泡浴过程中，可及时请顾客饮水，提供冰毛巾用于擦汗、局部降温，为顾客未浸入水中的身体部分浇水以保持温暖；也可根据顾客意愿在门外静候并时刻关注顾客需要。整个过程中，要避免顾客滑倒、烫到等意外情况发生。若顾客在全身热水泡浴过程中出现不适，应立即停止护理。

步骤 6　结束工作

引领顾客进行后续护理或结束护理，对木桶及房间进行整理、清洁、消毒，提醒顾客及时更衣、注意保暖、带好随身物品。注意需要待全部护理结束后才可以放水，避免放水声影响顾客在护理中的休息。

思考题

1. 什么是水疗？其基本原理是什么？

2. 水疗有哪些功效?
3. 水疗如何分类?
4. 水疗有哪些注意事项?
5. 什么是 SPA? 其特点和功效是什么?
6. SPA 常见护理项目及其作用、要点是什么?
7. 如何根据顾客的身体状况选择相关设施、设备进行 SPA 护理?

职业模块 3
修饰美容

内容结构图

- 修饰美容
  - 新娘妆整体设计
    - 新娘妆的造型要求
    - 新娘妆造型的类型与特点
  - 新娘妆
    - 新娘妆的化妆方法与造型
    - 色彩在化妆造型中的应用
  - 接睫毛
    - 接睫毛的基础知识
    - 接睫毛的用品、用具
    - 接睫毛的程序与操作要求
    - 接睫毛的禁忌与注意事项

培训项目 1 新娘妆整体设计

培训单元 1 新娘妆的造型要求

培训重点

掌握新娘妆的造型要求。

能够准确分辨脸形。

知识要求

婚礼是新人一生的重要时刻，做一名美丽的新娘是多数女性的愿望，美容师应努力用精湛的技术、细致的服务和体贴的关照实现新娘这一愿望。

一、新娘妆妆面的要求

1. 设计要求

新娘妆妆面应光洁，凸显个人魅力，表现喜庆祥和。要完成一个完美的新娘妆，需要至少一个月的前期准备，涉及身体和心理各方面。要结合新娘的面部特点和气质风格确定一个妆面。要对新娘面部皮肤进行护理，确保其婚礼当天有较佳的皮肤状态，以保证较好的妆面效果。要尽可能地调整新娘的体态和仪容，以保证婚礼当天有较好的整体造型效果。新娘妆要表现喜庆祥和，用色以暖色调为主，可以选用粉色、红色、金色等。眉毛描画要自然，凸显新娘温柔娴静的气质。腮红和口红颜色要参考新娘肤色和整体配饰的色调搭配。

2. 注意事项

在完成新娘妆的过程中有很多注意事项，其中，一部分与化妆技术有关，另一部分与化妆服务有关，两者缺一不可。

（1）化妆技术。为新娘化妆，美容师一方面要有过硬的化妆技术，确保妆面效果；另一方面要能深入挖掘新娘的个人特质，并能结合新娘的个人特质进行造型设计。要设计出既符合新娘造型要求又符合新娘喜好的新娘妆对美容师而言具有极大的挑战。不同脸形和不同身材新娘的新娘妆造型要点见表 3–1 和表 3–2。

表 3–1　不同脸形新娘的新娘妆造型要点

脸形	图例	造型要点
方形脸	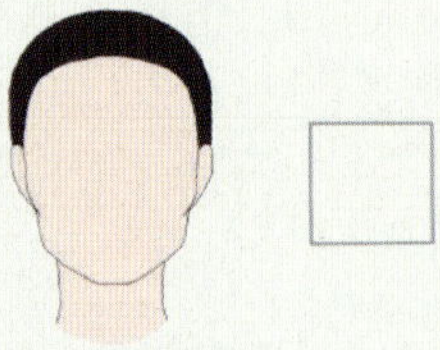	方形脸会给人以生硬感 造型要点是“以圆破方，以柔克刚”。可侧分并留弧形刘海，或者使用圆弧形饰品，圆润的线条会中和脸部的方正感。不宜露出整个额头，会显得脸形过于方正 眉形上扬，弧度柔和圆润；腮红从太阳穴向颧骨处斜扫；用阴影色修饰下颌角处，调整脸形，让面部轮廓更紧致并减少锐利感
圆形脸	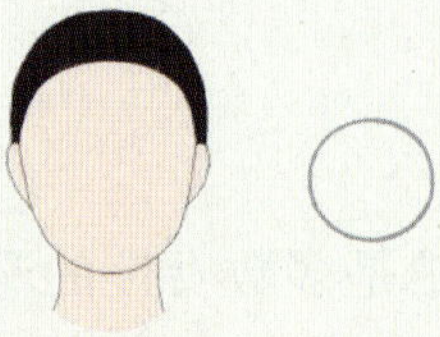	圆形脸会给人以肥胖感 可增加发顶的高度，使脸形稍稍拉长，给人自然协调的美感，佩戴王冠状发饰或头顶盘发是很好的选择。切忌使耳朵两侧的头发横向隆起，否则会显得脸形更圆 眉形上扬，弧度可以稍带棱角；腮红从太阳穴向颧骨处斜扫；用阴影色修饰下颌角处，调整脸形，让面部轮廓更紧致、立体
长形脸	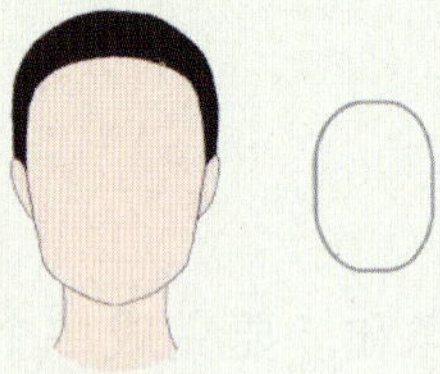	长形脸会给人以严肃感 可将头发做成卷曲波浪式，或选择飘逸、蓬松、有呼吸感的发型。切忌选择披肩直发，会显得脸形更长 眉形平缓，弧度柔和；腮红从太阳穴向颧骨处横扫；用阴影色修饰下巴或者额头处，调整脸形，让三庭比例趋向标准
倒三角形脸	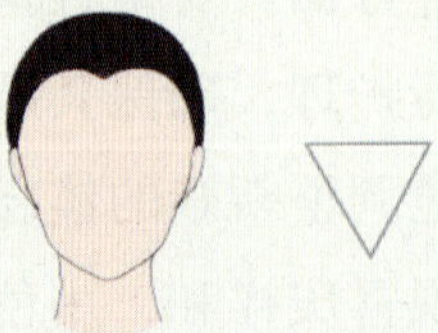	倒三角形脸会给人以刻薄感 将头发做蓬松处理，用刘海或鬓角的头发遮盖部分额头或颧骨，这样能在视觉上减小额部或颧骨的宽度 眉形上扬，弧度柔和；腮红从太阳穴向颧骨处大面积轻扫，使面颊丰满；用阴影色修饰额角处，调整脸形，让面部轮廓更紧致、立体

续表

脸形	图例	造型要点
鹅蛋形脸	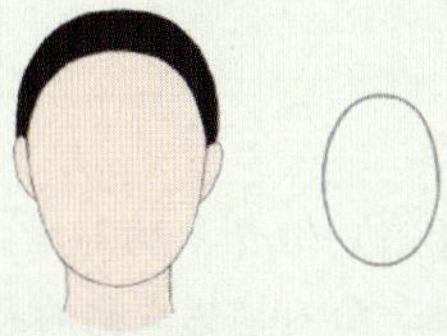	鹅蛋形脸是标准脸形，可以放心大胆地进行任何造型尝试
菱形脸	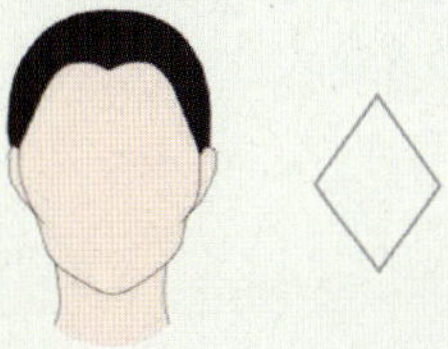	菱形脸额头和面颊狭窄，颧骨突出 不宜暴露额头，可以用刘海修饰额头，耳侧以蓬松卷发修饰过宽的颧骨 眉形上扬，弧度柔和；腮红从太阳穴向颧骨下面轻扫（用浅色胭脂），使面颊丰满；额角处修饰可用浅粉色，调整脸形，让面部轮廓更柔和

表 3–2　不同身材新娘的新娘妆造型要点

身材	图例	造型要点
苹果形	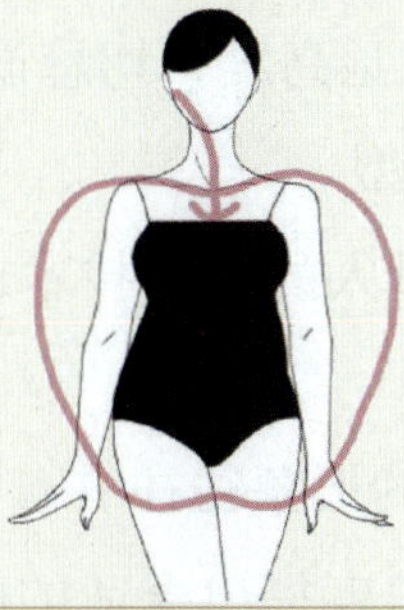	苹果形身材腰部以上偏胖，腰围接近臀围，腿较长而纤细 可以选择胸部装饰简单、能塑造腰部线条的婚纱礼服。如果愿意尝试，露腿的短款婚纱礼服也可以考虑
长方形	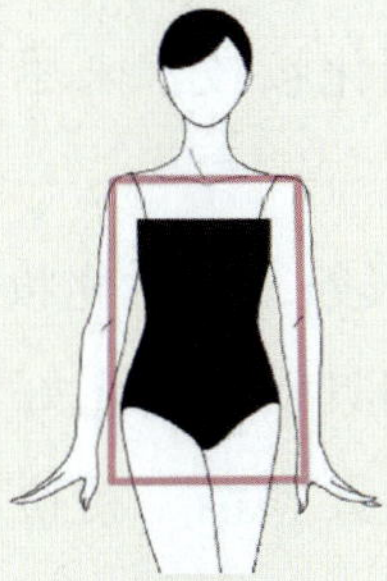	长方形身材偏扁平，偏瘦，腰、胸、臀围相差不大，胸、臀不大，腰不细，缺乏女性曲线美 可以选择胸部有装饰、裙摆突出的婚纱礼服，通过塑造腰部线条，扬长避短；也可以选择流线型婚纱礼服，突出流畅的身体线条
梨形	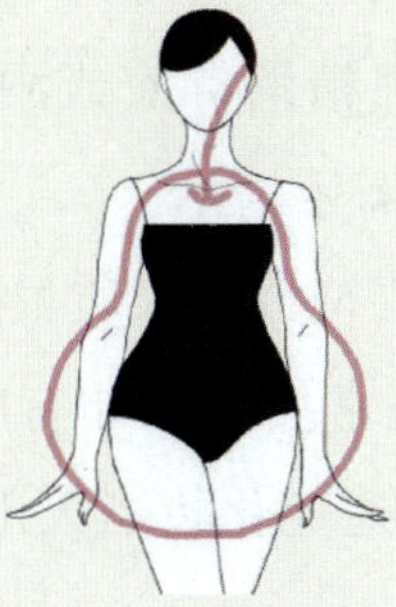	梨形身材微胖，胸围不大，腰不细，臀围较大 可以选择胸部有装饰、裙摆突出的婚纱礼服，通过塑造腰部线条，扬长避短

续表

身材	图例	造型要点
沙漏形	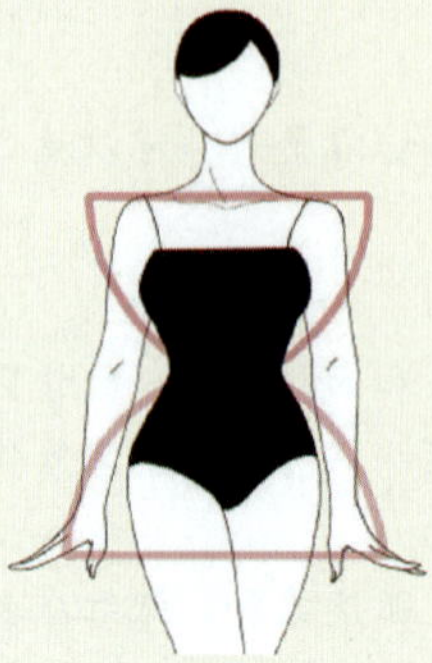	沙漏形身材匀称，胸部丰满，腰部纤细，臀部凸翘，给人性感成熟的感觉 可以选择性感风格的婚纱礼服，如鱼尾款式、紧身款式

另外，新娘身材的高矮胖瘦也是造型需要考量的因素。高瘦体型的新娘整体给人以高挑清瘦之感，卷烫发型和繁复装饰都对高瘦身材有一定的协调作用；矮胖体型的新娘整体给人以敦实圆润之感，设计造型时，发式应向上伸展，借用垫高的蓬松发型或王冠状发饰来增加一定的视觉高度，切忌设计直发、长直发发型；中等体型的新娘可以放心大胆地尝试任何造型。

（2）化妆服务。给新娘化妆不仅要有过人的化妆技术，细致体贴的化妆服务也很重要。

1）心理服务。新娘对于婚礼当天呈现的形象往往有着完美的要求，美容师要理解和尊重新娘的心态和要求，从专业的角度提出合适的建议。若设计方案不被新娘认可，美容师要尊重新娘的选择，利用化妆技术来尽可能达到较好的新娘妆造型效果。

2）卫生服务。为新娘化妆要注重卫生服务，包括化妆前用品、用具的清洁消毒和化妆过程中的清洁消毒。化妆用品、用具要提前做好清洁消毒，粉扑、化妆刷和其他化妆工具要清洗干净，化妆品包装要整洁，粉饼、眼影盘等用品、用具上不能有污物。纸巾、湿纸巾、酒精消毒液、酒精棉片、棉签等清洁消毒用品、用具要准备充足。在化妆前，美容师要用酒精消毒液或酒精棉片清洁消毒双手；在化妆过程中，美容师要戴口罩，全程保持双手清洁。

3）化妆用品、用具质量保证。化妆品要符合国家质量要求，选用正规厂家的品牌产品。要提前检查化妆工具是否能够正常使用，如有问题要提前更换。要提前整理化妆用品，并在化妆箱中摆放整齐，避免化妆当天出现纰漏。

二、新娘妆服饰的要求

1. 设计要求

新娘服饰的款式多样，不同地区和民族有自己的特色新娘礼服。不论在何处，新娘礼服都突出隆重感。目前，在我国，新娘礼服以西式新娘礼服和中式新娘礼服为主，有些民族如朝鲜族、回族、维吾尔族等，会选用具有自己民族特色的新娘礼服。这里主要讨论西式新娘礼服和中式新娘礼服的服饰要求。

西式新娘礼服自民国初年传入中国，先被权贵家庭所采用，后逐渐被社会普遍接受，目前我国普通民众大多接受了结婚时穿着西式新娘礼服的做法。西式新娘礼服以白色为主，也有浅米色、珠光白色等；材料多为缎面、纱面、蕾丝等；裙型有A字婚纱裙、鱼尾婚纱裙、直身婚纱裙、齐地婚纱裙、拖尾婚纱裙、蓬蓬裙式婚纱裙等；领型有一字领、V形领、U形领、小立领等；衣袖款式有肩袖款、无袖款、泡泡袖款等。西式新娘礼服的款式很多，新娘多根据个人喜好和身材特点选择中意的婚纱款式，美容师可以为新娘选择婚纱和配饰提供专业指导和建议。

随着传统文化回归，越来越多的新人选择在婚礼中穿着中式礼服。中式新娘礼服以红色为主，搭配金色丝线刺绣或彩色绣片装饰。中式新娘礼服款式有传统褂式，也有汉风、唐风、明风等不同朝代传统服饰款式。中式新娘礼服的搭配要遵循不同款式礼服的服饰特点，体现浓厚的传统文化。

2. 注意事项

（1）新娘礼服。选择新娘礼服时，既要考虑新娘的体型、性格、喜好等因素，又要考虑妆容、首饰、天气等。新娘礼服还要随着婚礼环节的变化而变化。

（2）新娘首饰。新娘首饰包括新娘的项链、耳环（耳钉）、手链、戒指等。新娘首饰要与新娘的妆容、礼服相搭配，做到主题统一、色彩一致等，要随着服饰的变化而变化。

（3）新娘鞋。考虑身高、礼服及婚礼中的敬酒等因素，需要准备不同的新娘鞋。在典礼环节，新娘可以穿高跟鞋，以衬托高贵气质；在敬酒环节，新娘可以穿一双跟稍微矮些的鞋子，以提高行动便利性。

培训单元 2　新娘妆造型的类型与特点

培训重点

熟悉新娘妆造型的类型。

能够正确选择婚纱、配饰。

能够正确选择新娘发型。

知识要求

一、端庄雅致风格

1. 风格特点

端庄雅致风格的新娘妆造型深受大多数新娘的喜爱，符合我国社会对新婚女性的审美标准。端庄雅致风格的新娘妆造型要求妆面大气自然，眉形周正，眼妆文雅，唇形饱满，口红颜色与腮红呼应，体现新娘稳重成熟的气质；发型以盘发为主，发面光洁、无碎发，如图 3–1 所示。

图 3–1　端庄雅致风格的新娘妆造型

2. 搭配要求

端庄雅致风格的新娘妆造型可以选择缎面、轻纱或蕾丝材质的婚纱，以体现新娘雍容华贵的气质，婚纱可以选择拖尾、抹胸、一字领等多种款式，可以搭配相应材质的手套。发型多选用盘发，头发梳理平顺，可以梳成高发髻或低发髻，发面要光洁、无碎发，搭配王冠状发饰或缎面发饰，凸显新娘端庄稳重的气质。耳饰和项链可以选择水钻或珍珠款式。

二、甜美可爱风格

1. 风格特点

甜美可爱风格的新娘妆造型深受年轻女性喜爱。甜美可爱风格的新娘妆造型要求妆面清新甜美，淡而不俗，淡眉、圆眼、亮眼影，精致中有几分妩媚。唇妆可选择浅粉色、淡橙色，不凸显唇线；腮红与唇色呼应，可以面积大些，颜色浅些，凸显新娘甜美可人、娇俏妩媚的气质；发型可以选择编发、半编发的形式，可以有选择性地设计发丝的位置和卷度，搭配可爱的发饰或花朵，如图 3–2 所示。

图 3–2　甜美可爱风格的新娘妆造型

2. 搭配要求

甜美可爱风格的新娘妆造型可以选择纱面婚纱，层层叠叠的纱面可以凸显新娘浪漫甜美的气质，可以选择多层次蛋糕裙及带有公主袖、蝴蝶结等元素的款式，可以搭配短款手套。发饰应根据礼服进行选择，可以选择花朵配饰、珍珠配饰、小巧别致的王冠和发夹等。耳饰和项链可以选择小巧别致的款式。

三、简约大气风格

1. 风格特点

简约大气风格的新娘妆造型深受成熟女性喜爱。简约大气风格的新娘妆造型要求妆面清晰自然，五官立体，眉形俊朗，眼妆明媚；唇形饱满、圆润，唇色以正红、朱红或玫红为上选；腮红颜色要配合唇色进行选择，并起到修饰脸形的作用；发型选用简单明快的款式，长发要盘起，短发要修剪造型，如图 3–3 所示。

图 3–3　简约大气风格的新娘妆造型

2. 搭配要求

简约大气风格的新娘妆造型一般选择缎面婚纱，少用蕾丝装饰，可选用直身裙、钟形裙、拖尾裙或鱼尾裙，也可选用西装款式。发饰可选择简约款王冠或有点睛作用的饰品。可搭配设计感强的耳饰和项链，材质以简单的钻石、珍珠、有色宝石为主，也可根据礼服情况酌情减少配饰。配饰的选择以突出新娘独特的气质为要。

四、复古风格

1. 风格特点

复古风格的新娘妆造型选取二十世纪二三十年代的元素，将其体现在妆容、发饰和服饰中，打造与众不同的新娘妆造型，如图 3–4 所示。复古风格的新娘妆造型颇受爱好文艺和怀旧的女性喜爱。

图 3–4　复古风格的新娘妆造型

2. 搭配要求

要体现复古风格的新娘妆造型，就要选择具有复古感的饰品，打造精致、独特的风格。具有复古感的蕾丝头纱、手套、珍珠首饰、手推波纹的卷发等都是可以体现复古风格的设计元素。

五、另类创新风格

1. 风格特点

现代婚纱风格更为多元化，创意更为丰富。不少准新娘追求新意、敢于尝试，期望能在婚礼上展示自己不落俗套的风格品味。另类创新风格的新娘妆造型如图 3–5 所示。

图 3–5　另类创新风格的新娘妆造型

2. 搭配要求

另类创新风格的新娘妆造型可以体现在妆面、发型、服饰和配饰多个方面。例如，妆面舍弃粉色、橙色等传统的新娘妆用色，选用雅致的米色系或者神秘的银色系眼影体现新娘个性，或者选用夸张鲜艳的彩色眼线彰显新娘的大胆创新。发型可以选择密集细卷发、俏皮短发、个性盘发或假发来塑造不同的风格。具有仪式感的白色西服套装、短款婚纱等都是近期时髦的选择。手捧花除选择鲜花外，还可以选择绿植造型手捧花、气球或对新人有特别纪念意义的物品。

六、中式传统风格

1. 风格特点

中式传统婚礼以喜庆、富含文化底蕴的特点深受新人及其家庭的喜爱，中式传统风格的新娘妆造型能很好地展现东方新娘的含蓄、端庄和温柔。

从化妆细节来看，中式传统新娘妆要保证有很好的设计感，也要考虑妆容与服饰、配饰等的整体搭配。化中式新娘妆时，眉毛描画可以选择走势平缓的娟秀眉形；眼影可以选择金色、红色相搭配，也可以用棕色或米色打底，再搭配金色或红色；眼线描画要自然，修饰新娘眼形即可，不宜过于浓艳夸张；嘴唇修饰可以选择正红色或朱红色，描画饱满的唇形，如图 3-6 所示。

图 3-6　中式传统风格的新娘妆造型

2. 搭配要求

中式新娘礼服以民清服饰居多，也有新娘喜欢选择汉代或唐宋时期的服饰。在设计造型中，美容师要考虑不同朝代服饰的特点，注重朝代风格的一致性，不宜混搭。

中式传统风格的新娘妆造型一般搭配金钗、金步摇或金头冠，头发一般梳成发髻或对称的盘发，有无刘海都可；首饰一般为黄金材质，搭配不同的宝石，这种中式传统饰品一般成套使用。对应于西式新娘妆造型设计中的手捧花，现在中式新娘妆造型设计中还会使用手捧扇，寓意富贵吉祥。

思考题

1. 新娘妆的造型要求是什么？
2. 端庄雅致风格的新娘妆造型要点是什么？
3. 甜美可爱风格的新娘妆造型要点是什么？
4. 简约大气风格的新娘妆造型要点是什么？
5. 复古风格的新娘妆造型要点是什么？
6. 中式传统风格的新娘妆造型要点是什么？

培训项目 2 新娘妆

培训单元 1　新娘妆的化妆方法与造型

培训重点

能够熟练运用化妆技法完成新娘妆妆面。

知识要求

一、新娘妆的化妆方法

1. 化妆前准备

美容师要指导新娘在婚礼前做好皮肤护理、身体护理、情志调节等，从而使新娘可以在婚礼当天以理想的状态迎接亲友。婚礼前准备要根据新娘的基本状态和婚礼准备时间长短来进行安排和设计，一般婚礼前要安排 1 ~ 3 个月来调整新娘的整体状态。

美容师要告知新娘：在婚礼前几天修剪好头发；在婚礼前一天做好指甲；准备和化妆造型相关的东西，包括礼服、鞋子、配饰等，并检查是否完好，同时准备好一些备份物品，以备不时之需；礼服要提前熨烫整理，且最好提前挂起；准备好隐形内衣；婚礼前一天的晚餐要少盐，少喝水，最好在睡前 2 小时别再喝水，避免面部浮肿或形成肿眼泡，同时晚上要早点休息，避免黑眼圈。

美容师还要提醒新人家庭准备化妆场地，场地内要有化妆台、镜子、接线板等，室内光线要充足。在给新娘化妆前，美容师要准备好工作台面，如图 3–7 所示。

图 3–7 工作台面准备

2. 面部底妆的化妆方法

应先做好妆前护肤，可以选择敷补水面膜或涂保湿精华等面部补水方式。新娘妆的面部底妆重点在于呈现清透自然的效果，因此液体粉底是较好的选择。要根据新娘所处场合决定妆面。迎宾时，妆面宜自然；拍摄婚纱照时，受灯光和拍摄时长的影响，妆面遮盖度和立体感更为重要，因此可以合理利用膏状粉底。底妆应尽量轻薄、服帖、自然。对于皮肤基础好的，选择接近肤色的液体粉底；对于面部瑕疵多的，选择膏状粉底，尽量打薄，并进行局部加厚遮盖。应尽量选择透明定妆粉来减轻底妆的厚度。化底妆如图 3–8 所示。

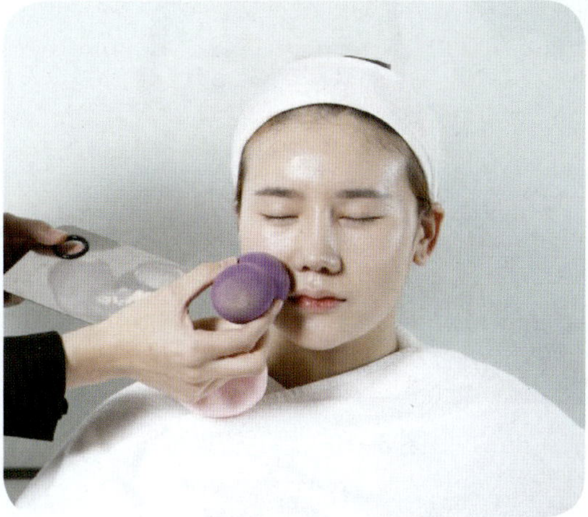

图 3–8 化底妆

3. 眼妆的化妆方法

化新娘妆时，眼影常用两大色系：暖色系，如粉色、粉紫色或紫色；大地色系，如棕色、米色或咖啡色。眼影晕染手法为平涂、渐层、小倒勾或微烟熏。眼影效果如图 3–9 所示。

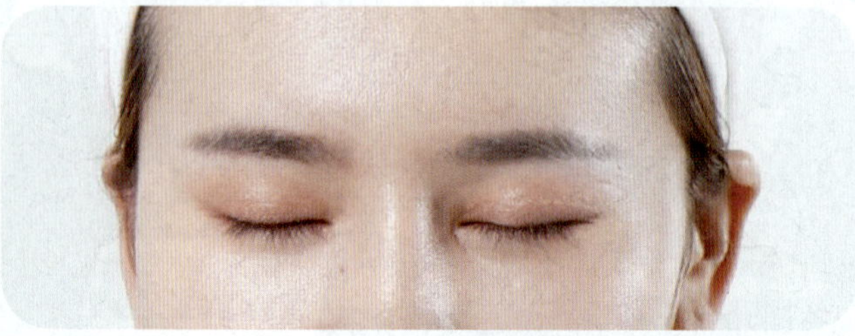

图 3–9 眼影效果

在睫毛的处理上，对于睫毛浓密的人，直接涂刷睫毛膏即可；对于睫毛短而稀少的人，可粘贴仿真型假睫毛，但要注意真、假睫毛衔接自然。

4. 眉毛的描画方法

化新娘妆时，注意眉形要生动自然，可以用眉笔或眉粉描画眉形。同时，要注意根据妆面、服饰、发色等选择合适的眉色。在修饰时，应尽量保持原有眉形。对于缺失眉，可先淡扫眉色后再用眉笔进行填充。眉毛的描画如图 3–10 所示。

图 3–10 眉毛的描画

5. 唇妆的化妆方法

唇妆尽量按照原唇形勾画。先涂抹润唇膏，再涂抹有色唇膏，在唇珠的位置上涂一层轻薄的唇彩，起到提亮滋润的作用。唇妆效果如图 3–11 所示。

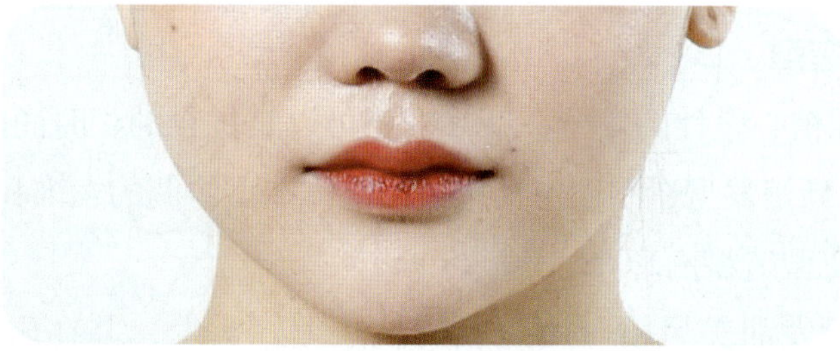

图 3–11 唇妆效果

6. 腮红的化妆方法

腮红要凸显喜庆的同时，也要注意自然。可选择粉色或棕红色的腮红，并根据脸形选择晕染方式。腮红效果如图 3–12 所示。

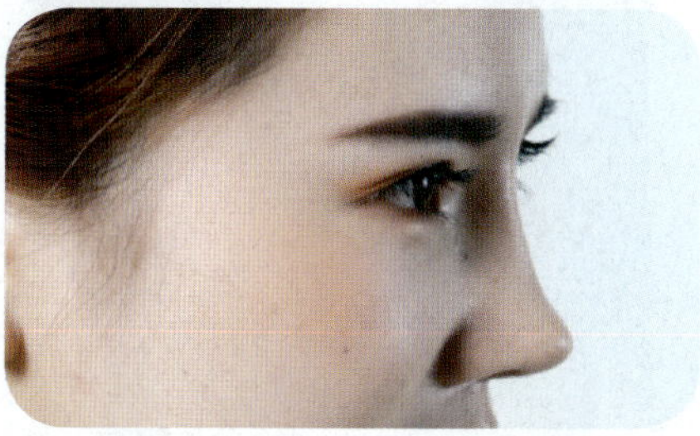

图 3–12 腮红效果

7. 定妆方法

新娘妆要求持久不脱妆，定妆产品应以透明定妆粉为主，保持妆面清透自然。最终的新娘妆效果如图 3–13 所示。

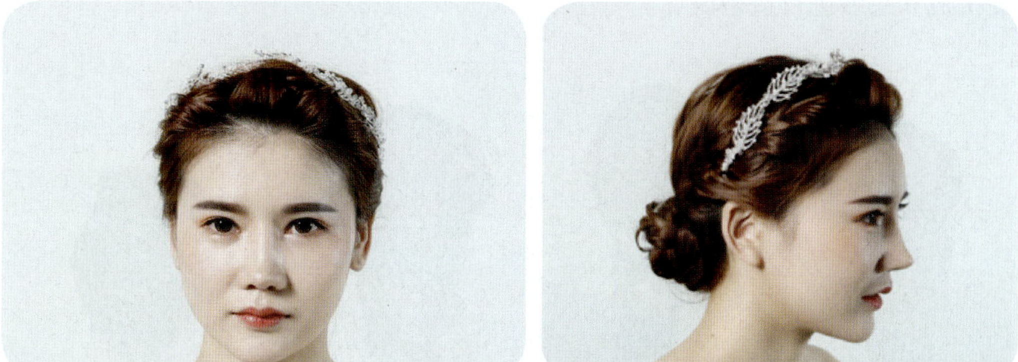

图 3–13 新娘妆效果

二、新娘妆的造型

1. 新娘发型造型

新娘妆应搭配精心设计的发型，新娘发型可以是优雅的、时尚的、清新的、可爱的、有女人味的。新娘发型造型还包括选择与整体造型协调的发饰和头纱进行搭配。

常见的新娘发型造型有以下几种。

（1）辫式低盘发甜美风格。用三股辫技法编好头发，并在后发际线处盘发髻，头发要足够整洁，纹理要清晰，如图 3–14 所示。此款发型可以选择王冠、丝带、花朵等配饰增加甜美感。

图 3–14　辫式低盘发甜美风格

（2）简约复古盘发端庄风格。将头发梳理后扎成高发束，对于头发多的人，可以分为两股头发，编麻花辫，将麻花辫拉松后，盘成发髻，如图 3–15 所示；对于头发少的人，可以选用盘发器或假发，用同样的方法盘成发髻。此款发型可以搭配王冠和头纱进行造型设计。

图 3–15　简约复古盘发端庄风格

（3）森系清新编发俏皮风格。扎起头顶适量头发，把第一个发束从皮筋上翻出；扎起第一个发束两侧的适量头发，把第二个发束从皮筋上翻出；依此扎起、翻出 3 ～ 5 个发束。在皮筋处，用 U 形夹或花朵装饰。森系清新编发俏皮风格如图 3–16 所示。

图 3–16　森系清新编发俏皮风格

（4）大波浪卷发浪漫风格。将卷发梳顺，留出耳侧和鬓角的头发，其余头发扎成低马尾；将两边耳侧和鬓角的头发分别编两股辫，辫尾缠绕在低马尾的皮筋处，并在枕骨处固定；把两股辫拉松，制造出蓬松效果，适度拉出后脑处的部分头发，营造丰盈的视觉效果。此款发型可以搭配花朵、发带、钻饰等进行造型设计。大波浪卷发浪漫风格如图 3–17 所示。

图 3–17　大波浪卷发浪漫风格

2. 新娘服装搭配

不论新娘选择何种礼服，西式的或者中式的，高贵的或者可爱的，纱面的或者缎面的，美容师都要根据新娘礼服来搭配妆容、饰品、捧花等，同时还要考虑新郎服饰与新娘服饰之间的呼应，烘托协调浪漫的氛围。

（1）西式新娘礼服搭配。西式新娘礼服搭配需要考虑婚纱款式和材质与首饰、头纱、捧花、新娘鞋等方面的协调。礼服搭配需要考虑细致，面面俱到，应做好详细的方案设计，避免婚礼现场出现差错。

（2）中式新娘礼服搭配。中式新娘礼服搭配需要考虑服装款式与饰品的协调。中式新娘礼服的常见款式包括传统旗袍、改良旗袍和各朝代服饰。目前，婚庆市场中使用民清服饰较多，汉代服饰也有使用。选择中式新娘礼服要注重朝代特点，凸显文化底蕴。不同朝代风格的礼服背后有着不同的礼仪规范，这也是选择礼服时需要考虑的因素。美容师要深入了解礼服背后蕴含的文化内涵，进行合理搭配，避免闹出张冠李戴的笑话。中式新娘礼服适合搭配有垂坠感的珠宝和时尚典雅的盘发，展现新娘俏丽的特质。选择垂坠式耳饰时，要注意耳饰与新娘脸形的搭配。中式新娘礼服多采用丝质、绸缎面料，首饰材质宜选择珍珠、宝石、黄金等。

3. 新娘配饰选择

新娘配饰有很多种，包括头饰、耳饰、项链、手镯、手套、披肩、捧花、鞋子等，美容师应根据新娘礼服和新娘的面部特征、体态特征及发型进行配饰选择。

配饰要提前准备好，不能有破损或脏污，避免给新娘带来不好的体验。

三、新娘妆造型的注意事项

1. 整体色系搭配和谐

新娘妆造型整体色系要协调。粉色系的妆面应搭配粉色系的指甲和捧花；橙色系的妆面应搭配橙色系的指甲和捧花。而妆面色系、配饰色系要与礼服色系相搭配。白色礼服一般搭配璀璨的水钻，并适合搭配粉色系或银色系的妆面；奶白色礼服一般搭配温润的珍珠，并适合搭配橙色系或金色系的妆面；中式礼服一般搭配华丽的金色步摇，并适合搭配红色系或金色系的妆面。

2. 妆面整洁

新娘妆妆面要时刻保持整洁。美容师不仅要在完成妆面的同时保持妆面整洁，在定妆环节进行着重处理，还要时刻关注新娘是否出现脱妆。新娘在外景拍摄期间、迎宾期间和仪式环节都可能因为环境温度、情绪等出现脱妆，若出现脱妆，应及时补妆。

技能要求

新娘妆造型设计与实施

操作步骤

步骤 1　咨询

（1）准备咨询工具和资料。

（2）引导顾客完成咨询，准确把握顾客要求，从专业角度给顾客提出建议，并解决问题。

（3）与顾客初步确认新娘妆造型设计方案及注意事项。

步骤 2　制订新娘妆造型设计方案

（1）整合顾客需求，制订新娘妆造型设计方案，核算成本。

（2）与顾客沟通和修改设计方案。

（3）基本确定设计方案。

（4）告知顾客方案修改的相关要求，如截止日期及注意事项。

步骤 3　新娘妆造型设计实施

（1）准备用品、用具。

（2）完成妆面。

（3）完成发型。

（4）帮助新娘穿着礼服。

（5）完成饰品搭配。

（6）指导新娘仪态。

注意事项

1. 提前做好咨询准备，在约定时间内完成咨询，态度亲切、耐心。
2. 方案制订要考虑成本，及时与顾客沟通确认。
3. 用品、用具齐全，使用前要进行消毒。
4. 实施过程中戴口罩，束发，注意清洁卫生。
5. 化妆时间控制精准。
6. 确保实施效果与设计方案一致。
7. 根据情况及时补，及时整理新娘发型，解决美容师职责范围内的相关问题。

培训单元 2　色彩在化妆造型中的应用

培训重点

了解光色与妆色的关系。

知识要求

一、色彩的选择

1. 色彩冷暖选择

色彩本身并无冷暖差别，是视觉引起人们对色彩冷暖的心理联想。色彩的冷暖感觉不仅表现在固定的色相上，而且在同色系颜色的比较中还会显示其相对的倾向性。例如，同样表现天空的霞光，描绘早霞适合用玫红色，能表现清新而偏冷的感觉，而描绘晚霞则适合用大红色，其视觉暖感更强，但若与橙色相比，前面两种颜色又都偏冷。

（1）暖色。人们见到红色、红橙色、橙色、黄橙色、红紫色等颜色，会联想到太阳、火焰、热血等物像，产生温暖、热烈、扩大、活泼、开放、危险、不透明、刺激、稠密、深的、近的、重的、干的等感觉。

（2）冷色。人们见到蓝色、蓝紫色、蓝绿色等颜色，会联想到太空、阴影、冰雪、海洋等物像，产生寒冷、理智、平静、缩小、流动、文雅、保守、透明、镇静、稀薄、淡的、远的、轻的、湿的等感觉。

（3）中性色。绿色和紫色是中性色。绿色是自然界中常见的颜色，代表清新、希望、安全、舒适、生命、和平、宁静、自然、环保、成长、生机、青春、放松等。紫色一般被认为是高雅、富贵的色彩，与幸运、华贵相关联。

2. 色彩明暗选择

因明度差别而形成的色彩对比称为明度对比。

根据明度色标，凡明度在零度至三度的色彩称为低调色，四度至六度的色彩称为中调色，七度至十度的色彩称为高调色。色彩间明度差别的大小决定明度对比的强弱。三度差以内的对比称为短调对比；三至五度差的对比称为中调对比；五度差以上的对比称为长调对比。

在明度对比中，如果其中面积最大、作用也最大的色彩或色组属高调色，与其他颜色的对比为长调对比，那么整组对比就称为高长调。根据这样的方法，明度对比大体可划分为高长调、高中调、高短调、中间长调、中间中调、中间短调、低长调、低中调、低短调。

高长调可以由黑、白、灰三色构成，令人产生强的、男性的等感觉。中间短调具有薄暮感，显得含蓄、模糊而平板。低长调表现较强烈，有爆发性，具有苦闷感。低短调则有低沉、忧郁感。

一般来说，高调色适合表现愉快、活泼、柔软、弱、辉煌、轻；低调色适合表现朴素、丰富、迟钝、重、雄大、寂寞感。明度对比强，则光感强，形象的清晰程度高，锐利，不容易出现误差。明度对比弱，则不明朗，形象模糊不清，显得柔和、静寂、柔软、含混、单薄、晦暗等。明度对比太强时，会产生生硬、空洞、简单化等感觉。

3. 色彩饱和度选择

色彩饱和度指的是色彩鲜艳程度，也称色彩纯度。饱和度取决于该色中含色成分和消色成分（灰色）之间的比例。含色成分越大，饱和度越大；消色成分越大，饱和度越小。

同一色相的色彩不掺杂黑、白、灰色，则被称为纯色。在纯色中加入不同明度的黑、白、灰色，会出现不同的纯度。以蓝色为例，向纯蓝色中加入一点白色，纯度下降而明度上升，变为淡蓝色，继续加入白色，颜色会越来越淡，纯度持续下降，而明度持续上升；向纯蓝色中加入黑色或灰色，则纯度和明度同时下降。

一般来说，高纯度色的色相明确，能引起较强的视觉兴趣，但容易使人疲倦，不能持久注视；低纯度色表现较含蓄，不能引起强烈的视觉兴趣，能持久注视，但因平淡、乏味，久看容易厌倦。

纯度对比不足时，会出现粉、脏、灰、黑、闷、单调、软弱、含混等感觉；纯度对比过强时，会出现生硬、杂乱、刺激、目眩等感觉。

二、光色与妆色的关系

光源分为日光和灯光。日光光源的特点是色温偏高，色彩偏冷，对妆面色彩影响小。灯光光源的特点是可以变化光色和投照角度，化妆色调在不同色调的灯光下会产生变化。

1. 冷、暖色光与妆色的关系

光按色相可以分为冷色光和暖色光，冷、暖色光可以使相同的妆色效果得到强化。暖色光照在暖色妆面上，妆面的颜色会变浅、变亮，妆面有失色感，效果比较柔和。例如，红色光照在黄色的妆面上，妆面会显得更鲜艳、自然。冷色光照在冷色妆面上，妆面的颜色会变冷艳。例如，蓝色光照在蓝紫色的妆面上，妆面会显得更冷艳。暖色光照在冷色妆面上或冷色光照在暖色妆面上，都会造成模糊、不明朗的效果。例如，蓝色光照在橙色妆面上，会使妆面显得混浊。

2. 光色与妆色的关系

彩色灯光照射下的妆色变化较大，色相的走向由灯光色与妆色的综合作用决定。如果妆色与灯光色相同或近似，那么灯光下妆色将更加鲜艳，色相将更加明确；如果妆色与灯光色相异，或是补色关系，那么灯光下妆色将变灰暗，色相将变模糊。光色与妆色的关系见表 3–3。

表 3–3　光色与妆色的关系

光色 妆色	红光	黄光	绿光	蓝光	紫光
红色妆面	色彩更加艳丽	鲜红，微带橙色	黑褐色	暗紫蓝色	红紫色
黄色妆面	偏红色	色彩更加艳丽	明亮的黄绿色	绿黄色	带暗红色
绿色妆面	暗灰色	鲜绿色	色彩更加艳丽	淡橄榄绿	暗绿褐色
橙色妆面	红橙色	橙色	淡褐色	淡褐色	棕色
蓝色妆面	暗蓝黑色	绿色	暗绿色	色彩更加艳丽	暗蓝色
紫色妆面	红棕色	带褐色	带褐色	带褐色	色彩更加艳丽

3. 灯光投照角度与妆色的关系

用光讲究到位，应能有效地突出皮肤的纹理、面部轮廓的立体。润饰光的作用最为明显，它可以改变模特的视觉面貌。不同的光线角度会产生不同的影响。

（1）正面光。正面光又称顺光。正面光下阴影极少，可以表现清晰的影像质感和艳丽的色彩，层次感表现较弱。正面光使皮肤显得细腻光滑、面部轮廓显得清晰明朗。用高角度正面光，会使脸显得长；用低角度正面光，会使脸显得短。

（2）侧面光。侧面光指在人面部前以 45° 角投向主体的光，其能适度地表现主体的明暗对比，具有立体感和质感的表现力。

（3）逆光。逆光又称背光。在强烈的逆光投射下，能形成优美的面部轮廓，但缺乏质感和色彩的表现力。光源从主体后方 45° 角射出，明亮部位少而阴暗部位多，主体正面大部分被隐没，但有局部的光边，能很好地勾画出面部的线条。

思考题

1. 新娘妆的化妆要点是什么？
2. 新娘妆配饰的选择要点是什么？
3. 新娘妆搭配的和谐性体现在哪些方面？
4. 光色对新娘妆的影响是什么？
5. 新娘妆的色彩选择要点是什么？

培训项目 3 接睫毛

培训单元 1 接睫毛的基础知识

培训重点

熟悉接睫毛的概念与原理。

熟悉接睫毛的种类。

知识要求

一、睫毛美化与修饰

睫毛可衬托显示眼睛的轮廓，增添眼睛的神韵。在日常审美中，人们以乌黑、浓密、纤长、微微向上卷翘的睫毛为美，这样的睫毛对眼形美甚至整个容貌美都具有重要的作用。睫毛已成为人类尤其是女性的面部重要修饰部位之一。随着科技发展与进步，眼部美化方法也越来越多样化。在接睫毛普及之前，人们常用烫睫毛、刷睫毛膏、贴假睫毛等方法来美化自己的睫毛，使自己的眼睛看上去更有神、更美丽。

烫睫毛可以使睫毛卷翘，但无法增加睫毛的密度和长度。刷睫毛膏方便快捷，在日常化妆中运用广泛，然而不防水的睫毛膏容易脱落形成“熊猫眼”，防水的睫毛膏卸除步骤烦琐，不易清洁，同时化妆痕迹比较明显。贴假睫毛则不太容易掌握，假睫毛容易在内、外眼角处翘起，既影响美观度又影响舒适度，而且和涂睫毛膏一样，贴假睫毛需要每天卸妆，第二天需再次粘贴，比较烦琐。

随着科技的发展、技术和材料的更新，20 世纪 90 年代末开始出现接睫毛这项技术。在 2002—2004 年，国内美容院开始引进这项技术，但当时并没有普及。2008 年，接睫毛开始在美甲店得到推广，但技术和产品还不是特别成熟，市场接受度不高。2011 年底 2012 年初，随着技术和产品的升级，以及产品公司的大力推广，接睫毛开始被大众广泛接受并喜爱。

接睫毛是一种快速便捷的美睫方式，能使睫毛变得浓密、纤长、卷翘，同时根根分明，宛若天生，且不受卸妆、洗脸、沐浴、游泳等影响，效果可长达四周左右。

二、接睫毛的概念与原理

接睫毛也称嫁接睫毛，在日韩也称睫毛延长术，是由掌握接睫毛专业技能的美容师在顾客平躺闭眼的情况下，用专用黏合剂将仿真睫毛一根根准确无误地粘贴在顾客的真睫毛上，达到浓密、纤长、卷翘等美睫效果的一种技术。

学习接睫毛专业技能首先要了解眼睛的生理结构、睫毛的特征与作用、睫毛的生长周期，以上知识见《美容师（初级）》职业模块 3 培训项目 2 中的相关内容。

接睫毛时，美容师根据每位顾客的眼形及睫毛的浓密度、卷翘度、长度、粗细度等，结合顾客个人风格、喜好与需求进行睫毛延长造型，从而达到美化眼睛的目的。接睫毛的前后效果对比如图 3–18 所示。

a)　　b)　　c)

图 3–18　接睫毛的前后效果对比

a）接睫毛前　b）接睫毛后的正面效果　c）接睫毛后的侧面效果

相关链接

接睫毛与种植睫毛的区别

接睫毛是用睫毛嫁接专用黏合剂将仿真睫毛粘贴在顾客的真睫毛上，操作结束立即可达到眼睛美观有神的效果，顾客可以立即出门，没有恢复期。

种植睫毛是用显微外科手术取出顾客自身后枕部健康的头发毛囊组织，经过特殊的分离毛囊组织处理，将其移植到睫毛生长部位。种植睫毛属于微创手术，需要三个月左右的恢复期与三个月左右的生长周期后才会长出新的毛发，新长出的毛发需要经常修剪护理，不然种植后的睫毛会跟头发一样一直生长，并且可能导致原本的睫毛倒长，引起眼部疾病。

三、接睫毛的种类与区别

1. 接睫毛的种类

目前在市场上，接睫毛普遍分为两大类：一类为单根嫁接，也称一对一嫁接；另一类为多根嫁接，也称一对多嫁接。

（1）一对一嫁接。一对一嫁接是指在一根真睫毛上粘贴一根人工合成的仿真睫毛，如图 3–19 所示。用于一对一嫁接的仿真睫毛的粗细度通常为 0.1 ～ 0.25 mm。

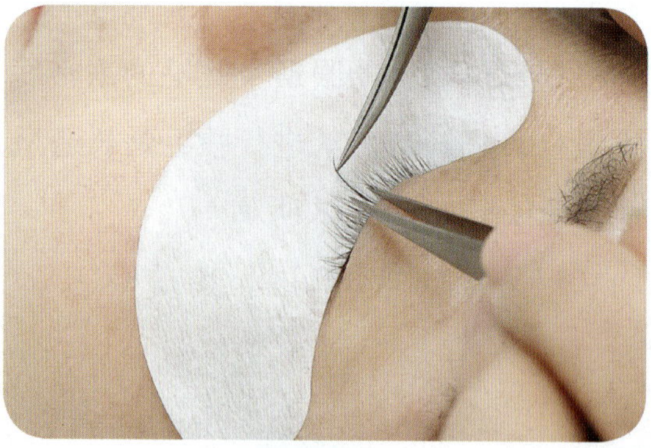

图 3–19　一对一嫁接

（2）一对多嫁接。一对多嫁接是指在一根真睫毛上粘贴多根仿真睫毛，使浓密效果更为明显。用于一对多嫁接的仿真睫毛的粗细度通常为 0.03 ～ 0.1 mm。

一对多嫁接与一对一嫁接的区别如图 3–20 所示。

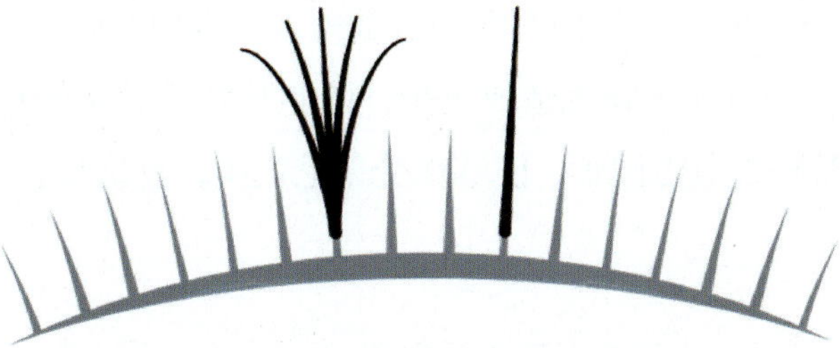

图 3-20 一对多嫁接与一对一嫁接的区别

一对多嫁接包含普通型一对多嫁接、Y 形睫毛嫁接、W 形睫毛嫁接、朵毛嫁接、开花睫毛嫁接等。

1）普通型一对多嫁接。普通型一对多嫁接是指一次取 2 ~ 5 根较细软的仿真睫毛进行一对多嫁接。

2）Y 形睫毛嫁接。Y 形睫毛通常为根部聚拢、毛尖分开的 2 根仿真睫毛，呈 Y 形，如图 3-21 所示。若用 Y 形睫毛进行嫁接，则形成一对二嫁接。

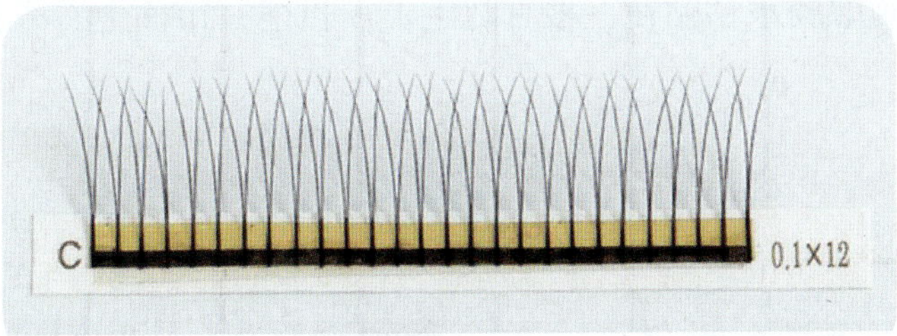

图 3-21 Y 形睫毛

3）W 形睫毛嫁接。W 形睫毛通常为根部聚拢、毛尖分开的 3 根仿真睫毛，呈 W 形，如图 3-22 所示。若用 W 形睫毛进行嫁接，则形成一对三嫁接。进行 W 形睫毛嫁接前，需考虑顾客睫毛能否承受较多仿真睫毛的重量。

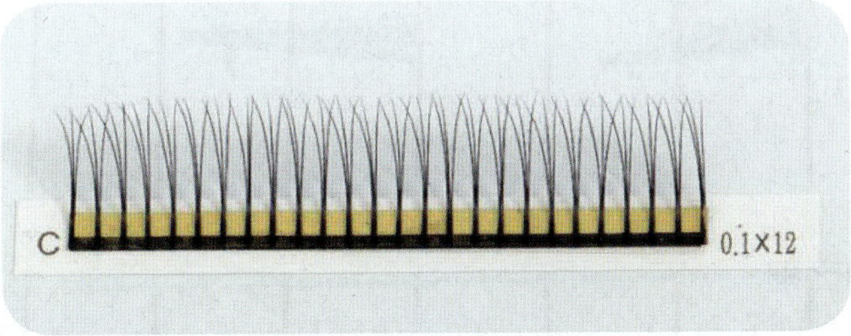

图 3-22 W 形睫毛

4）朵毛嫁接。朵毛通常包含 5 根左右的仿真睫毛，将其合为 1 束，根部较粗，毛尖散开，如图 3–23 所示。由于仿真睫毛数量较多，再加上粘贴用的胶水，朵毛根部会较粗且相对较重，会对顾客睫毛造成负担，因此从睫毛健康的角度考虑，一般不建议选择朵毛嫁接。若顾客睫毛健壮、能够承受朵毛负担，且确实有需求，则可以考虑。

图 3–23　朵毛

5）开花睫毛嫁接。开花睫毛是指在一排仿真睫毛上取 3 ~ 6 根，用专业的手法使其根部聚拢、毛尖散开，类似一朵开放的花朵，如图 3–24 所示。嫁接时，将这朵开花睫毛的根部蘸取胶水粘贴在一根真睫毛上。目前，市面上有开花睫毛成品销售。

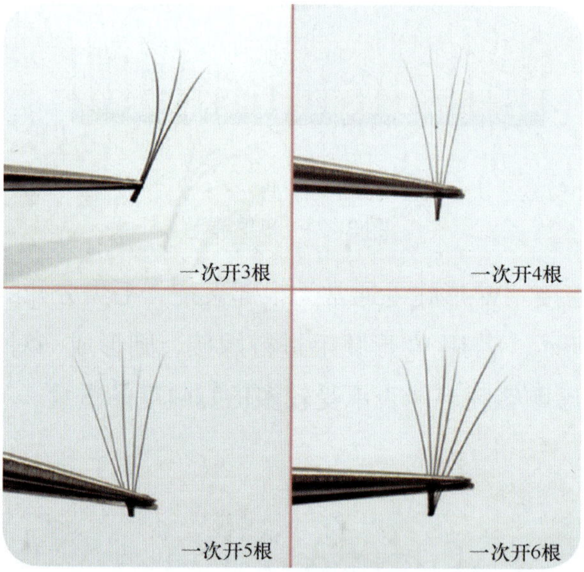

图 3–24　开花睫毛

2. 接睫毛的区别

一对一嫁接是目前最基础、应用最广泛的接睫毛方式，适合任何睫毛状况的顾客，嫁接后的睫毛看起来自然逼真。通常用于一对一嫁接的仿真睫毛粗细度为 0.15 mm。若顾客的睫毛较细软，则选用粗细度为 0.1 mm 或 0.12 mm 的仿真睫毛；若顾客的睫毛较健壮，希望看上去更浓密一些，则可选择粗细度为 0.18 ~ 0.25 mm 的仿真睫毛。粗细度为 0.03 ~ 0.07 mm 的仿真睫毛由于太细，一般不用于一对一嫁接。

一对多嫁接适合睫毛空缺填补或喜欢浓密黑亮效果的顾客。对于整体睫毛稀少的顾客，可选择开花睫毛或穿插进行多种类型的一对多嫁接来营造浓密效果。对于局部睫毛有空缺的顾客，可在一对一嫁接的基础上，在空缺部位进行 Y 形睫毛、W 形睫毛嫁接。进行一对多嫁接时，建议使用较细软的仿真睫毛，以减轻真睫毛的负担。Y 形睫毛嫁接、W 形睫毛嫁接可使用粗细度为 0.1 mm 的仿真睫毛，朵毛嫁接、开花睫毛嫁接等建议使用粗细度为 0.03 mm 或 0.05 mm 的仿真睫毛，普通型一对多嫁接可选用粗细度为 0.03 ~ 0.07 mm 的仿真睫毛。

在胶水用量上，一对多嫁接的胶水用量会比一对一嫁接的胶水用量多一些。在粘贴位置上，一对一嫁接时，仿真睫毛可粘贴在真睫毛的上下左右；一对多嫁接时，通常建议仿真睫毛粘贴在真睫毛的上面或下面，不建议粘贴在真睫毛的左边或右边。

培训单元 2　接睫毛的用品、用具

培训重点

熟悉接睫毛用品、用具的分类。

熟悉接睫毛用品、用具的使用注意事项。

知识要求

一、仿真睫毛

1. 仿真睫毛的材质与种类

（1）仿真睫毛的材质。仿真睫毛的材质分为两大类，一类为人造纤维，另一类为动物毛发。市面上的仿真睫毛有不同的叫法，如蚕丝睫毛、水貂睫毛、紫貂睫毛等，但其实大部分仿真睫毛都是人造纤维睫毛，并不是真正的动物毛，只是根据粗细度、柔软度取了个相应的名字来体现其特点。

现在市场上的人造纤维睫毛主要采用PBT（聚对苯二甲酸丁二醇酯）制成。利用特殊机械和工艺将PBT进行拉丝成形、剪裁、磨尖、高温定型、杀菌后，可制作出不同粗细度、长度、卷翘度的高品质仿真睫毛。目前市场上还有以抗菌为卖点的仿真睫毛，其是在PBT材料中加入银离子以增强抗菌功能的人造纤维睫毛。用动物毛发制作的仿真睫毛因为在粗细度、长度、卷翘度上无法完全一致，所以市场上使用极少。

（2）仿真睫毛的种类

1）按睫毛横截面分类。仿真睫毛按睫毛横截面的不同可分为圆毛和扁毛两大类。圆毛是指横截面为圆形的仿真睫毛，是目前市场的主流。扁毛是指横截面为扁圆形的仿真睫毛。当粗细度、长度相同时，扁毛会比圆毛手感柔软一些。圆毛适合于上下左右嫁接，而扁毛比较适合于上下嫁接。无论是圆毛还是扁毛，其都从根部到毛尖逐渐变细，毛尖变细部分的长度为睫毛长度的1/7 ~ 1/3。

2）按睫毛造型组合分类。仿真睫毛按睫毛造型组合的不同可分为单根睫毛、Y形睫毛、W形睫毛、朵毛、开花睫毛等。

2. 仿真睫毛的颜色

仿真睫毛的颜色有黑色、彩色、渐变色三大类。黑色仿真睫毛是最常用的，颜色分自然黑、亮黑、亚光黑三类。彩色仿真睫毛（见图3–25）色彩缤纷，最常用的有棕色系、蓝色系和紫色系。渐变色仿真睫毛根部多为黑色，毛尖为彩色，在最近几年很流行。

仿真睫毛的颜色用得最多的是黑色，其次是深咖啡色、深蓝色、深紫色，再其次是浅咖啡色、浅蓝色、浅紫色、玫红色、深红色、粉色、绿色、黄色等。另外还有一种装饰性仿真睫毛，即仿真睫毛上粘有亮片、亮钻等，这种仿真睫毛适用于晚宴、派对等喜庆隆重场合。

图3–25　彩色仿真睫毛

3. 仿真睫毛的粗细度与柔软度

仿真睫毛的粗细度是指其根部的直径。仿真睫毛的粗细度主要有 0.03 mm、0.05 mm、0.07 mm、0.1 mm、0.12 mm、0.15 mm、0.18 mm、0.2 mm、0.25 mm 等。通常，对于同一材质、同一形状的仿真睫毛，粗细度越小，则重量越轻，质感越柔软，真睫毛负担越小，眼睛舒适度越好，效果越自然；相反，粗细度越大，则重量越重，质感越粗硬，真睫毛负担越大，眼睛舒适度越差，效果越黑、越浓密。

真睫毛直径为 0.05 ~ 0.12 mm，要想接睫毛效果更加自然，建议选择粗细度为 0.1 mm、0.12 mm、0.15 mm 的仿真睫毛进行一对一嫁接。一对多嫁接主要选择粗细度为 0.03 mm、0.05 mm、0.07 mm 的仿真睫毛。

另外，毛尖部分由粗变细的程度也影响仿真睫毛的柔软度和轻盈度。通常，由粗变细部分的长度越长，柔软度、轻盈度越好，同时加工工艺水平也越高。毛尖由粗变细部分的长度如图 3–26 所示。

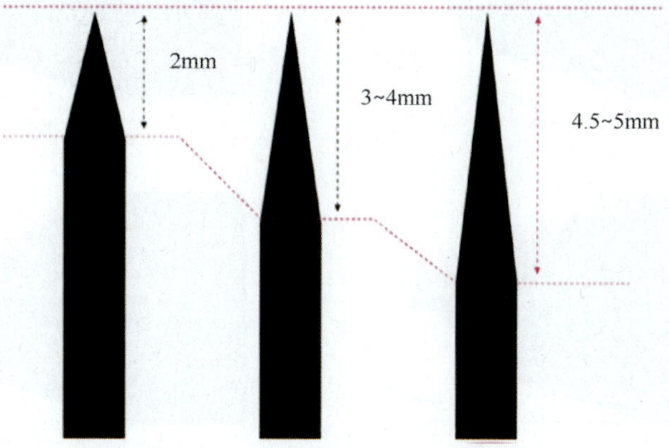

图 3–26　毛尖由粗变细部分的长度

4. 仿真睫毛的长度与卷翘度

一般仿真睫毛的包装盒上会标明粗细度、长度和卷翘度，如图 3–27 所示。

仿真睫毛的长度为 5 ~ 16 mm 不等，上睫毛多选用 8 ~ 12 mm 的，下睫毛多选用 5 ~ 7 mm 的。在接睫毛时，并不是使用的仿真睫毛越长越好，而是要根据顾客自身的睫毛状况、眼形及喜好来综合使用不同长度的仿真睫毛。一般一位顾客会用到 3 ~ 5 种长度的仿真睫毛。

仿真睫毛的卷翘度即弯曲度。仿真睫毛根据卷翘度可分为直睫毛和卷翘睫毛两大类。直睫毛是直的，没有卷翘度。卷翘睫毛分为自然卷翘睫毛和特别卷翘睫毛。各品牌厂家为不同的卷翘度取了相应比较贴切的名称，通常卷翘相对比较自然的称为 J 卷，卷翘明显的称为 C 卷，介于两者之间的称为 B 卷（或 JC 卷），更为卷翘的称为 D 卷（或 CC 卷），如图 3–28 所示。垂直翘起的仿真睫毛称为 L 形睫毛。目前，市面上还有一种完全直的仿真睫毛，被称为婴儿直睫毛。

图 3–27　仿真睫毛的包装盒标明内容

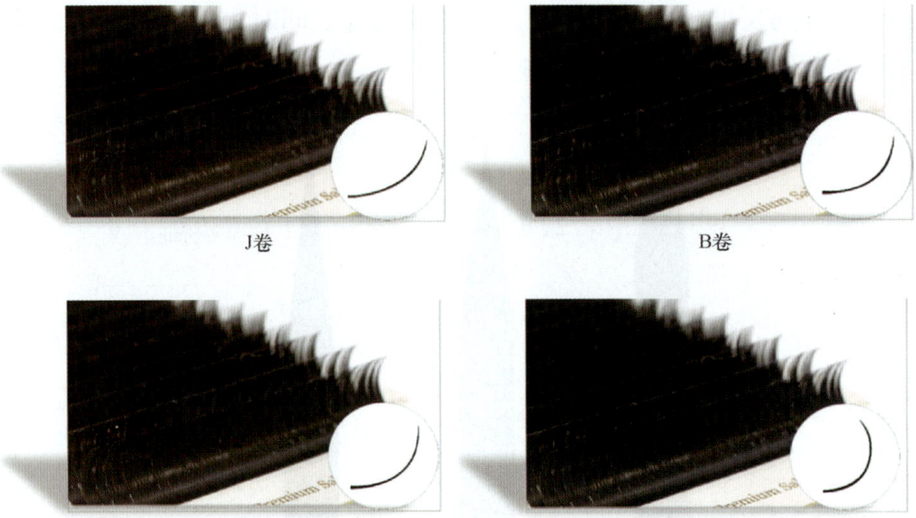

J卷　B卷

C卷　D卷

图 3–28　仿真睫毛的卷翘度

因此，仿真睫毛的卷翘度按从平直到卷翘的顺序排列为婴儿直、L 形、J 卷、B 卷、C 卷 、D 卷等。因品牌、生产商和批次不同，仿真睫毛的工艺标准会有所差异，同一型号产品的长度、卷翘度也会有所差异。

不同眼形适用的仿真睫毛卷翘度各不相同。另外，越卷翘的仿真睫毛，其胶水粘贴面积越少，操作难度越大，持久度相对也会弱一些。

二、镊子

1. 镊子的材质与种类

仿真睫毛是以 mm 为单位计量的，接睫毛时需一根根将其粘贴在真睫毛上，这属于非常精细的操作，因此必须使用专门的工具——嫁接睫毛专用镊子来夹取又细又柔软的仿真睫毛，以及分开真睫毛以便操作。一把好的镊子应可以轻松夹取仿真睫毛，同时不会折弯仿真睫毛。

（1）镊子的材质。镊子的材质多为不锈钢，也有纯钛材质的。

不锈钢镊子多采用 304 或 316 不锈钢，具有耐高温、耐腐蚀、易清洁消毒、能减少细菌污染等特性。

由于不锈钢本身含有镍、铬等成分，有引起过敏反应的可能性，因此嫁接睫毛专用镊子除有不锈钢镊子外，还有纯钛镊子。

纯钛镊子重量轻，强度高，无毒，无磁性，具有极好的亲生物性。纯钛镊子比不锈钢镊子轻六成左右，手感轻盈，不会引起过敏，很受欢迎，但纯钛镊子的价格比不锈钢镊子的价格高很多。

（2）镊子的种类。嫁接睫毛专用镊子按头部的尖锐程度分为尖头镊子和平圆头镊子，按弯曲度分为直镊子和弯镊子。直镊子又分为普通型、中细型、特细型，弯镊子又分为 L 弯型、海豚弯型、金羽夹型、开花型、普通型等。

各种嫁接睫毛专用镊子如图 3–29 所示。镊子的主要区别在于尖部的长度、角度、弯曲度、密合度，以及整体的重量、造型等，不同品牌的镊子在这些方面都会有所不同，操作者可根据自己手的大小与习惯、喜好等选择适合自己的镊子。

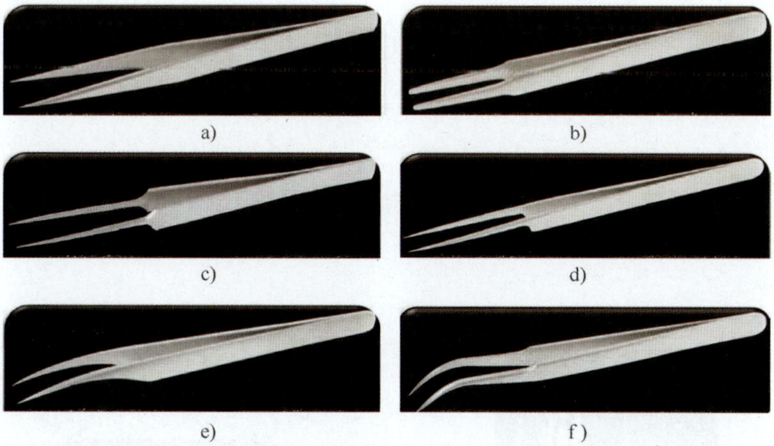

图 3–29 各种嫁接睫毛专用镊子

a）尖头直镊子 b）平圆头直镊子 c）尖头中细直镊子 d）尖头特细直镊子
e）尖头海豚弯型镊子 f）尖头普通型弯镊子

2. 镊子的使用方法与注意事项

（1）镊子的使用方法。通常，尖头直镊子用来拨分真睫毛，尖头弯镊子用来夹取仿真睫毛，平圆头镊子则用于取眼贴膜或医用胶带（因为接触皮肤会更安全）。

拿镊子时，大拇指在镊子的一侧中部偏前部分，食指和中指在镊子的另一侧中部偏前部分，镊子的尾部靠在虎口处，如图 3–30 所示。在接睫毛时，通常是右手使用尖头弯镊子来夹取仿真睫毛，左手使用尖头直镊子来拨分真睫毛。当然，每位操作者可根据自己的用手习惯来决定左、右手使用的镊子。

图 3–30　拿镊子的方式

（2）镊子的使用注意事项。由于镊子尖部非常尖利而纤细，掉落或碰撞时很容易导致变形、不能密合，从而影响夹取，因此操作时要拿稳。同时，镊子尖部触碰皮肤会使人有刺痛感，因此操作时镊子尖部不能垂直于顾客皮肤，也不能触碰顾客皮肤。操作结束后，要及时清洁、套好保护套，将镊子收纳于专用收纳包、收纳盒内，小心保管，如图 3–31 所示。由于在接睫毛时镊子是直接接触顾客眼睛部位的，因此一定要做好卫生消毒工作，做到“一客一消毒”。

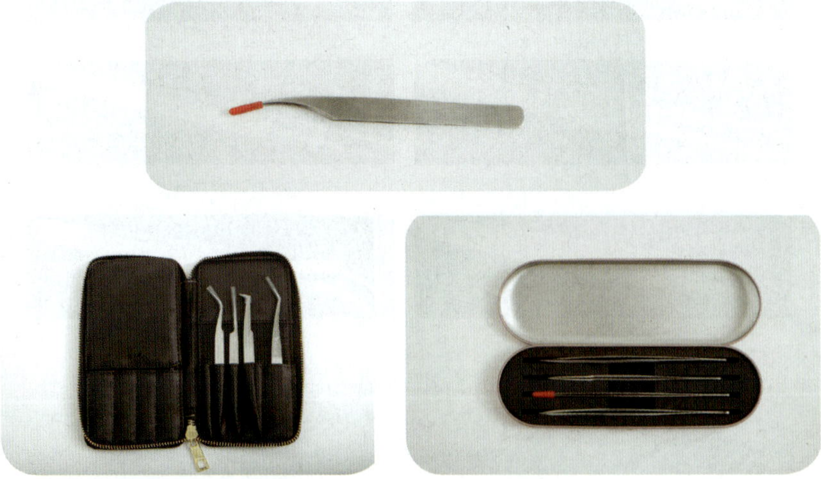

图 3–31　镊子的收纳保管

三、胶水

接睫毛用的胶水是一种专用黏合剂，多为黑胶，它是接睫毛过程中使用的一种非常重要的产品。胶水的选择与使用直接影响接睫毛的速度、牢固度和美观度，是接睫毛操作中一个非常重要的技能环节。

1. 胶水的种类与成分

（1）胶水的种类。接睫毛用的胶水通常分为快干型胶水、中干型胶水、慢干型胶水、防敏型胶水。

1）快干型胶水。快干型胶水的黏合时间为 1 ~ 2 秒，能维持 4 ~ 6 周，适合熟练掌握接睫毛技能的美容师使用。

2）中干型胶水。中干型胶水的黏合时间为 3 ~ 4 秒，能维持 4 周左右，适合接睫毛技能水平中等的美容师使用。

3）慢干型胶水。慢干型胶水的黏合时间为 4 ~ 6 秒，能维持 3 周左右，适合新手入门练习使用。

4）防敏型胶水。防敏型胶水的黏合时间较短的为 3 ~ 5 秒、较长的为 5 ~ 8 秒，能维持 3 周左右，适合眼部敏感的顾客。

（2）胶水的成分。胶水是连接两种材料的中间体，多为水剂，属于精细化工类。目前接睫毛用的胶水为瞬间胶，由氰基丙烯酸酯、丙烯酸树脂、炭黑、增稠剂、稳定剂、防腐剂（如甲醛缓释体，其在产品保质期内缓慢释放甲醛以达到防腐目的）等构成。

胶水的主要成分是氰基丙烯酸酯，它又分为氰基丙烯酸乙酯和氰基丙烯酸丁酯。氰基丙烯酸乙酯遇水汽即被催化并迅速固化黏着，固化后无毒，用于接睫毛时具有固化速度快、持久度强的特点，但易挥发，挥发气体具有刺激性，从而有弱催泪性。氰基丙烯酸丁酯固化速度较慢，柔软性高（胶水干后，黏合部位不硬），刺激性低，持久度偏弱，适用于下睫毛嫁接及眼部敏感的顾客。

胶水在固化时会收缩，相较而言，氰基丙烯酸乙酯的收缩会更强一些，接触面会比较硬挺。两种氰基丙烯酸酯各有优势，美容师可根据顾客情况进行选择。

胶水之所以往往呈现为黑色，是因为其成分中含有炭黑。炭黑可使仿真睫毛与真睫毛接合更自然，呈现浓黑效果，使眼睛看起来更有神。

2. 胶水的使用方法与注意事项

（1）胶水的使用方法。首先，检查胶水盖子是否盖紧；其次，在盖子盖紧的状态下摇匀胶水，再打开盖子，瓶口朝下，垂直挤出一滴胶水在胶水支架上以备使用；然后，迅速立正瓶身，用干棉片快速擦拭瓶口，保持瓶口清洁，并确保瓶口管道内没有空气，若有，应将空气与残留胶水挤出再擦干封闭，以防空气进入造成胶水劣化或堵住瓶口；最后，快速盖紧盖子，如图 3–32 所示。胶水的黏合方法详见技能要求。

图 3–32　胶水的使用方法

（2）胶水的使用注意事项

1）室内温度与湿度。室内温度与湿度会影响胶水的固化速度与黏合持久度。胶水使用的室内适合温度为 23 ～ 25 ℃，适合湿度为 50% ～ 60%。温度过低可能导致胶水结晶，从而失去黏性或黏性减弱，同时黏合速度也变慢；温度过高会使胶水黏稠，降低黏合强度，胶水会慢慢变干、变硬。湿度过低会使胶水黏合速度变慢；湿度过高会使胶水黏合速度太快，若接触到泪水、汗水、水汽等，胶水会有白化现象。

美容师可在操作间放置一个温湿度计，接睫毛时要注意室内温度与湿度的变化，以免出现胶水白化与持久度降低、黏合固化速度变慢等现象。

2）保存。未开封的胶水保质期通常为 6 个月，若长时间放置容易劣化，不建议囤太多。应将备用的胶水放置在密封、低温、干燥、避光、阴凉的地方保存。当胶水变得黏稠或带有丝状时，其黏合固化速度变慢，持久度减弱，应杜绝使用。

已开封的胶水一般有效期为 1 ～ 2 个月，不用的时候应置于含有干燥剂的保存袋内，挤出袋内的空气进行保管，或保存于胶水保存罐内。应避免将胶水放置在高温、潮湿、太阳直射的环境里。

3）使用时间。胶水最佳使用时间为挤出后 20 ～ 30 分钟内，若操作未完成，建议再挤出一滴新的胶水使用，以免胶水久置后与空气接触，变得黏稠，持久度下降，牢固度下降等。

4）使用规范。必须选择正规合格的产品，工作场所应保持室内空气流通，操作者应戴口罩，胶水应放在侧面距离操作者与顾客 30 cm 左右的位置（如旁边的推车上）。嫁接过程中，顾客应保持闭眼状态；嫁接结束后，必须使用吹风用品吹走胶水挥发的气体。同时，建议工作场所内配备有吸附甲醛功能的产品、设备或植物。

5）过敏。接睫毛部位的胶水或滴在胶水支架里的胶水都可能产生甲醛。甲醛为无色透明气体，对人的眼睛、鼻等有刺激作用，是有害物质，已被列入致癌物。

国家对各种产品中的甲醛含量有严格的规定。接睫毛用的胶水属于非化妆品类，其甲醛含量一般要求为 0 ～ 0.1 mg/g。因个人体质不同，有顾客会因甲醛挥发而出现结膜充血、皮肤出红疹、眼睛干涩等过敏现象。建议使用不含甲醛的低刺激性胶水。

四、卸胶产品

卸胶产品是用来溶解胶水的，可以卸除粘在真、假睫毛上的胶水，使真、假睫毛分离。大部分卸胶产品中均含有丙酮有机溶剂成分，也有少部分品牌推出无丙酮卸胶膏。无丙酮卸胶膏相对来说更温和，刺激性更低，安全性更高。无论是否含有丙酮，所有卸胶产品在使用时均不能触碰顾客眼皮，更不能进入顾客眼睛，操作者在使用时要特别细心、小心。

1. 卸胶产品的种类

卸胶产品的种类有卸胶膏、卸胶啫喱、卸胶液。

（1）卸胶膏。卸胶膏为膏体状，容易控制接触面，易操作，不容易进入眼睛，适合整体卸除。

（2）卸胶啫喱。卸胶啫喱为透明啫喱状，比膏体容易涂抹，使用时一定要注意离皮肤远一些，避免流进眼睛，适合细节类卸除，如单根卸除。

（3）卸胶液。卸胶液为液态，是卸胶产品中最容易流进眼睛的一种，使用时要特别小心。

2. 卸胶产品的使用方法与注意事项

（1）卸胶产品的使用方法。卸胶产品的使用方法详见技能要求。

（2）卸胶产品的使用注意事项

1）卸胶产品不能涂抹在眼皮上，不能进入眼睛。若卸胶产品进入眼睛，则应立即用干净的棉棒或棉片将卸胶产品擦拭干净，再用生理盐水或清水冲洗眼睛 5 ～ 10 分钟左右。若眼睛充血，则建议就医。

2）在单根卸除过程中，卸胶啫喱切勿触碰到相邻的睫毛。

3）卸胶产品要彻底清洁干净，否则会出现白色粉末，同时会影响重新嫁接睫毛时的胶水贴合度，胶水牢固度也会降低。

4）卸胶产品要用干净的棉棒取用，取用后要及时将瓶盖盖紧并保管好，避免高温或阳光接触。

五、前处理产品

睫毛与睫毛根部眼皮处往往隐藏着出人意料的化妆品残留和皮肤油脂，前处理产品就是在接睫毛开始前、眼部卸妆清洁后涂抹在睫毛上再次清洁睫毛的一款产品。前处理产品具有将真睫毛上的化妆品、油脂、灰尘等清洁干净，避免影响操作，保障卫生，增加胶水黏合度和持久度的功能，使用前处理产品是接睫毛操作中一个非常重要的步骤。

1. 前处理产品的种类与成分

目前市场上的前处理产品成分可以分为两类：一类是 100% 电解还原性负离子水，不含乙醇，不添加防腐剂，不使用香料，不含氰基苯甲酸酯；另一类是蒸馏水、低浓度酒精或特色发酵酒精，以及一些起修复舒缓作用的植物提取物，配合微量对羟基苯甲酸甲酯等。

2. 前处理产品的使用方法与注意事项

（1）前处理产品的使用方法。前处理产品的使用方法详见技能要求。

（2）前处理产品的使用注意事项

1）前处理产品不属于卸妆系列产品，因此没有卸妆效果。若客户化了妆，应先卸妆清洁，再使用前处理产品清洁。

2）避免前处理产品进入眼睛，如进眼睛应立即冲洗。

3）使用前处理产品后，要吹干睫毛再进行嫁接。

4）应将前处理产品放置在阴凉、通风、干燥的地方保存，避免放置在潮湿、高温、阳光照射的地方。

六、辅助工具

1. 下睫毛隔离产品

（1）下睫毛隔离产品的种类。在接睫毛时，为防止上、下睫毛粘在一起，需将下睫毛隔离开来。用来隔离下睫毛的产品有眼贴膜和医用胶带两大类，医用胶带又分为医用透气有孔胶带与医用不透气无孔胶带，如图 3-33 所示。

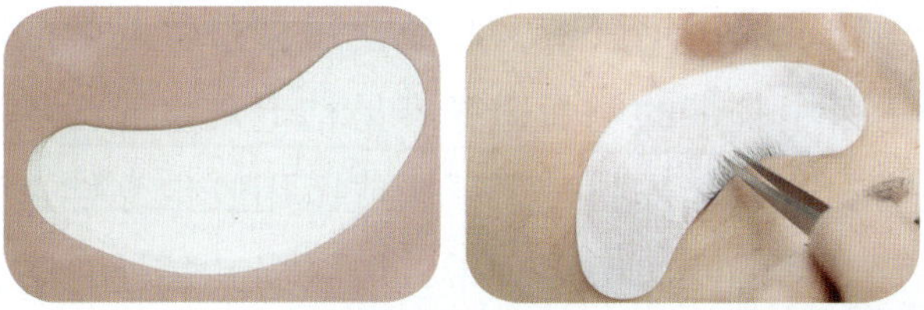

a)

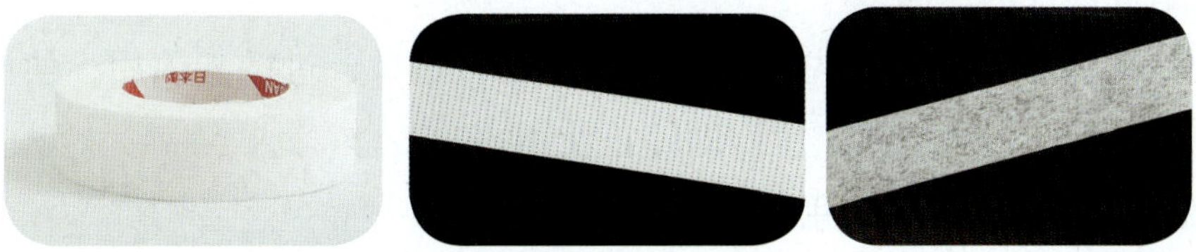

b)

图 3–33　下睫毛隔离产品

a）眼贴膜　b）医用胶带

（2）下睫毛隔离产品的作用。使用眼贴膜或医用胶带隔离下睫毛可以使操作更方便安全，不但可以避免接睫毛时上、下睫毛粘在一起，而且可以避免胶水触碰下眼皮。同时，白色的眼贴膜或医用胶带能够更好地衬托黑色的睫毛，方便嫁接。眼贴膜还能在镊子尖部不小心触碰到眼部皮肤时更好地保护眼睛及下眼睑皮肤，含有美容成分的眼贴膜还能对眼部皮肤起到保湿作用。

（3）下睫毛隔离产品的使用方法。用眼贴膜及医用胶带进行下睫毛隔离的方法详见技能要求。因为眼贴膜有湿度且没有胶带的黏性，所以顾客体验会相对舒适些。

特别提示

用医用胶带进行上眼皮提拉的情况

当出现以下两种情况时，可用医用胶带进行上眼皮提拉：

1）顾客上眼皮偏厚或松弛，遮住睫毛根部，很难准确将仿真睫毛嫁接到距离根部 1 ~ 1.5 mm 的位置；

2）顾客睫毛垂直，眼睛闭合时上睫毛紧贴在下睫毛隔离胶带或眼贴膜上，在接睫毛时胶水很容易粘到下面的隔离胶带上，影响接睫毛操作。

用医用胶带进行上眼皮提拉的具体方法详见技能要求。

医用胶带也可用于上睫毛隔离。无论是进行睫毛隔离还是上眼皮提拉，都建议选择低刺激、高柔软度的医用胶带，避免使用会产生毛絮的医用胶带，以防纤维粘在睫毛上。由于医用胶带的侧面边缘容易粘上灰尘或污垢，因此医用胶带应保存于专用收纳盒内。若顾客皮肤过于干燥或医用胶带黏性过强，美容师应提前在自己已消毒的手背上粘贴几次医用胶带，以减弱其黏性，防止操作结束取下医用胶带时造成撕扯的疼痛感。

在使用医用胶带前应事先询问顾客对其是否过敏，过敏者慎用；使用过程中若出现红肿、痒等过敏现象，应立即停止使用。

2. 睫毛支架的种类与使用方法

（1）睫毛支架的种类。睫毛支架也称睫毛台，是操作中专门用来放置不同型号的仿真睫毛的，目的是方便嫁接时夹取仿真睫毛，提高接睫毛效率。

睫毛支架按材质分为玻璃睫毛支架、亚克力睫毛支架、不锈钢睫毛支架，按造型分为平面睫毛支架和 U 形弧面睫毛支架。平面睫毛支架和 U 形弧面睫毛支架如图 3–34 所示。

图 3–34　平面睫毛支架和 U 形弧面睫毛支架

若 0.1 mm 以下的较细仿真睫毛夹取不便，可以使用 U 形弧面睫毛支架，使整排仿真睫毛像扇子一样打开，根根分明，以方便夹取。操作者可根据自己的喜好与习惯选择睫毛支架。

（2）睫毛支架的使用方法

1）将睫毛支架清洁消毒。

2）选择嫁接用的仿真睫毛型号，从短到长按顺序一排排将其贴在睫毛支架上。

3）若排装睫毛两头容易翘起，可用胶带进行固定。

4）将睫毛支架放在旁边的推车上备用。

3. 胶水支架

胶水支架也称胶水台、胶水托，是专门用来放置胶水滴的器皿，通常表面光滑，可延长胶水使用时间，方便嫁接。

胶水支架分为水晶玻璃胶水台、一次性小色料盘和带盖型胶水台，也有用天然石材如玛瑙制成的胶水台。

（1）水晶玻璃胶水台（见图 3–35）。使用时，先将表面清洁擦拭干净，保证无灰尘、无油脂、无水分，然后将胶水滴在上面即可。使用完毕，将水晶玻璃胶水台放水里浸泡，即可去除已干硬的胶水块。也可在水晶玻璃胶水台上先贴上一次性保护贴片再滴胶水，操作结束后直接将贴片揭起扔掉即可。

图 3–35　水晶玻璃胶水台

（2）一次性小色料盘（见图 3–36）。一次性小色料盘通常为戒指造型，最早是用于文绣时放置色料的，后被用于放置接睫毛用的胶水，一般戴在左手食指上。使用时，将胶水滴入一次性小色料盘里，用完扔掉即可。从安全性的角度考虑，不建议使用一次性小色料盘，因为将其戴在手指上进行操作时，会有因操作动作而造成小色料盘歪斜，使胶水流出滴落，伤害眼睛、皮肤等的可能。

（3）带盖型胶水台（见图 3–37）。带盖型胶水台台面表层采用了特殊涂层，胶水长时间放置也不会粘住，使用后用棉片快速轻轻擦拭干净即可，可以反复使用。切记不能使用卸除剂擦拭，不能用硬物刮擦，这样会使表面不再光滑而影响使用。带盖子的目的是保护特殊涂层不被刮伤或污染等。

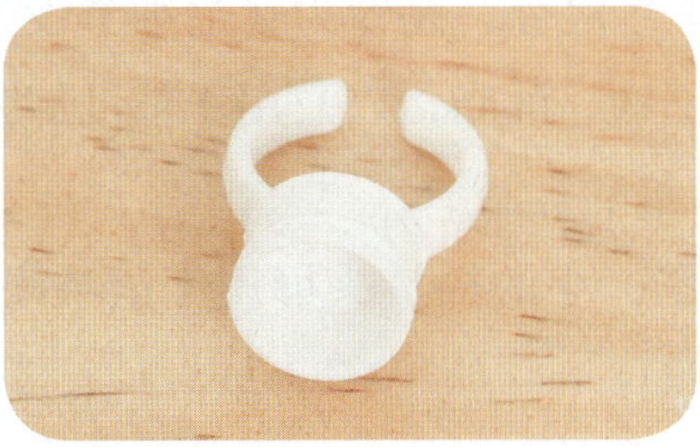

图 3–36　一次性小色料盘

图 3–37　带盖型胶水台

4. 睫毛梳理工具

睫毛梳理工具用于接睫毛前后的睫毛梳理，有睫毛梳和睫毛刷两种，睫毛刷通常为螺旋刷，如图 3–38 所示。梳理睫毛时，轻轻地由睫毛根部梳理至睫毛尖部，动作要轻柔，避免用力，以免拉扯到歪斜打结的睫毛。顾客在接睫毛后的日常护理中也可以用睫毛刷来梳理睫毛，使睫毛更整齐，并去除化妆后掉落在睫毛上的多余粉尘。

a)　　b)

图 3–38　睫毛梳理工具

a）睫毛梳　b）螺旋刷

5. 清洁棉棒

清洁棉棒主要有清洁刷、小微刷、棉签，如图 3–39 所示，用于清洁眼部皮肤和睫毛。

a)　　b)　　c)

图 3–39　清洁棉棒

a）清洁刷　b）小微刷　c）棉签

（1）清洁刷。清洁刷刷头采用 30° 倾斜设计，贴合眼睛的弧度，触感温和细腻，一般配合清洁慕斯使用，能使眼部清洁更全面彻底。

（2）小微刷。小微刷有大号、中号、小号之分，是专为睫毛细节设计的小头纤维微刷，用于清洁单根睫毛上的细小分泌物、油脂，以及用于辅助卸除单根睫毛。为防止灰尘黏附，应将小微刷保存于有盖的容器中。

（3）棉签。棉签主要用于清洁眼部皮肤，小的棉签头可用于清洁眼部细节。棉签用完后应立即丢弃，以免造成交叉感染。

6. 吹风用品

睫毛嫁接结束后，为更快使胶水固化，并将胶水挥发出来的气体吹走，以免刺激眼睛、引起流泪，应使用专门的吹风用品吹干胶水。

吹风用品的种类有吹风球、迷你电吹风，如图 3–40 所示。

吹风球为 PVC（聚氯乙烯）材质，采用挤压式吹风，也常用于钟表、摄影器材的修理清洁。迷你电吹风造型多样，一般无风扇叶片，体积较小，风力适中，方便拿在手上进行小范围吹风。

由于眼睛比较敏感，操作者在吹风之前需告知顾客，以免惊吓到顾客。

a)　　b)

图 3–40　吹风用品

a）吹风球　b）迷你电吹风

7. 睫毛定型剂

（1）睫毛定型剂的种类。睫毛定型剂用于睫毛嫁接后的造型固定，防止睫毛凌乱。睫毛定型剂分透明色和黑色，如图 3–41 所示，呈凝胶状或膏体状或液体状。接睫毛结束后，经检查无须再修正且胶水已干的情况下，先梳理好睫毛，再在睫毛上轻轻涂刷睫毛定型剂。睫毛定型剂能在睫毛表面形成薄薄的保护膜，防止水、油、化妆品等与胶水接触，使胶水牢固，也可使嫁接后期的凌乱睫毛重新恢复整齐且不塌，同时防水、防汗，使嫁接后的睫毛维持时间更久，更光泽明亮。

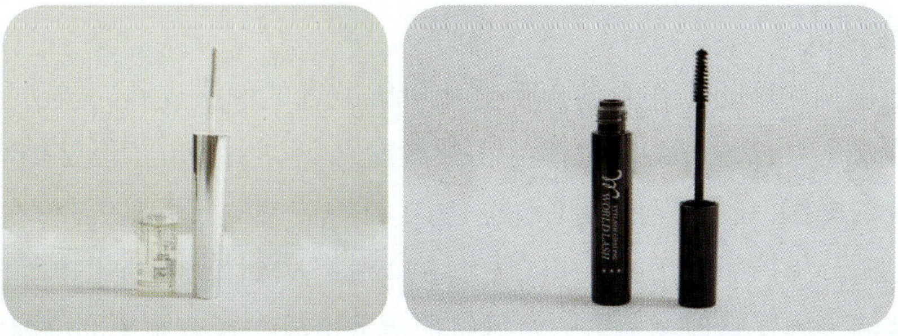

b)

图 3–41　睫毛定型剂

a）透明色睫毛定型剂　b）黑色睫毛定型剂

（2）睫毛定型剂的成分。睫毛定型剂一般含有甘草酸二钾、乙酰四肽 –3、水解弹性蛋白、聚谷氨酸、泛醇、红三叶草花提取物等成分，不同品牌的产品含有的具体成分有所不同。

（3）睫毛定型剂的使用方法。使用时，轻轻地从睫毛根部往睫毛尖部涂刷睫毛定型剂。顾客也可居家定期使用，梳理睫毛后，再用梳理的方式将睫毛定型剂刷在睫毛上，轻薄地刷一层即可，刷多会使睫毛相互粘在一起。若出现粘在一起的现象，则需在睫毛定型剂未干之前快速用睫毛梳梳开。涂完等待 1 分钟左右，待睫毛定型剂干后再眨眼睛，以防产品粘到下眼皮与下睫毛上。每使用一次睫毛定型剂可维持 1 ~ 5 天，顾客可视具体情况决定使用频次。

8. 睫毛护理产品

人们通常会选择比自身睫毛长 3 ~ 5 mm 的仿真睫毛来进行嫁接延长，且会嫁接较多的仿真睫毛来加密，营造又长又密的美睫效果，但过长、过密的仿真睫毛会超出自身睫毛的承受力，使自身睫毛受损。睫毛护理产品可以使顾客自身的睫毛得到滋养，在生长周期里更好、更快、更健壮地生长，增强顾客自身睫毛的承受力。如今，睫毛护理产品已经跟皮肤护理、头发护理等产品一样受消费者喜爱。无论是否嫁接过睫毛，都可以使用睫毛护理产品。

常见的睫毛护理产品有睫毛滋养霜 / 啫喱、睫毛生长液等。不同品牌的睫毛护理产品成分有所不同，但通常含有玻尿酸、骨胶原、芦荟、维生素 E 及各种植物萃取精华等。

建议接完睫毛后第二天再使用不含油分的睫毛护理产品，可每天早晚或隔天早晚将其涂抹于睫毛根部及睫毛上，帮助受损睫毛修复，使嫁接睫毛效果更持久。

睫毛护理产品能让受损睫毛修复（虽然过程会有些漫长），能让新生睫毛健壮生长而不易脱落，因此是睫毛嫁接的好助手。

9. 护额毛巾

护额毛巾是为防止操作者的双手直接接触顾客的额头皮肤，或防止额头碎发干扰，而在顾客额头放置的隔离用品。虽然只是一块小毛巾，但是护额毛巾不仅能方便接睫毛操作，还能保证接睫毛的卫生。

护额毛巾分为护额专用小毛巾（见图 3–42）、一次性美容小毛巾等。在接睫毛前，将顾客额头碎发整理至两边，然后将护额毛巾放在顾客额头部位即可。

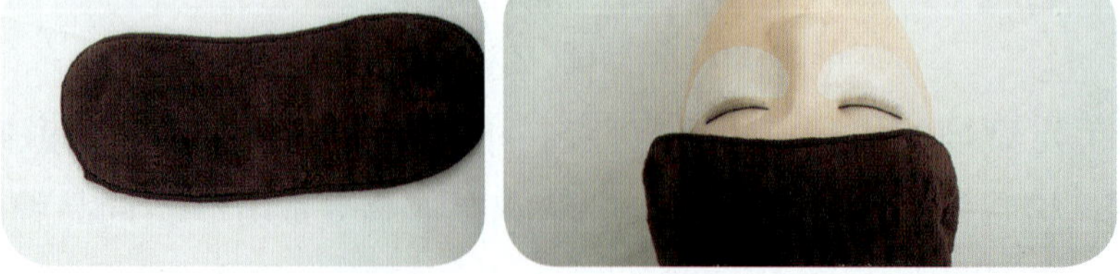

图 3–42　护额专用小毛巾

技能要求

上睫毛隔离

操作步骤

步骤 1 先剪一段两个眼睛长度的医用胶带；再剪一段一个眼睛长度的医用胶带，并将其对贴在第一段医用胶带的中间位置；将中间部分剪出一个眼睛长度的弧形，如图 3–43 所示。

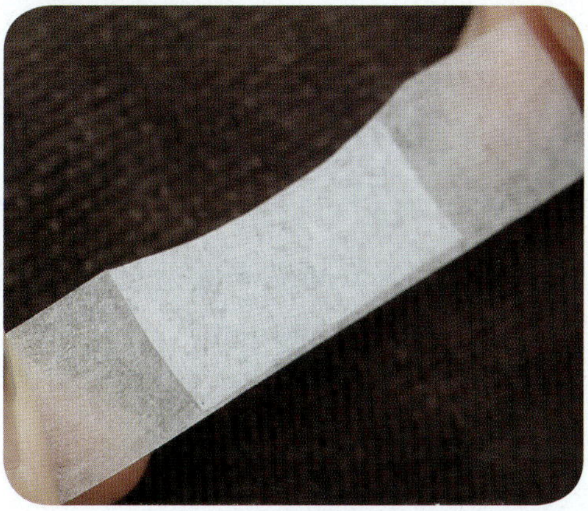

图 3–43 医用胶带处理

步骤 2 先将中间有弧度、没有黏性的医用胶带部分对准上睫毛，往上眼皮方向贴好，确认上睫毛全部覆盖；再将两端有黏性的医用胶带部分轻轻地贴在皮肤上，如图 3–44 所示。

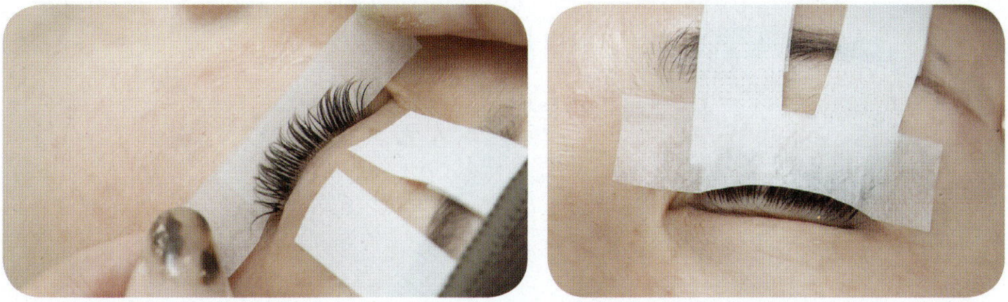

图 3–44 隔离上睫毛

用眼贴膜进行下睫毛隔离

操作步骤

步骤 1 可在眼贴膜的内眼角部位用剪刀剪一个岔口，如图 3–45 所示，这样会使眼角位置的眼贴膜更服帖，不会因挤压眼角而影响嫁接。

图 3–45 修剪眼贴膜

步骤 2 请顾客闭上眼睛，轻轻地将顾客上、下眼皮分开，顺着下眼皮的弧度在距离下睫毛根部 1 mm 位置，轻轻压着下睫毛将眼贴膜贴在下眼皮上，注意不能有下睫毛露在上方，如有，将眼贴膜重新调整贴好。

用医用胶带进行下睫毛隔离

操作步骤

步骤 1 把医用胶带剪成 3 cm 左右的长度（一般一只眼睛贴 3 段），在已经消毒的手背上贴上医用胶带，并重复剥离 2 ~ 3 次，如图 3–46 所示。

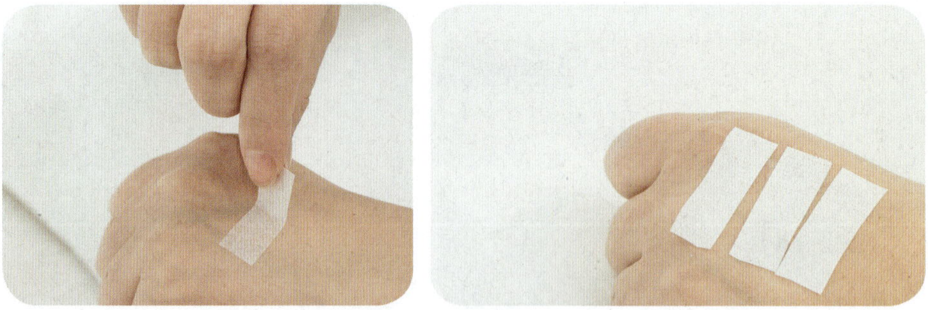

图 3–46 医用胶带重复剥离后贴于手背备用

步骤 2 确保顾客眼睛为闭合状态，用左手轻轻地将顾客上、下眼皮分开，避免用力按压眼球或将眼皮分开太多。

步骤 3 右手拿医用胶带分别在顾客眼头、眼尾、眼中贴好，注意胶带要顺着下眼皮的弧度轻轻将下睫毛盖住并贴在下眼皮上，胶带要完全覆盖下睫毛，不能有下睫毛露在胶带上方，如图 3–47 所示，如有，将胶带轻轻剥离后重新调整，特别是内、外眼角部位，眼角部位胶带不能太长，以免眼窝处鼓起而影响操作。

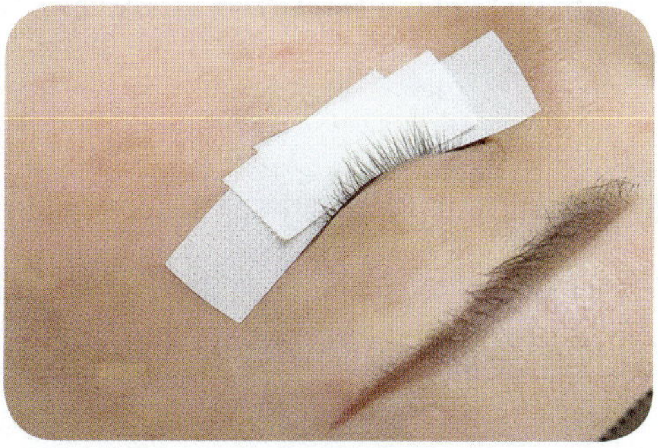

图 3–47 用医用胶带三段式隔离下睫毛

注意事项

1. 粘贴位置不能太靠近眼睛以免触碰到眼球，可以请顾客轻轻转动眼球感受是否舒适，如不适，需调整或重新粘贴。

2. 检查顾客眼睛是否完全闭合，是否因有缝隙而能看见光线，若不能完全闭合，顾客眼睛容易受胶水刺激而产生不适。

上眼皮提拉

操作步骤

步骤 1 在已经消毒的手背上贴上医用胶带，并反复剥离几次。

步骤 2 在距离上睫毛根部 3 ~ 5 mm 的上眼皮位置垂直贴上医用胶带，轻轻向眉毛方向提拉，在眉毛上方适当位置将胶带另一端固定，如图 3–48 所示。

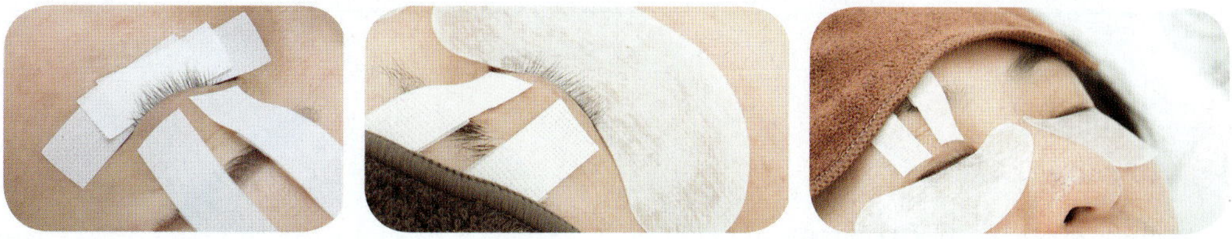

图 3–48 上眼皮提拉

注意事项

1. 不要将眼皮提拉过多，造成眼睛半睁开状态。

2. 为预防医用胶带在剥离时拉扯眉毛，建议在胶带接触到眉毛的位置处对贴一条较短的胶带，使其没有黏性，不会粘住眉毛。

使用前处理产品清洁睫毛

操作步骤

步骤 1 用棉签蘸取适量的睫毛前处理产品。

步骤 2 用两根蘸有前处理产品的棉签上下夹着睫毛轻轻地旋转擦拭，切忌用力拉扯睫毛，避免前处理产品进入眼睛，如图 3–49 所示。睫毛根部嫁接黏合的位置务必清洁干净。

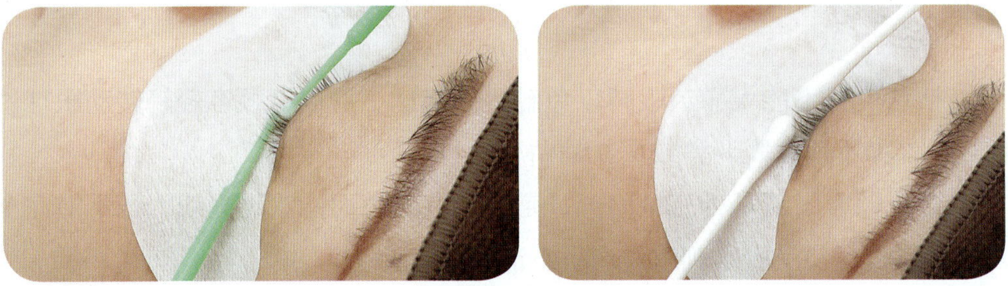

图 3–49 用前处理产品再次清洁睫毛

步骤 3 睫毛清洁干净后，用干棉棒擦干睫毛或用吹风用品将睫毛吹干，以防胶水出现白化现象。

培训单元 3 接睫毛的程序与操作要求

培训重点

掌握接睫毛的标准操作流程。

知识要求

一、接睫毛前的准备工作

1. 接睫毛前的形象准备

操作者必须把头发整理整齐，刘海、碎发等应用发夹或定型产品固定好，以免散乱，影响操作；穿好干净整洁的工作服，注意选择合适尺码的工作服，不要过紧或过于宽大，以方便操作；戴好干净的一次性口罩，避免直接对着顾客面部呼吸而给顾客带来不适感，同时避免呼吸的水汽碰到胶水引起白化现象；将手表、戒指、项链、耳坠等物品全部取下，以防影响操作或弄伤顾客皮肤。

2. 接睫毛前的接待咨询

在为顾客接睫毛之前，要对顾客进行接待咨询，如图 3–50 所示，其目的是：

（1）向顾客介绍什么是接睫毛，以及睫毛生长周期与睫毛嫁接的关系；

（2）了解顾客是否接过睫毛，平时是否戴眼镜（隐形眼镜还是有框眼镜），平时是否化妆，喜欢浓妆还是淡妆（平时喜欢浓妆的可以嫁接夸张浓密型睫毛，平时喜欢淡妆或不化妆的不建议嫁接夸张浓密型睫毛）；

（3）了解顾客是否有过敏史，以及近期是否进行过眼睛部位的手术或医疗美容；

（4）了解顾客的皮肤状况及睫毛质量，如皮肤的敏感状况，睫毛的生长方向、数量、粗细度、弯曲度等；

（5）了解顾客对睫毛效果的需求；

（6）介绍接睫毛的优、缺点及注意事项；

（7）消除顾客尤其是初次接睫毛顾客的担忧，给顾客足够的信心，让顾客安心享受接睫毛的服务过程；

（8）填写顾客资料，选择并确认嫁接方案。

图 3–50 接睫毛前的接待咨询

值得注意的是，若在顾客心存疑虑的情况下进行接睫毛，顾客可能会因为紧张而眼皮颤动，从而影响操作与效果；也可能会因为紧张而使无意识流出的眼泪增多，泪水很容易与胶水接触混合在一起，从而引起眼部炎症等。

另外，不管是否有过接睫毛体验，顾客的皮肤状况及睫毛质量都会因年龄、环境与生活习惯等变化而变化，因此每次接睫毛前都要耐心做好接待咨询工作。

相关链接

接待咨询中的状况处理方法

1. 戴眼镜

（1）隐形眼镜（软片）。正常情况下，不建议顾客在嫁接睫毛时戴隐形眼镜（软片）。虽然隐形眼镜（软片）有助于降低胶水对眼睛的刺激，但是闭眼时间久时，泪腺不分泌泪液，隐形眼镜（软片）会吸收眼表的水分，导致眼睛干涩、充血等。因此，应建议顾客取下隐形眼镜（软片），或事先与顾客说明，以免其误认为接睫毛导致眼睛不适。

（2）隐形眼镜（硬片）。在接睫毛前，一定要让顾客将隐形眼镜（硬片）取出，放置在收纳盒里。

无论使用的是哪种隐形眼镜，从安全卫生角度考虑，建议顾客自备日常隐形眼镜收纳盒，店铺提供的收纳盒往往多人重复使用，容易导致交叉感染。如果嫁接完毕后顾客要戴隐形眼镜，需等胶水干后再戴，注意提醒顾客手指不能碰到刚接好的睫毛。

（3）框架眼镜。若顾客近视，建议其戴框架眼镜前来接睫毛。若顾客平时戴框架眼镜，应向其说明若睫毛过长，眨眼时毛尖容易与镜片触碰，特别是中间部分。若顾客选择长度为 11 mm 及以上的仿真睫毛，应建议其嫁接完后选择戴隐形眼镜，以防睫毛触碰到镜片带来不适感。因为每个人的眼周骨骼及眼镜设计不同，所以应当仔细观察并与顾客商量后再做效果搭配。

2. 烫过睫毛或进行过激光、整形手术

由于烫过的睫毛本身已有一定的弯曲度，会导致新嫁接的睫毛胶水接触面很小，操作困难，同时胶水持久度也会降低，因此应建议顾客烫完睫毛三个月后、待真睫毛顺直后再进行嫁接。

激光、整形手术后，眼睛免疫力较低，不建议进行接睫毛，应在恢复并得到医生许可后再进行嫁接。

3. 顾客处于怀孕期、哺乳期、生理期等

女性在怀孕期、哺乳期、生理期期间的免疫力较低，当激素平衡出现变化时，眼睛相对容易敏感，为安全考虑，不建议在此期间接睫毛。

4. 顾客近期有游泳、汗蒸等活动安排

通常接睫毛后 6 小时内应避免碰水及接触高温、潮湿等环境，且 6 小时后也并不代表胶水能完全干透，特别是在高温、潮湿的季节，因此应建议顾客接完睫毛 72 小时内避免游泳、汗蒸及会大量出汗的运动等。

5. 顾客无接睫毛经验

（1）介绍清楚什么是接睫毛，以及接睫毛的优点、缺点、维持时间、注意事项等基本事宜。

（2）初次接睫毛的顾客没有维护经验，一定要详细告知顾客嫁接结束后居家维护的注意事项。

（3）了解并确认顾客的眼形及睫毛的长度、粗细度、数量、弯曲度、生长方向等，建议选择保守效果。对于经常化妆的顾客及单眼皮、睫毛方向凌乱、睫毛歪斜的顾客，需根据实际情况进行设计。

（4）提醒顾客在嫁接过程中不能突然睁开眼睛，不能聊天或接打电话等。

（5）告知顾客嫁接睫毛会随着真睫毛的生长周期而脱落，这属于正常现象。

（6）告知顾客若回家后 1 ~ 7 天内遇仿真睫毛大量脱落，应立即联系门店检查并解决问题；若回家后睫毛根数正常变少，可在规定的修补时间来店进行修补或重新嫁接。

（7）告知顾客若不舒服应及时说明，预约来店检查解决，不可拽扯睫毛或自己在家卸除睫毛。

（8）对于顾客担忧的地方，要事先沟通说明，确认无误后再进行嫁接服务。

6. 顾客有接睫毛经验

（1）确认前几次接睫毛的效果、维持时间、舒适度、敏感度等。若顾客前一次接睫毛后维持时间短，应帮助顾客一起找出原因，明确解决方案后再进行嫁接。

（2）了解顾客对本次接睫毛效果的需求，确定是否需要重新设计。

（3）了解顾客之前嫁接后眼睛是否有过异常情况，如有不舒服情况，告知顾客本次或以后嫁接均可能出现类似情况。

7. 其他状况

（1）若顾客皮肤过于干燥或眼睛过敏，应拒绝进行嫁接服务。若顾客皮肤过于干燥，随时会发生干敏情况，则很容易在接睫毛过程中因医用胶带、胶水等产品接触而提早引发。

（2）若顾客眼睛充血或有大量分泌物等，应建议顾客就医或好好调理休息，暂缓嫁接，待眼睛不适症状消失后再进行。

（3）若顾客知道当下不适合接睫毛却仍强烈要求嫁接，则需顾客签署自行承担责任确认书。

（4）确认顾客在家是否使用睫毛护理产品，睫毛护理产品是否对胶水的持久度有负面影响，若有负面影响，建议顾客更换睫毛护理产品。

3. 接睫毛前的清洁消毒

（1）接睫毛前，应将美睫床进行清洁整理，铺上干净的一次性床单与一次性枕巾。

（2）对美睫专用的推车、毛巾、工具等进行清洁消毒。

（3）先用洗手液或肥皂将双手清洗干净，再用 75% 酒精和棉片进行双手消毒，如图 3–51 所示。切记双手消毒后避免再触摸其他未消毒物件，如触摸需再次消毒。

值得注意的是，嫁接过程中如需暂时离开，应事先告知顾客离开原因并及时返回，返回后必须再次清洁双手，进行消毒后再进行操作。

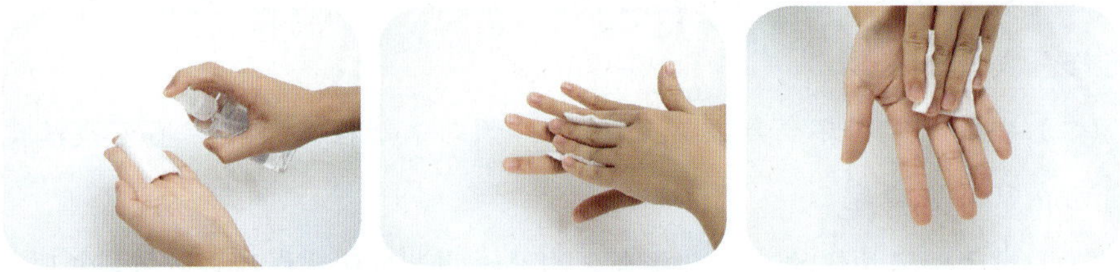

图 3–51 消毒双手

4. 接睫毛前的皮肤过敏测试

对于初次接睫毛的顾客或对自身眼睛敏感性表示担忧的顾客，建议在嫁接前做皮肤过敏测试。

测试时，应选择与真睫毛粗细度和长度差不多的仿真睫毛，在顾客左、右眼处各嫁接 5 根左右，让顾客自行观察 48 小时。若出现痒、红肿、刺痛等敏感反应，应让顾客及时到店进行卸除，并告知顾客不建议进行接睫毛；若无敏感反应，仍需告知顾客在嫁接过程中胶水量会增加，中途可能会出现眼睛流泪或刺痛等不适情况，也可能会过敏。

二、接睫毛的操作要求与规范流程

1. 款式造型要求

应根据顾客自身的眼型、睫毛状况、需求等进行款式造型设计。相关介绍见后文。

2. 定位要求

为使睫毛造型美观、左右对称，无论是一对一嫁接还是一对多嫁接，都会进行三点五位定位或五点九位定位。

三点五位定位和五点九位定位是睫毛嫁接造型的基础手法，两者都是先进行居中位置和内、外眼角的睫毛嫁接定位，再两两均分定位。例如，用 8 ~ 12 mm 的睫毛进行嫁接延长，三点五位定位时，从内眼角往外眼角的睫毛长度依次为 8 mm、9 mm、10 mm、11 mm、12 mm，呈飞扬状；五点九位定位时，从内眼角往外眼角的睫毛长度依次为 8 mm、9 mm、10 mm、11 mm、12 mm、12 mm、11 mm、10 mm、9 mm，呈扇形。两者的嫁接顺序如图 3–52 所示。

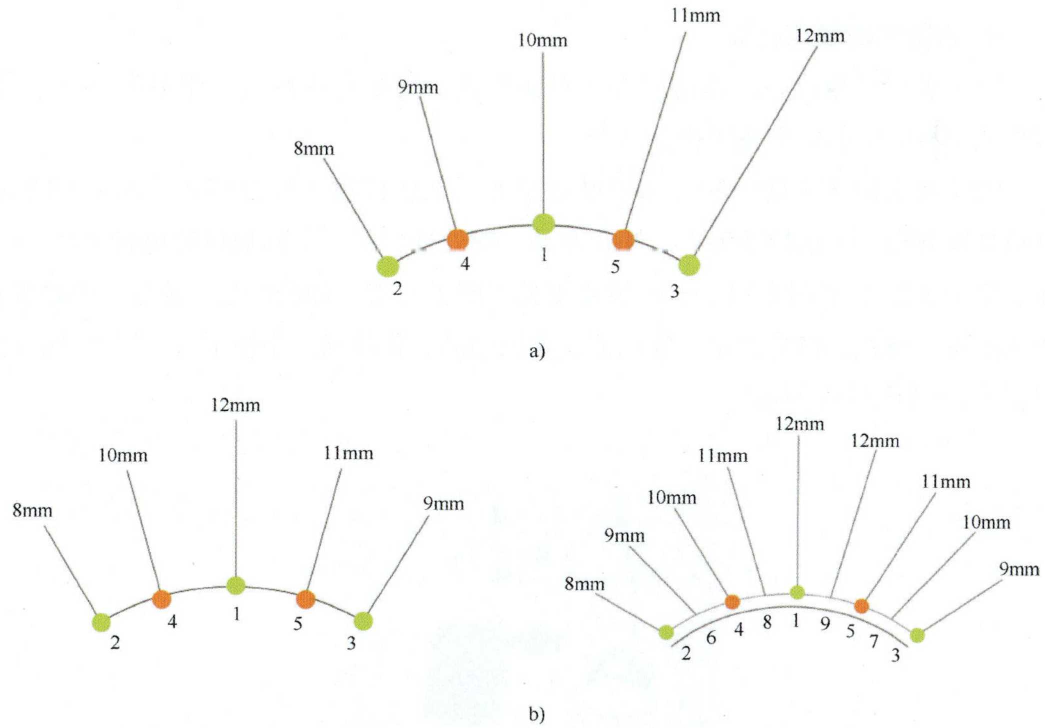

图 3–52 定位

a）三点五位定位时的嫁接顺序 b）五点九位定位时的嫁接顺序

3. 一对一嫁接要求

一对一嫁接顾名思义是在一根真睫毛上接一根仿真睫毛，不能在一根真睫毛上接两根及以上的仿真睫毛，也不能将一根仿真睫毛接在两根及以上的真睫毛上。因此，在一对一嫁接中，分毛（真睫毛）和取毛（仿真睫毛）及粘接是很重要的。

新手要在假头模上进行反复练习，练习的重点在于如何分毛，如何取胶水，如何粘连接着，如何距离根部留出整齐的 1 ~ 1.5 mm 距离，如何做到不粘连、不歪斜，如何做出漂亮的造型等，熟练掌握这些技能后再进行真人睫毛嫁接。假头模上的睫毛嫁接效果如图 3–53 所示。

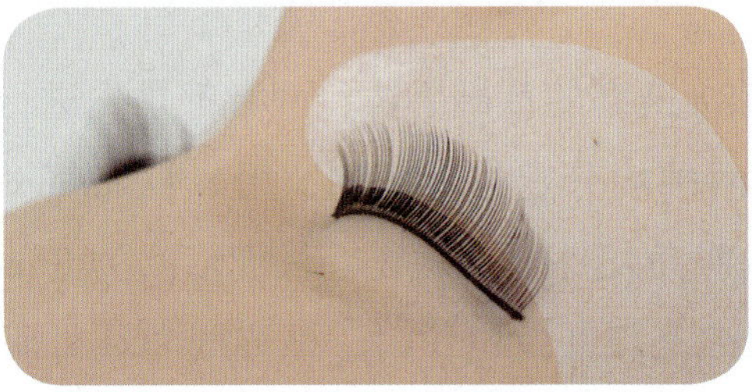

a)

b)

图 3–53　假头模上的睫毛嫁接效果

a）根根分明，无粘连、歪斜　b）根部粘连严重

4. 接睫毛的规范流程

（1）做好形象准备、接待咨询，对顾客进行皮肤过敏测试，相关内容见本培训单元“接睫毛前的准备工作”部分。

（2）将美睫床上的一次性床单铺放整齐，毛毯或被子叠放整齐，推车上物品摆放规范齐全，包括护额毛巾、卸妆产品、前处理产品、不同规格的仿真睫毛、胶水、镊子 3 把（含平圆头镊子）、胶水支架、睫毛支架、卸胶产品、棉签、眼贴膜、医用胶带、剪刀、75% 酒精、睫毛梳、吹风用品、化妆棉、小镜子、温湿度计、计时器等，如图 3–54 所示。

图 3–54　推车物品摆放

（3）将顾客引领至美睫床边，并协助顾客躺好，确认顾客舒适平躺，同时告知顾客在操作过程中若想移动身体或头部请说明或举手示意，以免突然移动导致危险情况发生。

（4）操作者调整好自己的座椅高度，以方便操作。座椅高度不合适还容易造成不正确的坐姿，从而造成肩、颈、腰与胳膊等不适。操作者的坐姿如图 3-55 所示。

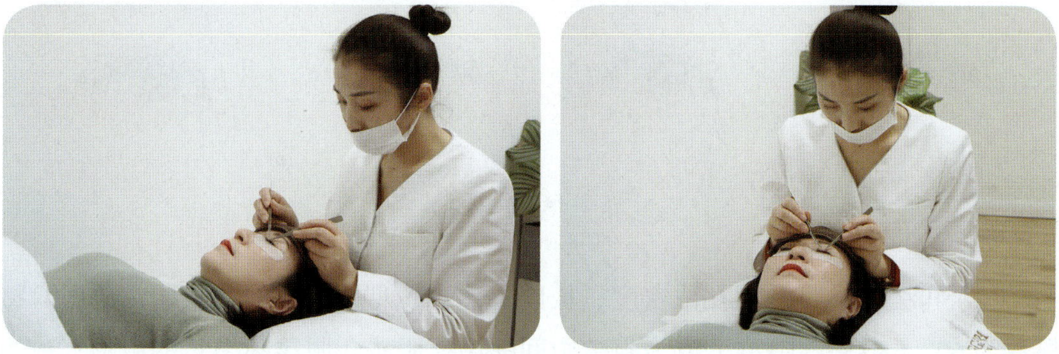

图 3-55　操作者的坐姿

（5）清洁消毒双手。

（6）将护额毛巾轻轻地放在顾客额头上。

（7）进行眼部卸妆清洁，若有之前嫁接的睫毛残留，需先卸除。

（8）贴医用胶带或眼贴膜。

（9）用前处理产品清洁睫毛，并进行吹干、梳理。

（10）消毒镊子，从盒子里取出需要用的仿真睫毛，切记不能用未消毒的双手或镊子直接取仿真睫毛，以防引起交叉感染。

（11）摇胶水，挤胶水（1 滴即可）。

（12）接睫毛。顾客若有流汗或到店洁面等情况，应当等其面部干爽以后再进行睫毛嫁接。大量流汗或面部有水汽会影响胶水的硬化效果或造成胶水白化现象。操作者在操作时注意手部放在顾客额头靠近发际线位置，不要压迫顾客的额头、眼部、鼻梁、脸颊等，同时注意保持坐姿端正。

（13）进行吹干、梳理、检查，如有问题进行调整。

（14）取下医用胶带或眼贴膜，确认无误后提供镜子，请顾客确认是否满意。

三、接睫毛的款式造型

1. 接睫毛的各种款式造型

（1）自然型。自然型在浓密度、卷翘度及长度上都比较自然，一般使用 J 卷或 B 卷、比真睫毛长出约 2 mm 的仿真睫毛，单眼嫁接根数为 40 ~ 60 根，如图 3–56 所示。

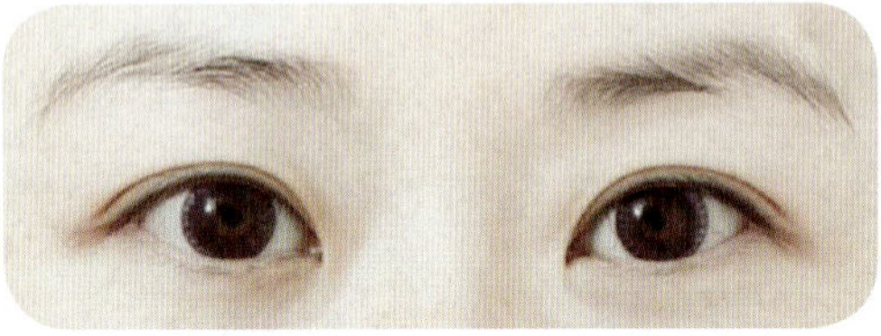

a)

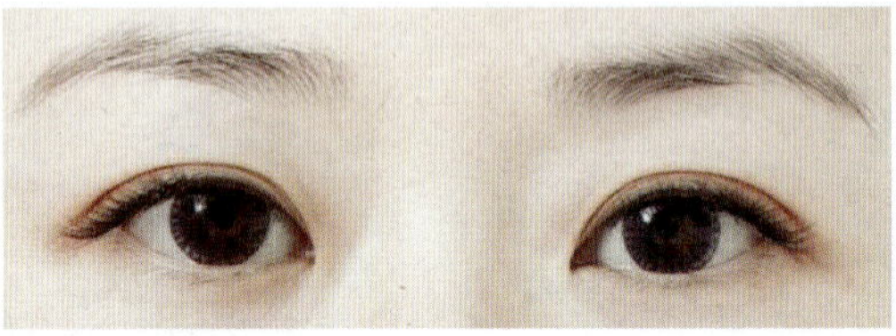

b)

图 3–56　自然型

a）嫁接前　b）嫁接后

（2）可爱型。可爱型在浓密度、长度上比自然型要稍密、稍长些，单眼嫁接根数为 60 ~ 80 根。造型上或为眼睛中间睫毛比眼头、眼尾睫毛长的扇形；或为眼头睫毛短，往眼睛中间睫毛渐长，眼尾睫毛与眼中睫毛一样长的小飞扬型，如图 3–57 所示。两者都能营造可爱效果，使眼睛看起来大而黑亮。

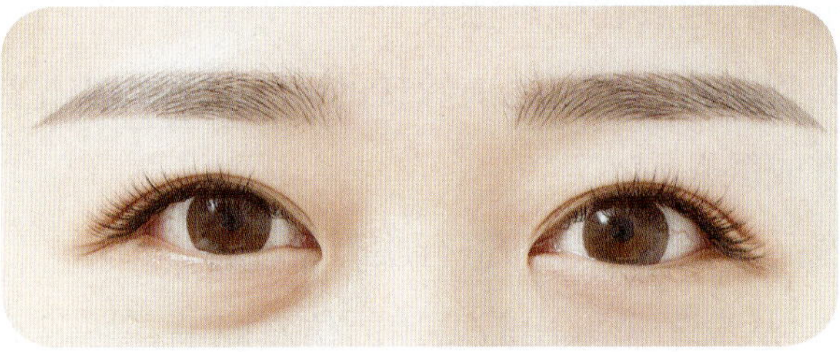

图 3–57　可爱型

（3）妩媚型。妩媚型在造型上为眼头向眼尾慢慢增加睫毛长度的飞扬型，使眼头至眼尾有流畅的延伸感，一般使用 B 卷或 C 卷仿真睫毛，单眼嫁接根数为 80 ~ 100 根，如图 3–58 所示。

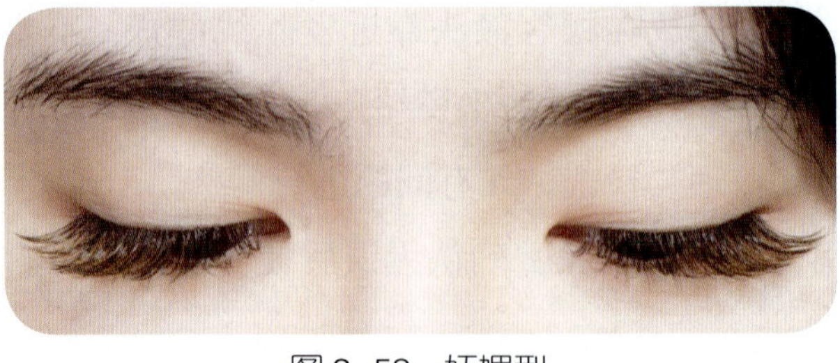

图 3–58　妩媚型

（4）知性优雅型。知性优雅型在造型上呈小飞扬型，眼睛中间至眼尾部分偏浓密，如图 3–59 所示。

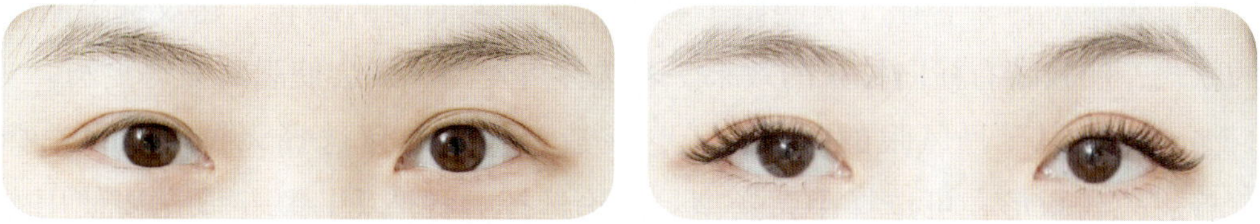

a)　　　　b)

图 3–59　知性优雅型

a）嫁接前　b）嫁接后

（5）璀璨晚宴型。璀璨晚宴型在嫁接黑色睫毛的基础上，在眼睛中间与眼尾位置点缀彩色睫毛、亮片睫毛、亮钻睫毛等，使眼睛看起来炫彩时尚、闪亮动人，如图 3–60 所示。

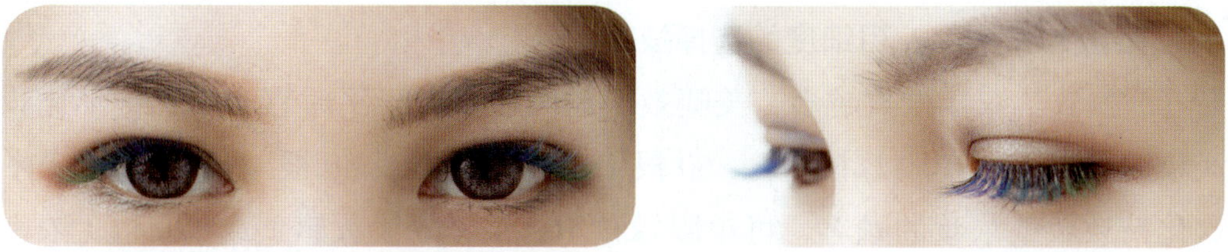

a)

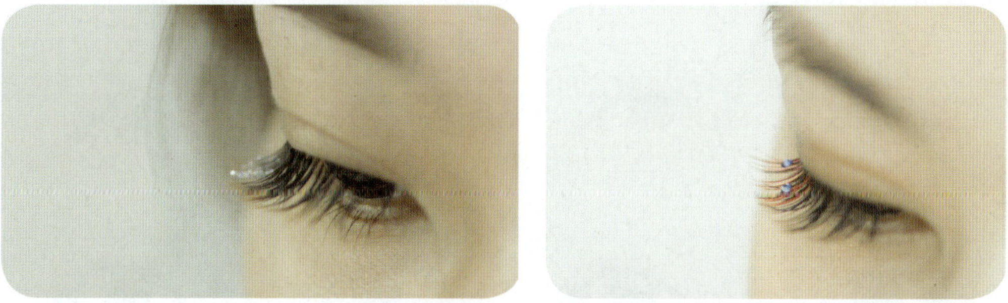

b)　　　　c)

图 3–60　璀璨晚宴型

a）彩色睫毛　b）亮片睫毛　c）亮钻睫毛

2. 针对不同眼型的接睫毛造型技巧

（1）具有单眼皮、肿眼泡的眼睛。相对而言，具有单眼皮、肿眼泡的眼睛眼皮会隐藏掉一部分睫毛，因此建议选择比顾客需求长度长 1 ~ 2 mm、B 卷或 C 卷的仿真睫毛。例如，顾客想要接完睫毛后有 10 mm 长的视觉效果，操作者就要用 11 ~ 12 mm 的仿真睫毛进行嫁接。造型上，可以选择可爱型中的扇形造型。少部分薄眼皮的单眼皮顾客用 D 卷仿真睫毛时，可以撑出双眼皮效果。

（2）具有双眼皮的眼睛。双眼皮顾客可选择的造型较多，具体可根据顾客喜好与需求进行设计，一般情况下不建议选择 D 卷仿真睫毛，会过于卷翘。

（3）杏眼。对于杏眼（圆眼睛）特别是眼睛大而圆的顾客，建议选择眼尾延伸的款式，使眼睛有横向拉长的效果。若选择可爱型，则会使眼睛显得更圆。

（4）丹凤眼。丹凤眼的眼尾向上，在造型上不建议选择飞扬型，可选择扇形。若想拉长眼形，可选择小飞扬型。无论选择哪种造型，切记眼尾要使用卷翘度较小的仿真睫毛，如 J 卷。若使用卷翘度较大的仿真睫毛，会使眼尾显得过于上扬。

（5）眼尾下垂的眼睛。对于眼尾下垂（三角眼）的顾客，造型上可选择眼尾加长的飞扬型，且眼尾部分的睫毛要比其他部分的睫毛增加一个卷翘度。例如，若给顾客眼头和眼中使用的是中等卷翘度的 B 卷仿真睫毛，则眼尾应使用 C 卷仿真睫毛，使眼尾有提升的感觉。若眼尾选择 J 卷，则会使眼尾显得更下垂。

3. 根数、卷翘度、粗细度的选择技巧

（1）根数。嫁接根数越多，美睫效果越明显。对于平时喜欢自然、不化妆或化淡妆的顾客，可单眼嫁接 40 ~ 60 根（自然清新）或 80 根（有神）；对于平时喜欢化精致妆或浓妆的顾客，可单眼嫁接 100 根（眼线妆感）或 120 根（浓密有神），并搭配开花睫毛等，如图 3–61 所示。

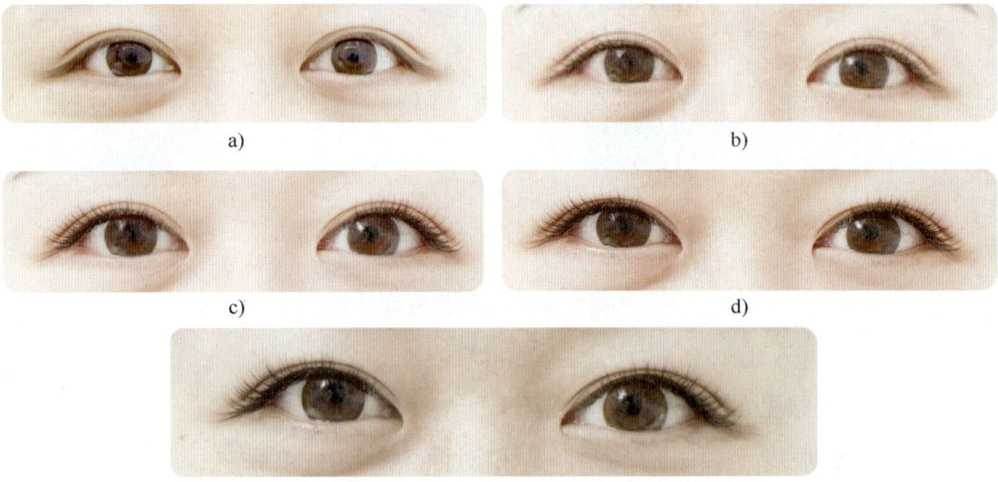

图 3–61 不同根数的造型效果

a）嫁接前 b）40 ~ 60 根 c）80 根 d）100 根 e）120 根

（2）卷翘度。不同的卷翘度带给人的视觉效果也不同。越卷翘的睫毛，视觉效果越明显。如果顾客想要明显的视觉效果，那么使用 C 卷仿真睫毛嫁接比较合适，如图 3–62 所示。

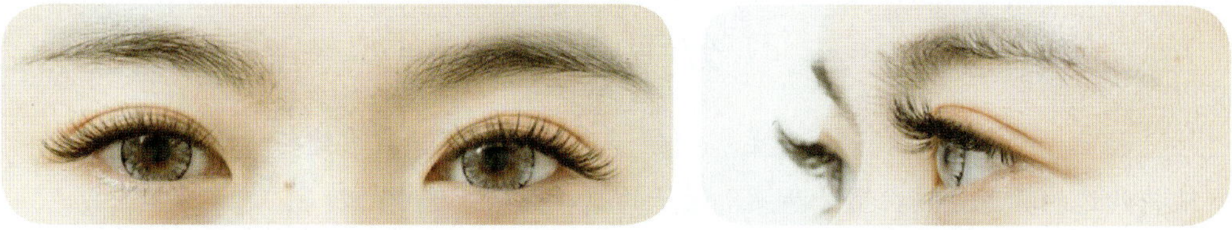

a) b)

图 3–62 C 卷的效果

a）C 卷正面效果 b）C 卷侧面效果

（3）粗细度。顾客自身睫毛基础不同，适合的仿真睫毛粗细度也不同。在一对一嫁接中，0.07 mm 仿真睫毛适合真睫毛特别细软的顾客；0.1 mm 仿真睫毛如真睫毛一样自然，适合自身睫毛基础一般且追求舒适自然的顾客；0.15 mm 仿真睫毛是一对一嫁接中最常用的，有淡淡的眼线效果，适合希望美睫效果明显的顾客；0.2 mm 仿真睫毛适合自身睫毛健壮、喜欢浓密效果的顾客。

技能要求

接睫毛（一对一嫁接）

操作步骤

步骤 1 分毛

一只手（通常为左手）用镊子将真睫毛分开，留出一根真睫毛，如图 3–63 所示。

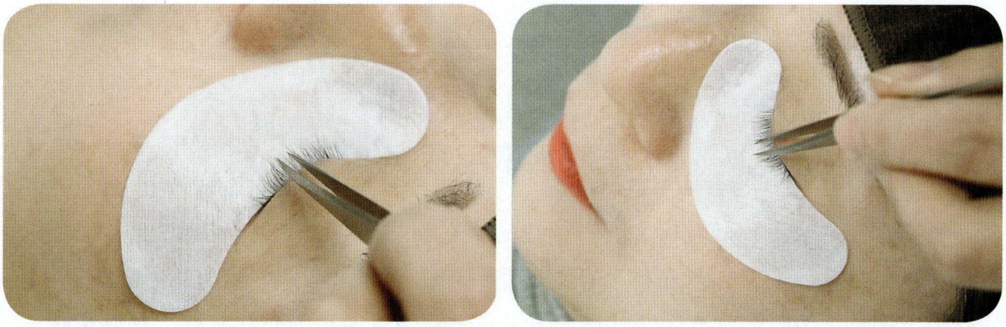

图 3–63 分毛

特别提示

分毛技巧

找出一根顺直健壮的真睫毛，将镊子尖微微聚拢，对准这根睫毛的中部轻轻地将两边的睫毛分隔在镊子两侧，镊子的开口处只留选中的睫毛。

不要在睫毛根部进行分毛，因为睫毛根部较密，所以不好分，同时又靠近眼皮，会给顾客带来不适感。

分毛时，镊子张开不宜过大，过大容易导致旁边已嫁接好的睫毛粘在一起或凌乱、歪斜。

步骤 2　取毛及取胶水

另一只手（通常为右手）用镊子夹取仿真睫毛的上半部分（距离尖端 1/3 处），将仿真睫毛根部插入胶水滴中蘸取少量的胶水，如图 3–64 所示。注意不能蘸取胶水外围部分，因为胶水从瓶中挤出来后与空气接触，胶水滴的外围会慢慢变黏稠、变干及产生劣化现象，会影响操作，降低持久度。

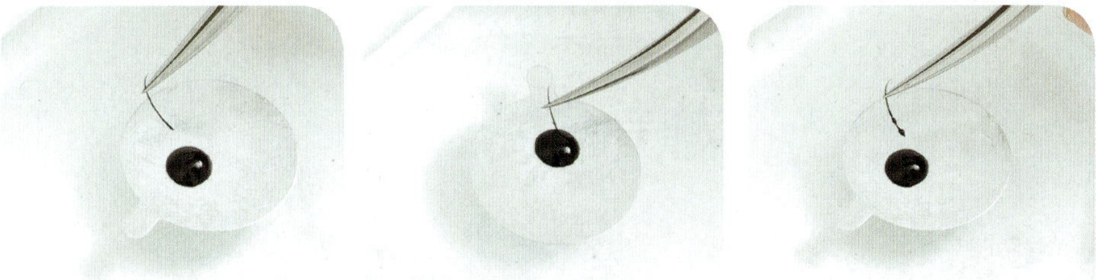

图 3–64　取毛及取胶水

特别提示

胶水取用量

若胶水取太多，嫁接时容易与旁边的睫毛粘在一起，造成眼睛不适。取胶水时若不小心取过多，可以在胶水台上调整一下，切勿在眼睛下方的隔离胶带或眼贴膜上调整。若胶水取太少而粘接不上，应重新夹取一根新的仿真睫毛蘸取胶水，切勿重复蘸取胶水，否则会使睫毛根部接触面变得厚重、不均匀，降低牢固度。

步骤 3　粘接睫毛

（1）滑胶接睫毛。将蘸取好胶水的仿真睫毛在距离真睫毛根部 1 ~ 1.5 mm 的位置平行快速地进行 2 ~ 3 次上下滑动并贴合，同时快速调整睫毛接触的位置与方向，然后松开镊子让其固定，如图 3–65 所示。

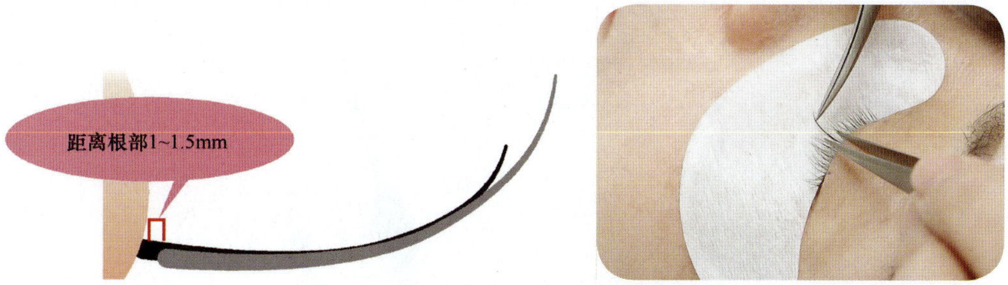

图 3–65　滑胶接睫毛

上下滑动是为了使真、假睫毛黏合部分的胶水均匀。这样的滑胶法能使真、假睫毛更好地黏合，牢固度、持久度会更好。滑胶时，要注意胶水滑动接触面长度一般为 2 mm 左右，若胶水滑动接触面过大会使局部胶水量变少，造成持久度下降。若使用快干胶水，滑动速度要快，否则胶水在没有滑动好时就已经硬化，即使粘贴上了也往往是假性粘贴，假性粘贴的睫毛持久度会很低。

（2）固定。在胶水未干、睫毛未固定之前，切勿将镊子离开睫毛，以防睫毛滑落下来或歪斜粘到旁边的睫毛。同时，应仔细观察睫毛的方向与角度，若方向与角度不对，应用镊子快速调整拨正。

（3）嫁接下一根睫毛。待睫毛固定后，松开镊子进行下一根睫毛嫁接。嫁接下一根睫毛时，应当与前一根睫毛保持一定的距离，以防胶水没有干透（此时的胶水表面虽干，但里面可能并没有干透）而导致两根睫毛粘在一起。

步骤 4　吹干胶水

睫毛嫁接完成后，用吹风用品将胶水吹干。

吹风的目的是帮助胶水加速硬化，并使胶水挥发出来的气味快速散掉。在吹风之前，为了避免顾客受惊，应事先告知顾客一声，或用微风远距离从额头位置轻轻吹风，再慢慢移至合适位置。应在眼旁远距离斜侧方向给风，切勿将吹风口正对着眼睛。

步骤 5　梳理检查

首先，用睫毛梳理工具轻轻梳理已经嫁接好的睫毛，如图 3–66 所示，检查睫毛是否粘连（如果有睫毛粘连在一起，梳理时会卡住），同时检查整体效果是否美观、左右睫毛是否对称、是否有明显的分布不均匀现象、是否有睫毛歪斜等问题；然后，用镊子轻轻来回拨睫毛，检查是否有脱落、根部开叉、根部没有留出安全距离的现象；最后，从眼睛侧面检查睫毛是否有明显的不整齐情况，睫毛是否粘在下方隔离胶带或眼贴膜上，上睫毛是否与下睫毛粘连等。

如有以上情况，需及时调整。重新调整后，再次吹干睫毛根部胶水。

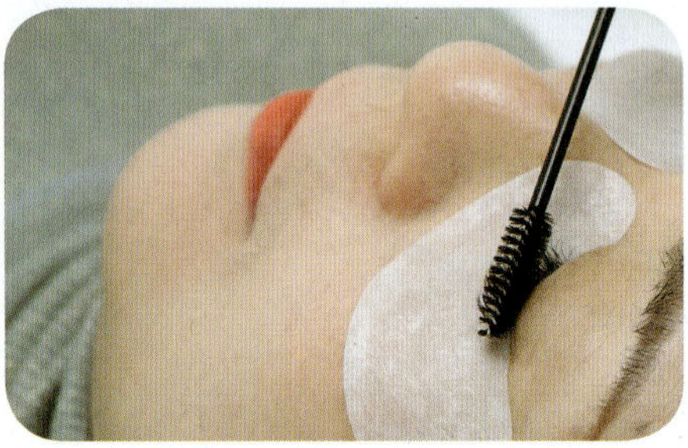

图 3–66　梳理睫毛

步骤 6　去除眼贴膜 / 医用胶带

一只手用平圆头镊子夹住眼贴膜 / 医用胶带一角，顺着汗毛生长方向贴着皮肤轻柔缓慢揭去，以免拉扯到皮肤，如图 3–67 所示；另一只手拿棉签随着胶带的拉起轻柔按压皮肤，以减缓皮肤的不适感。取完眼贴膜 / 医用胶带后，用棉棒蘸清水轻轻地擦拭眼皮，可减缓皮肤的不适感。

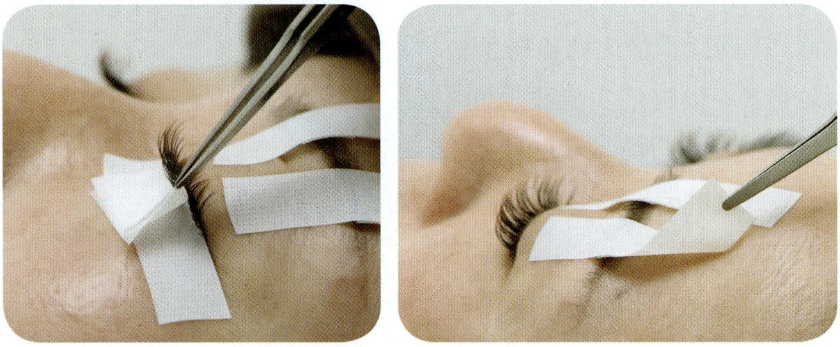

图 3–67　去除医用胶带

步骤 7　提供镜子，请顾客确认效果

请顾客用力闭眼感受有无不适感，若没有，让顾客慢慢睁开眼睛。若顾客眼睛睁开后感到刺痛或流泪，应让其闭上眼睛，用棉棒将眼泪轻轻吸干，再进行吹风。再次请顾客睁开眼睛确认是否有不适感，直至无不适感后，扶顾客坐起，提供镜子，请顾客确认效果。

注意事项

1. 不能使真睫毛整根都粘到胶水，会导致睫毛厚重、眼睛不适。

2. 细软短小的睫毛不能进行嫁接，若该位置空缺明显，一定要嫁接，可以选择粗细度在 0.1 mm 以下的短一些的睫毛进行填补。

3. 建议用五点定位法进行左、右睫毛交替嫁接，这既能降低胶水的刺激，使顾客眼睛更舒适，又能提高接睫毛的效率及左、右睫毛的对称性。

4. 接下睫毛时，需注意以下事项。

（1）接下睫毛时，在隔离上睫毛并清洁完下睫毛后，要进行下眼皮胶带处理，即在下眼皮靠近睫毛处贴上医用胶带并垂直轻轻下拉贴好，如图 3–68 所示，以方便下睫毛嫁接操作。

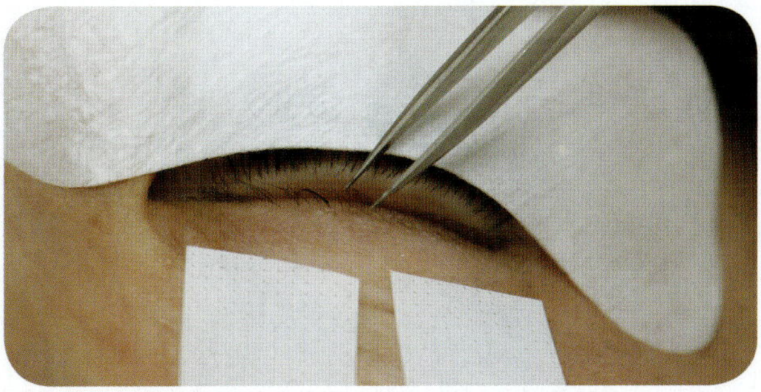

图 3–68　下眼皮胶带处理

（2）接下睫毛时距离眼球更近，因此需要更及时地进行吹风。每嫁接 2 ~ 3 根要吹风一次。

（3）接下睫毛时，通常使用粗细度为 0.1 ~ 0.15 mm，卷翘度为 J、B、C，长度为 5 ~ 7 mm 的仿真睫毛。造型上，靠近外眼角的部分可密些，并往内眼角方向慢慢减少。外眼角最边上的睫毛可以考虑不嫁接，以防眨眼时与上睫毛勾在一起，给顾客带来不适感。

睫毛整体卸除

操作步骤

步骤 1　在确认顾客闭好眼睛后，在睫毛下方敷湿棉片或眼贴膜来保护眼睑及周围皮肤，注意湿棉片或眼贴膜不能触碰眼球及黏膜，如图 3–69 所示。

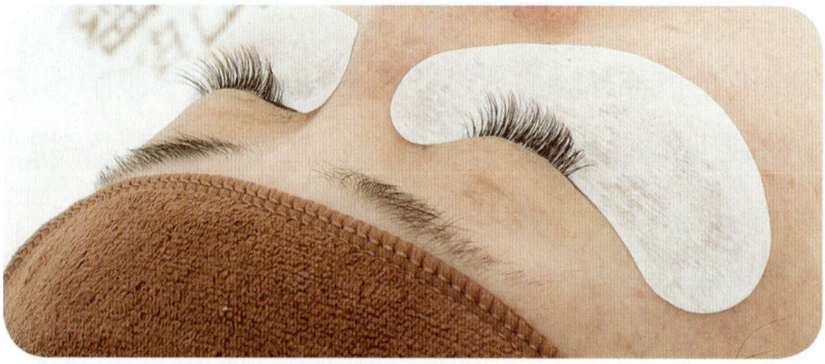

图 3–69　隔离防护

步骤 2　取出卸胶膏放到干净的器皿上，再用棉棒或超细毛刷蘸取适量的卸胶膏，分几次一点点延伸涂抹到每根睫毛的胶水部位。注意不能涂到皮肤上或眼睛里，应保持距离皮肤至少 1 mm，如图 3–70 所示。

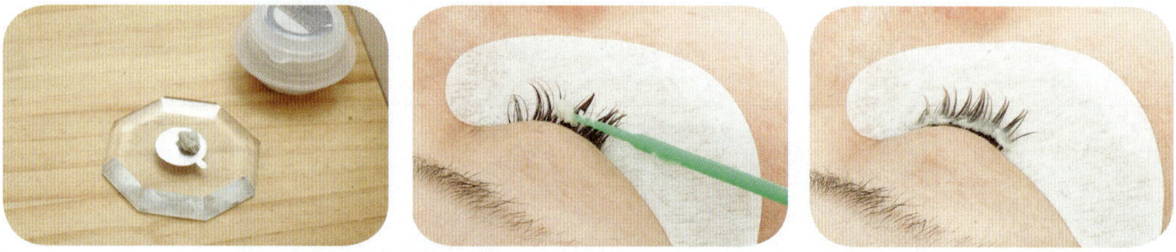

图 3–70　涂抹卸胶膏

步骤 3　等待 5 ~ 10 分钟后，用超细毛刷或棉棒轻轻地将假睫毛卸除，如遇难以卸除的胶水，继续涂抹卸胶膏，等待 3 ~ 5 分钟后再轻轻地卸除，如图 3–71 所示。

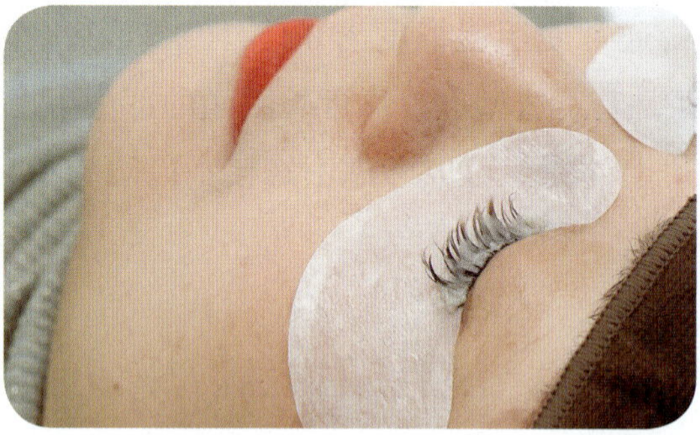

图 3–71　卸除假睫毛

步骤 4　全部卸除完毕后，用干净的棉棒将残留的卸胶产品擦拭干净，再用湿化妆棉片将睫毛清洁干净即可，如图 3–72 所示。卸除假睫毛后，若需立即嫁接新睫毛，则再用前处理产品将睫毛清洁干净。

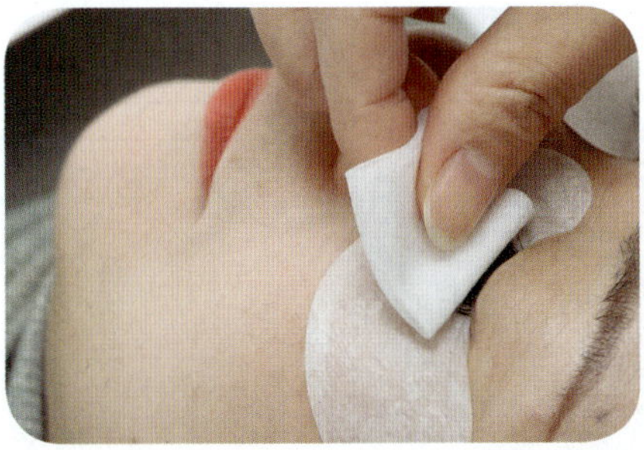
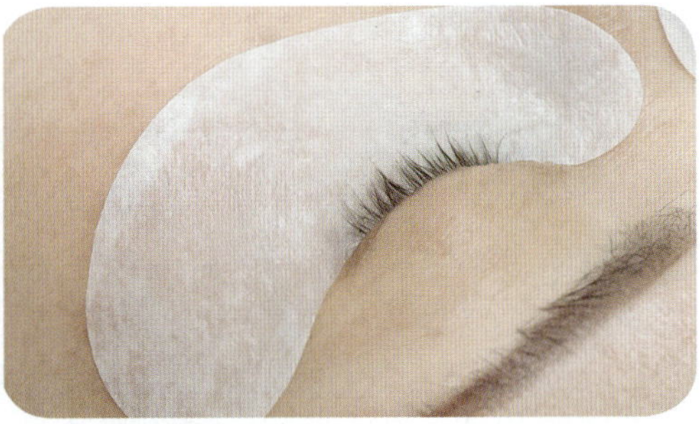

图 3–72　卸除后的清洁

睫毛单根卸除

操作步骤

步骤 1　将需要卸除的单根睫毛放在棉棒上，如图 3–73 所示。

图 3–73　将单根睫毛放在棉棒上

步骤 2　用超细毛刷蘸取少量的卸胶啫喱，如图 3–74 所示。

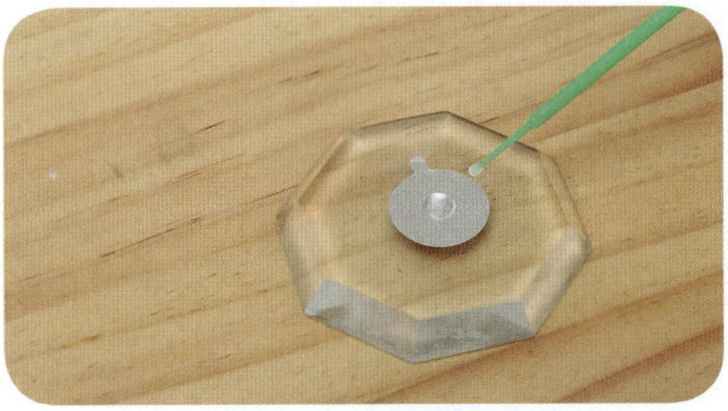

图 3–74　蘸取卸胶啫喱

步骤 3　棉棒在下，含有卸胶啫喱的超细毛刷在上，放在单根睫毛的胶水部位，等待 1 分钟左右，在胶水融化后慢慢除掉，如图 3–75 所示。在等待过程中，切忌强行拉扯。

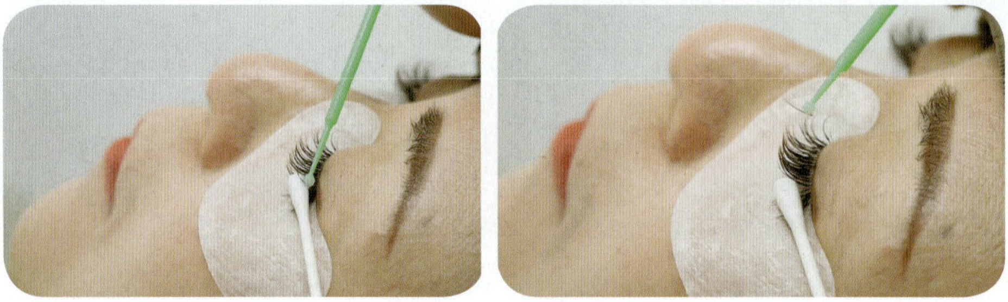

图 3–75 卸除

步骤 4 将残留下的卸胶啫喱用干净的棉棒清洁干净，再用新的棉棒蘸取前处理产品将睫毛清洁干净。

培训单元 4 接睫毛的禁忌与注意事项

培训重点

掌握接睫毛的注意事项。

知识要求

一、接睫毛用品、用具的使用禁忌

1. 消毒产品使用禁忌

消毒产品是用来消毒手部与接睫毛用具的，不能直接用来消毒眼部皮肤与睫毛，会造成顾客眼部不适。在使用喷雾型消毒水时，要远离顾客，以免喷雾飘到顾客皮肤上。

2. 胶水使用禁忌

（1）胶水不能接触到顾客睫毛根部的皮肤，以防引起皮肤过敏，影响真睫毛生长。

（2）胶水量要适中，过少会降低睫毛持久度，过多会增加睫毛负担并容易粘连相邻睫毛。

（3）胶水使用 20 ～ 30 分钟需更换，变稠拉丝的胶水应丢弃。

（4）胶水绝对不能进入眼睛。若不慎入眼，眼睛会有发热刺痛感，并伴随流泪，或眼睛充血，有异物感，眼皮粘在一起。此时一定不能揉眼睛，否则很容易导致角膜受伤等。可用手指小心拉开眼皮，尽快用水冲洗，并前往医院治疗。

（5）少许胶水碰到皮肤时，对于还没有硬化的胶水，一定不能用纸或布慢慢擦拭，因为其纤维内的水分与胶水会产生反应，或引起灼伤。应等胶水硬化后，用 40 ℃左右的温水清洗并慢慢按摩轻揉，使胶水慢慢地一点点脱落。若胶水仍不能脱落干净，切勿用手强行剥离胶水，容易损伤皮肤。可涂抹无丙酮卸胶产品，等待 3 ～ 5 分钟后，用棉片或棉签将胶水和卸胶产品擦拭干净，并用清水将皮肤清洁干净。

相关链接

胶水安全处理

胶水粘到头发时，可以将卸胶产品涂抹在有胶水的头发处，用保鲜膜将此区域包裹，避免胶水与卸胶产品碰到旁边的头发，等待 5 分钟左右，擦掉卸胶产品，并用清水将头发清洁干净。

胶水粘到衣服时，胶水与衣服上的水分会产生反应，出现发热现象。应立即用清水冷却胶水粘到的位置并脱掉衣服，避免衣服下的皮肤被灼伤。若使用卸胶产品卸除衣服上的胶水，胶水会渗入衣服纤维内，导致很难清洗干净。即使重复卸除，衣服也很难恢复原本的状态。

3. 镊子使用禁忌

（1）拿镊子的手切记不能悬太高，否则手部稳定力会不够，反而容易刺到顾客皮肤。

（2）操作中，镊子尖部要平行于眼部皮肤，不能朝下，否则容易刺到顾客眼睛。

（3）操作停止时，要及时收好镊子，不能随意放在顾客躺着的枕头处，以防不小心触碰到顾客脸部、肩颈等，造成皮肤伤害。

二、接睫毛的注意事项

1. 接睫毛前的注意事项

（1）接睫毛前的接待咨询工作要做好。

（2）卫生消毒工作务必要做好。

2. 接睫毛中的注意事项

（1）在清洁睫毛时，务必将睫毛清洁干净，以免影响睫毛嫁接的牢固度。

（2）医用胶带不能贴得太里面，以免触碰眼睛；也不能贴得太外面，露出睫毛根部或没完全覆盖睫毛。

（3）胶水挤出后，必须立即清洁瓶口并挤出空气，盖好盖子，竖立摆放。

（4）操作时应专心致志，严格按规范进行操作。

（5）嫁接过程中，建议顾客全程闭眼放松，不接打电话，不聊天说话。不可以在顾客眼睛没有闭紧或睁开状态下进行嫁接。

（6）嫁接过程中，如果顾客眼睛不舒适、敏感流泪，应及时用棉签吸干眼泪，用吹风用品吹干，待顾客眼睛无不适后再进行嫁接。不及时吸干眼泪可能会导致眼泪与胶水接触，引起眼睛炎症等。

（7）接睫毛时，一定要距离睫毛根部 1 ~ 1.5 mm 进行嫁接，不能直接嫁接到根部皮肤上，以免影响新睫毛生长，给顾客眼部造成不适。一定要 100% 黏合，不能有分叉现象。

（8）接睫毛时，胶水量要适中，要避免胶水量过多造成睫毛上有胶水凝结点或睫毛粘连，或胶水量过少造成黏合不牢固。

（9）嫁接的睫毛要顺直，不能东倒西歪，要随时检查嫁接情况与效果。为使两边睫毛造型对称、持久、根根分明，应左、右交替进行嫁接。

（10）切记不能嫁接超出真睫毛承受重量的睫毛，不能在一根真睫毛上嫁接过多、过重、过长的睫毛。如遇特殊情况，需在一根真睫毛上嫁接多根睫毛，则应使用 0.03 ~ 0.07 mm 的细睫毛，确定真睫毛能承受，并均匀合理分配。

（11）睫毛嫁接完毕后，在顾客睁开眼睛前一定要进行吹干操作，避免胶水没有干透，熏到顾客眼睛而引起不适，并检查睫毛是否有粘连、分叉等造型效果问题，如果有需要调整的地方，应立马调整。

（12）如果顾客没有眼皮松弛、睫毛下垂等影响嫁接操作的情况，不建议用医用胶带提拉上眼皮，以防造成眼睛缝隙，使胶水挥发的气体熏到眼睛。特殊情况下，若真睫毛紧贴在下方，不方便操作，可用医用胶带适当上提一些，一定不能提拉过多。

3. 接睫毛后的注意事项

（1）应耐心细致地告知顾客接睫毛后的注意事项；让顾客了解修补服务详情，明确具体修补时间与费用；与顾客约定修补时间；电话回访顾客。

（2）顾客接睫毛后的注意事项

1）接睫毛后 6 小时内避免接触水，避免高温、潮湿的环境，不要蒸桑拿、游泳、洗澡、进行剧烈出汗运动。24 ~ 48 小时后再使用睫毛护理产品。

2）不要揉眼睛，不要拉扯睫毛；若感觉眼睛痒，可以轻轻地按揉眼皮；避免俯卧睡觉或趴着休息，以防压乱睫毛，影响效果或降低持久度。

3）若接睫毛后 1 ~ 3 天内出现眼睛痛、红肿、痒等情况，则应尽快与门店联系，切勿用手揉眼睛或拉扯睫毛，以防使眼球或皮肤受损。

4）卸妆时，应避免使用油性卸妆产品。若使用油性卸妆产品，要避开眼部睫毛部分。卸妆动作要轻柔，毛巾要避开睫毛，以免毛巾纤维勾扯到睫毛。眼睛部位用棉片或棉棒蘸清水轻轻擦拭。洁面后，用毛巾在面部轻按，将皮肤表面的水吸干。

5）涂抹面霜、眼霜要避开睫毛部位。涂抹面霜、眼霜后，眼睛下方浮着的霜可用干棉片或纸巾吸干，以避免眨眼或闭眼休息时睫毛粘到，降低胶水持久度。

6）每天洁面后及睫毛凌乱时，可以用睫毛梳轻轻地将睫毛梳理整齐。梳理力度一定不能过大，以防拉扯到睫毛或造成真睫毛被扯断。

7）洗澡时，避免直接对着眼睛冲洗，从花洒出来的水压会对睫毛造成冲击力，直接导致睫毛凌乱或降低睫毛持久度。

8）若眼睛分泌物过多，使睫毛根部粘在一起而无法清洁打理，则可以先用温水沾湿的棉棒覆在分泌物处，待其软化后，使用眼部专用清洁慕斯将分泌物及睫毛缝隙的化妆品清洁干净。

9）睫毛嫁接后，建议不要涂抹睫毛膏和使用睫毛夹。睫毛夹很容易造成嫁接睫毛变形、折断、凌乱、脱落等。如需画眼线，建议使用软笔紧挨着睫毛根部上方轻轻地描画。涂抹眼影时动作应轻柔，不要碰到睫毛。

10）真睫毛有自然生长周期，嫁接睫毛随衰老的真睫毛脱落是正常现象。为保持睫毛健康并增强嫁接睫毛持久度，接睫毛后，建议使用睫毛护理与定型产品进行保养。

思考题

1. 睫毛美化与修饰的方法有哪些？各有什么利弊？
2. 仿真睫毛有几种类型？分别是什么？
3. 接睫毛的种类有哪些？通常都用什么粗细度的仿真睫毛？
4. 接睫毛时一般距离根部多远进行黏合？为什么？
5. 接睫毛的胶水使用时有哪些注意事项？
6. 接睫毛前有什么注意事项？
7. 接睫毛中的注意事项有哪些？
8. 接睫毛后，顾客注意事项有哪些？
9. 接睫毛的规范流程是什么？

附人体经络穴位图

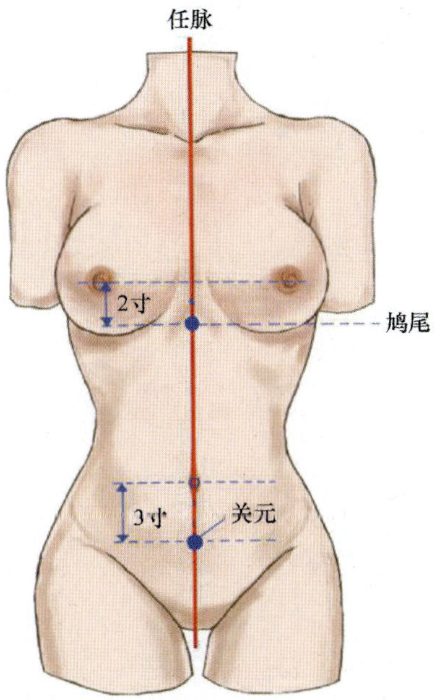

经络穴位图 1

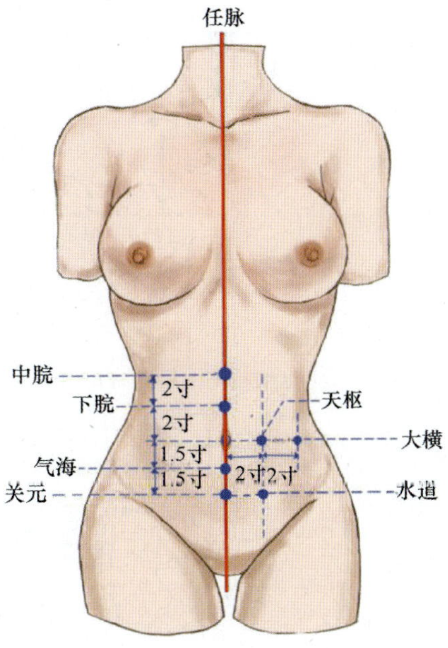

经络穴位图 2

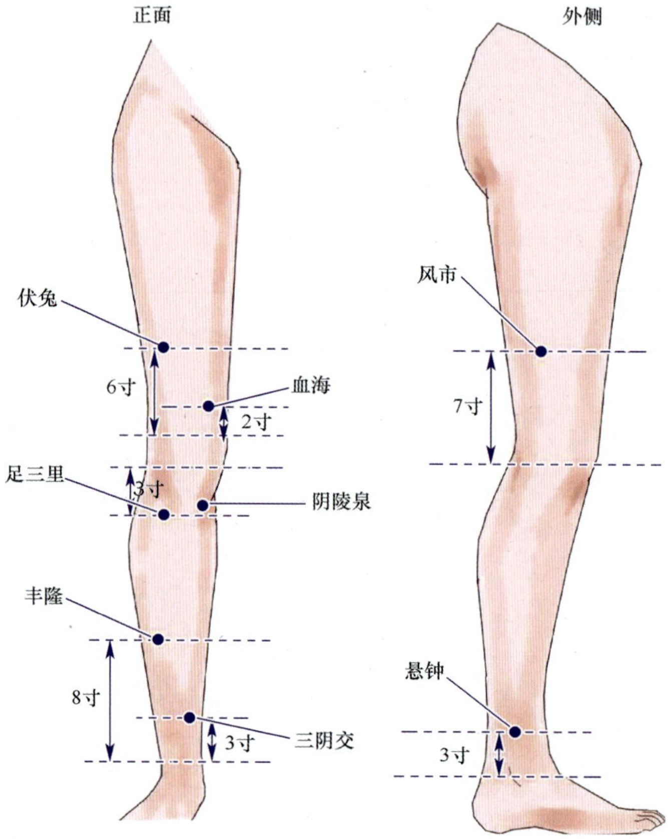

经络穴位图 3